海南水稻
高效管理技术

范 琼 丁 莉 赵 敏◎编著

西南财经大学出版社

中国·成都

图书在版编目(CIP)数据

海南水稻高效管理技术/范琼,丁莉,赵敏编著.—成都:西南财经大学
出版社,2021.12
ISBN 978-7-5504-5135-3

Ⅰ.①海… Ⅱ.①范…②丁…③赵… Ⅲ.①水稻栽培—海南 Ⅳ.①S511

中国版本图书馆 CIP 数据核字(2021)第 227031 号

海南水稻高效管理技术

Hainan Shuidao Gaoxiao Guanli Jishu

范琼 丁莉 赵敏 编著

策划编辑:孙婧
责任编辑:李思嘉
责任校对:李琼
封面设计:墨创文化
责任印制:朱曼丽

出版发行	西南财经大学出版社(四川省成都市光华村街55号)
网　　址	http://cbs.swufe.edu.cn
电子邮件	bookcj@swufe.edu.cn
邮政编码	610074
电　　话	028-87353785
照　　排	四川胜翔数码印务设计有限公司
印　　刷	四川煤田地质制图印刷厂
成品尺寸	170mm×240mm
印　　张	23
字　　数	397 千字
版　　次	2021 年 12 月第 1 版
印　　次	2021 年 12 月第 1 次印刷
书　　号	ISBN 978-7-5504-5135-3
定　　价	88.00 元

编著团队

主 编 著：范　琼　丁　莉　赵　敏

副主编著：张　群　谢　轶　王晓刚　冯　剑　苏初连　酒元达

参　　编：范治荣　俞　欢　叶海辉　吴　彬　沈雪明　张艳玲
　　　　　邬慧彧　张兴银　肖　潇

前言

海南省地处热带北缘，属热带季风气候，素来有"天然大温室"的美称，年平均气温为23~29 ℃，年平均降雨量为1 000~2 600 mm，雨量充沛，每年的5—10月是多雨季，总降雨量不少于1 500 mm，占全年总降雨量的70%~90%。海南省的光照、雨水、温度等自然条件均适宜水稻栽培，坐拥得天独厚的"光水温"资源，是我国的水稻主要栽培地区之一，且是全国最大的南繁育种基地。南繁的开创应用使农作物的育种周期缩短了三分之一到二分之一，对保障国家种业安全，促进粮食增产具有重要意义。但近几年海南省水稻生产中存在着稻谷售价偏低、虫害发生严重、新技术推广普及率较低、产业化程度低、稻米品牌建设弱等问题，严重影响了海南水稻产量及农民种植积极性。本书以海南水稻栽培为立足点，探讨适合该地区生产条件的栽培技术，以期提高海南水稻整体栽培的精细化水平，达到高产高效的目标，对推进海南水稻产业健康可持续发展具有很强的现实意义。

本书以海南水稻为主要研究对象，运用翔实的资料和可靠的数据，概述了海南水稻发展历史及南繁育种概况，探讨了海南水稻的生物学特性、生长模式、水稻种植田间管理技术、水稻的施肥技术、主要病虫害及防控等技术，阐述了海南水稻的包装贮运、大米品牌的构建现状，并从产业发展角度对海南水稻产业生产及销售进行了预测，提出了切实可行的产业政策及建议，旨在引领水稻生产方式转变，提升稻米供给体系的质量和效益，保障优质稻米的有效供给。本书凝聚了技术管理专家和产业专家的智慧和思考，内容全面，可作为农业科研机构、大学、涉农企业以及从事水稻产业的相关工作人员认识、了解水稻管理技术及产业发展的参考资料，具有较强的指导性和实操性。

本书的出版得到了海南省自然科学基金青年基金项目（320QN301）、海南省热带果蔬产品质量安全重点实验室开放课题（KTKT2021001）、中国热带农业科学院基本科研业务费专项资金（1251632021009）以及国家科技基础条件平台——国家农业科学数据中心（NASDC2020 XM04）的资助。本书在编写过程中得到了众多科研单位和相关专家、学者的支持，在此表示感谢！希望本书能够为有关部门、研究人员及热带作物从业者提供第一手宝贵研究资料，共享热作产业研究成果。不足之处，还请多批评指正。

编者

2021 年 9 月

目录

1 海南水稻历史及南繁育种

1.1 海南水稻历史

1.1.1 海南岛的稻作农业起源

对于稻作起源的研究方法有很多种，湖南匡达人先生在其所著的《我国稻作起源的各类探索与思考》中，从文学语言、农业发生、气候因素、历史地理、现代科技手段、野生稻的研究、考古遗迹的稻作遗存、原始农业工具等14个方面，对以往的稻作起源研究进行了总结归纳。这些归纳也基本涵盖了稻作起源的研究方式。通过以上探索形成了目前的长江中游说、长江下游说和华南说等。至于海南是不是我国稻作农业的起源，"中国稻作科学之父"丁颖先生（1888—1964年）在1949年所写的《中国稻作之起源》中指出"中国之稻种来源，与古之南海即今之华南有关"，而海南岛便处在丁先生所说的古之南海今之华南地区，丁先生从地理等角度论证了华南说的正确性，虽然没有明确指明海南岛即为我国的稻作起源地，但海南岛也在范围内。李润权先生在所写的《试论我国稻作的起源》中，根据野生稻在我国的地理分布特点，将稻作起源地划定了一个区域，而海南岛也处于此区域内。李先生指出，"只有这一个范围才有可能是稻作栽培的起源地"。中山大学教授司徒尚纪在其所写的《海南岛历史上土地开发研究》中，结合农史研究指出"海南岛是我国栽培稻种起源地之一"，并从海南岛原始植被及人类早期活动、民族迁移及人口分布、土地利用与作物分布、森林变迁的前因后果、岛上野生稻分布特点、新石器时代文化遗址分布等多方面进行了探讨研究。海南省地方志办公室组织编纂出版的《海南省志·农业志》中也提到了"海南岛是我国栽培稻种起源地之一"。

以上推断分析基本基于两个理由：第一，海南岛的野生稻种类齐全且资源丰富；第二，海南岛气候适合稻作，常年暖热，雨水富足，光照丰富。但这两个理由不足以证明海南岛为我国稻作的起源地。首先，栽培稻起源地必定会有野生稻，有野生稻只是一个充分条件，未必是稻作起源地。相对其他地区发现的一些考古发掘中出现稻作的痕迹，海南岛目前发现的最早的三亚落笔洞，是1万年前即新石器时代早期的海南岛最早居民"三亚人"生活的地方，于20世纪30年代被发现，让不少专家为之振奋。虽然落笔洞周围存在野生稻，但周围及洞内发掘鉴定未见稻谷遗存，所以无法证明"三亚落笔洞人"彼时已经开始种植稻。

那么三亚落笔洞遗址发掘出了什么？经考古发掘鉴定，落笔洞遗址地层堆积属于"含介壳的文化堆积"，其中有大量的动物化石，脊椎动物种类有近60种，其中哺乳动物45种，水生动物总计有7目24种，其中螺壳约有7万种，发现的石制品包括砾石石器和石片石器均以单面打击为主，多采用直接锤击法以切割、打制和刮磨等方法加工而成，器型有砍砸器、敲砸器、刮削器、尖状器和石片等。有铲、锤、锥和匕等多种，加磨石器仅见穿孔石器一种，没有见到刃部加磨或通体磨光的石器，也没有见到陶器。所以从发掘的物品来看当时的渔业和狩猎比较发达，原始农业未见端倪或处在极低的水平。

那么海南岛农业生产何时起步？由于目前考古界尚未发现可以确信的相关实物证据，具体时段目前很难确定，但根据新石器时代遗址遗迹分布的特点和出土的有关的生产器具，大致能推测出是在新石器中期，海南岛的原始农业应当已经产生，直至新石器晚期，原始农业应该得到了比较充足的发展，主要有以下原因。

第一，人口增多导致狩猎及渔货不能够满足生活需求的压力是导致原始农业发生、发展的内在也是最重要原因。从海南岛原始文化遗址分布位置来看，新石器时代早期，本岛人口非常稀少，截止到现在仅仅发现两处比较大的遗址，一处是洞穴遗址，一处是贝丘遗址，并且两处遗址均位于本岛南部滨海地区，当时的人们通过狩猎和打渔就可以轻而易举地获取足够多的食物，而这种足食下的资源环境很难产生发展农业的内在要求，毕竟农业是一项复杂的生产活动并且不是一件轻而易举能够产生的事情。正如英国著名史学家克莱夫·庞廷在其所著的《绿色世界史》中写道："一个布须曼人对一个考古学家说：'既然世界上已有这么多浆果，为什么我们还要去种植？'"。经过多次普查和调研，在海南岛各个地区发现了新石器时代中、晚期遗址遗存等近千处，从数量和分布说明到新石器中期以后，本岛的人口增加很快，并且人口密度比较高，这一情况不同于新石器早期本岛人口稀少。历史学家们普遍认为，人口增加和单位面积的人口密度是农业起源和发展的重要原因。也如克莱夫·庞廷在《绿色世界史》中指出的："如果人口增长超过了采集和渔猎的生存方式所能从容支持的最大限制，就会迫使部落转向强度大得多的和时间花费多得多的方式来开发自然环境，最终导致了如今被称作农业的这种方式的产生。"当然从目前掌握的资料来看，在新石器中期，本岛的生产工具较以往有了比较大的变化。石器以磨制为主但尺寸变大，种类主要有锛和梯形斧等，并且出现了肩扛的石器。像大港沙丘遗址中发现的石器通体磨光，石斧的刃部非常锋利，而且呈弧形。古代人给锛、石斧装上木柄主要是利于人来操作，用于砍伐树木，开荒种植，而锛、肩石斧则更加有利于装柄，从而易于人们使用。当然除了石器工具外，也许还有竹制、木制工具，但是因为海南岛高温多雨，这些工具不易保存至今。一些民族学资料显示，海南岛在 1947 年前后，在番阳黎族居住区仍然在使用木耙、木锄、木铲和尖竹棒、尖木棒等竹、木生产工具。

第二，发现了大量新石器时代中期的陶器。除了夹杂粗砂的粗陶外，已经出现了泥质陶，主要的器型有圜底罐、圜底釜、圈足碗、盆、钵等；陶器表面多数已磨光，少数出现了饰绳纹、划纹、磨光红石陶。陶器的出现意味着新石器时代人类的食物有了一定剩余，需要储存起来，并且也意味着定居生活开始发生。

第三，发现了"火"这种工具。"火"作为远古时期一种便利的生产工具，它可以用来焚烧森林，开拓土地，进行刀耕火种的农业活动，用来改造森林茂密的原始热带雨林。在通什毛道遗址和石贡遗址等都发现了房址、柱洞和灰坑等生活遗迹，这些更加说明了当时的人类已经开始定居生活。而定居生活也意味着某种生产性活动也已经存在，因为这种活动人们也不再需要季节性的流动，而是在一个相对固定的区域进行生产活动。所以从诸多证据来看，海南岛在新石器中期时，原始农业已经出现，但处在较低的萌芽阶段，所从事的农业主要在旱作坡地，水稻种植还没有产生的条件。生产活动仍然以捕鱼和打猎为主，旱作农业只是以往生产活动的一个补充。

海南岛农业进一步发展是在新石器晚期，晚期遗址分布在全岛各个地区，磨制石器种类非常多，比较常见的凿、斧、锛、铲、镞，还有少量犁、矛、戈和纺轮、网坠、砺石、石杵、磨盘等。锛、斧主要有长身及有肩两种，少量的锛为有段或有肩有段式。特别需要说明的是此时器具的大型化，陵水本号镇花丛村一山坡上，发现的石铲器，通高 37.5 cm，肩宽 6.5 cm，柄长 5 cm，刃宽 7.3 cm。古楼坡遗址中发现的一件石斧通高 16.4 cm，柄长 5 cm，刃宽 8.5 cm，古田崀出土的一件短柄直肩长身石铲，通高 24.5 cm，身宽 8 cm，柄长仅占 2.4 cm，体厚 1.4 cm。这个时期的台地、山坡遗址常见，而台地、山坡一般高 8~30 m，附近的土地肥沃，气候温热，这些条件为发展原始农业生产活动提供了巨大便利。从这些出土的大型石器来分析，当时的人们已经具有较高的生产水平，原始农业生产已成为重要的生产活动。发现的石戈、石镞、网坠，表明采集渔猎活动在日常生产生活中还占有一定的地位。

总体分析，由于本岛森林茂密，热带动植物资源丰富，且繁殖生长迅速，周围又有宽广的海域等先天优势，鱼类、贝类、虾类、藻类及其他动物等易得，本岛居民对天然形成的自然资源有较强的依赖，原始农业跟长江中下游及中原等地区相比发生较晚，并且发展比较缓慢，生产水平较为落后。正如德国著名博物学家、自然地理学家洪堡（Humboldt）所说，"热带地方自然界的猛烈的繁茂力压倒了人类的微弱劳力"。虽然海南岛目前还没有发现史前稻作遗存，但根据考古发掘出的生产工具分析，海南岛的稻作农业大致发生在新石器中期的后段。

新石器时期由于海南岛海生动、植物资源和陆生动、植物资源非常丰富并且容易获得，以及本岛气候条件良好，一年四季不会出现实物匮乏的现象。在这种条件下非常容易产生对大自然的依赖心理和惰农现象，对复杂的稻谷试验栽培活动自然缺乏内在动力。从目前资料来看，本岛稻作栽培比长江中下游地区和华南地区都晚。目前发现的最早的稻作遗存有：广东省英德市牛栏洞等三处洞穴遗址水稻植硅石距今 11 000 年至 8 000 年、江西省万年县仙人洞距今 10 000年至 9 000 年、湖南省道县玉蟾岩距今 10 000 多年。从考古发掘出的生产工具来看，本岛稻作农业发生在新石器中期的后段，比薯蓣种植晚，是薯蓣种植活动的延伸。

1.1.2　刀耕火种的"砍山栏"

海南岛的稻作农业最先栽种的是陆稻，而刀耕火种的"砍山栏"是海南岛最早的稻作农业形式。刀耕火种是远古时期农业生产的一种方式，也是人类原始社会发展必经的阶段，在世界各地区各民族历史发展过程中均出现过。

史前或者历史时期海南岛"砍山栏"的具体记载情况，唐宋以前目前未见记载，唐宋之后逐渐增多。唐代李德裕被贬到崖州时在其《贬崖州司户道中作》有诗云："五月畲田收火米"；宋代苏轼在被贬儋州时于《和陶劝农六首》有"播厥熏木、腐余是穑"之语。明代万历年间的《儋州志》中写道："山禾，黎人伐山种之，曰刀耕火种。早割薪之，三月即熟。"明朝顾玠在任职儋州时在《海槎馀录》中有"黎俗四川晴霁时，必集众砍山木，大小相错，更需五七日酷烈则纵火，而下，大小燃成灰，不但根干无遗，土下尺余亦且熟透矣。……连收三四熟，地复，弃置之，另择地所，用前法别治。"清代之后有关"砍山栏"的记载逐渐增多。清朝光绪年间的《定安县志》中有"山稻，种于内图及黎山中。燔林成灰，因灰为粪。不需牛力，以锥凿土而播种焉。不加灌溉，自然秀实。连岁有收，地瘠，乃弃去之，更择他处。"民国时期的《琼山县志》中有写到"早禾、山禾。亦曰坡稻，米名云子。于山中燔林积灰，和土而播种焉，不加灌溉，自然秀实，连岁有收，地瘠乃弃之，更择别处。"

以上记载说明了刀耕火种普遍做法是：第一，取一块山栏地，一般来说是在自然盆地范围内选择，山栏地一般需要阳光充足，林木不疏不密，且树木不宜过粗或过细，过粗的话不宜砍伐，过细的话，燃烧后肥力不足。第二，就是树林木砍倒，砍山栏一般在农历二月或三月选择良辰吉日，头一天由"放头"带头上山砍伐，"放头"砍完后，第二天其他人才能砍山栏。此项工作为男人的工作，妇女不参加。第三，就是焚烧，被砍的树木晾晒一段时间，干枯后，以钻木取火的方式引燃，焚烧，稍时尽量不烧树根，这样树木复生快，之后可以进行第二次的砍山栏。第四是播种，由于山栏地比较松软肥沃，一般不用翻耕。播种采用撒播或者点播的方式进行。第五，守护，山栏地周围都是原始森林，猛兽较多，因此需要保护，一般会在山栏地搭建木屋日夜看护，也会搭建起篱笆，防止大型猛兽的入侵，也有的会在山栏地周围挖陷阱，除保护山栏地外，还可以狩猎。最后是收割和加工，此项工作为妇女的工作，山栏地亩产一般较低，一般为亩产一两百斤，收割的山栏多挂于山栏架上，食用前取下加工成山栏饭或者用于酿山栏酒。

当然刀耕火种的"砍山栏"还需要一些特殊的工具，经归纳，主要有以下几种工具：第一，铁斧，这种斧头呈梯形并且厚重，除了用作"砍山栏"外其他生产活动中也可以使用。第二，铁砍刀，由于该刀刀尖向刃部弯曲又称铁钩刀，一般刀长 20~30 cm，宽 4~5 cm，刀身厚重并且可以安装柄。根据刀柄的长短可以分为两类：一类是短刀，柄长约 25 cm，这种刀除用作"砍山栏"外，还可以用于砍柴、修造工具、编织等，由于较短可以放在腰间；另一类柄长大约 100 cm，是"砍山栏"的专用工具。第三，弹弓，一般用竹子作为弧，用藤条作为弦，在弦中央会有一网兜，口向一侧倾斜。使用时用左手持弧，右手握网兜和弹丸用力拉弦，因为网兜向一侧倾斜，所以在弹射时也向该方向倾斜，并用力把弹丸射出去。此物主要在"砍山栏"用于驱赶或者捕食山栏地的猎物。第四，尖木棒又名戳穴棒，是用较硬的木头制成，直径约 5 cm，长可达约 180 cm，一端有尖，可以在尖端安装金属头，此工具需要一定的重量。第五，响器，又名响叮当，有多重类型，一种是竹片响具，在木杆或树上横拴许多干竹片，当风吹来或禽兽入侵时竹片叮当作响；一种是竹筒响具，在木杆或树上吊许多小竹筒，竹筒由藤圈围拢，海风拂来或禽兽入侵时竹筒相击作响；还有一种是搭一个临时棚子，在棚梁上吊三根木杠，三者上下交错，风吹时或者禽兽入侵时互相撞击可叮当作响，也可以人力牵动吊绳，使木杠相击作响。这些响具都是在守护山栏时恐吓禽兽的工具。第六，摘刀，由刀片和小木柄组成，形式多种多样，是妇女收割山栏穗时用到的工具。第七，敲砸器，脱粒工具，包括木槌、方木墩。第八，山栏架，多数放在房前，该架由两根立木构成，相距 4~5 m，在距地面 1 m 多高处拴若干横木，顶端搭一个茅草顶。收割后，将山栏挂在横木上，用于保存和晒干山栏稻。第九，杵臼，臼用独木挖成，有大有小，木杵由一木杆制成，两端粗中间细，此种加工工具比敲砸器先进许多，并且省力、加工量大。第十，磨，磨面工具，用木或者竹制成，竹磨是用竹编成上下磨扇，里面加上红土，磨齿以竹为之，坚固并且锋利，用来加工粮食。木磨是用独木制成上下磨扇，多用荔枝木雕成，磨齿也是木制的。这种磨上下扇都很厚。在上扇一侧有一木柄，柄上有孔，可以安装长拐柄，在下扇磨周围有一圈积面盘。在汉族地区居住的一些黎族群众有些已开始使用石磨，共有两种形式：一种是手推磨，和竹、木磨类似，但个头较小；

另一种是畜力磨，个头较大。

这种刀耕火种的"砍山栏"直到20世纪八九十年代还曾出现过。

刀耕火种的目的是开发林地种植农作物，所以这种活动是围绕森林进行的生产活动。从整体来看，它首先是一个破坏森林的活动，破坏森林会导致生态环境的变化，土壤性质发生改变，生物多样性遭到破坏。不仅仅后果非常严重，而且后续影响极为深远。海南岛目前的荒山、茅草、灌木丛等均是原始热带森林经过刀耕火种砍伐而演化形成的，并且刀耕火种也是造成森林变迁的决定原因。它是破坏森林中各种各类动植物的强有力因素，无论是哪种类型的植物，火烧后均直接变为草地或秃山，只需一次便可完成。肉眼看到烧掉的是森林，但对于土壤来说会带来一个渐变的极大的破坏。如果想要重回此前的生态系统会异常困难，这是由于刀耕火种以后土壤、小气候等在内的生态系统都发生了很大的变化。根据中国林业科学院热带林业研究所1977年在海南岛西南部的乐东县与东方市交界的尖峰岭半落叶季雨林对毁林烧垦的研究，刀耕火种后各种生态因子非常迅速地向不利方面加速改变。首先是小气候的剧变，天气变得干热，气温升高 1.5~3 ℃，土地温度升高 3~8 ℃，相对湿度降低 10%~20%，地表径流增加 5~6 倍，蒸发强烈而且水土流失严重，每公顷流失量大约为 105 m^3，土壤肥力严重下降，氮、磷和钾等主要养分流失，有机质含量减少，pH 值减小，土壤肥力严重下降，作物产量锐减。这些变化都是在很短时间内发生的，且仅仅是一次刀耕火种的后果。海南由于风化壳很厚，淋溶强烈，一旦失去森林的保护，将非常容易发生崩塌和水土流失。刀耕火种后的土地会迅速被茅草占领，而茅草是一种非常消耗土地营养的植物，它占领土地时间越长，土壤的肥力越低，并不断趋向贫瘠。如果任茅草生长而不加以人工营林，这些土地将很难再被利用。历史上虽然对这种土地用来放牧牛羊，但由于本岛茅草纤维粗，营养价值低，对牲畜的生长也会有不利影响。当地有每到冬天放火烧山的习惯，期待第二年有新芽嫩草。而这种习惯使得这片土地继刀耕火种之后，再次经受火烧，更加剧了土地的不良利用率。久而久之最后这片土地变为不毛之地。所以总的来说刀耕火种是一种掠夺性的不良的土地利用方式，虽然能得一时之利，但后续的影响很大，如果不加以制止，最终将摧毁畜牧业的基础。

1.1.3 稻作品种

海南的栽培稻品种，明朝《正德琼台志》中有记载"稻有秔糯二种，秔为饭米品，著者有九……糯为酒米品，著者有九……"该书还说到了"占稻""山禾"还有数种。清朝道光年间的《琼州府志》记录到的稻谷品种多达77种，其中糯之类23种，粳之类54种。而清朝光绪年间的《崖州志》记述本地稻种有28种，说明了崖州地区稻种数量是比较多的。史料记载民国时期本岛品种有240个，20世纪70年代有560个。

1991年起海南省逐渐推进了杂交水稻品种引进等工作，1991年推广了"汕优63号""汕优83号"等中熟高产、稳产和抗性强品种组合，以及"汕优6号""汕优63号""博优64号"等杂交品种。1992年引进了"桂红占""七山占""七桂矮""博优903号"等适合海南种植的品种，1998年引进了增产显著的"Ⅱ优128""博优961"，组合有"博优3550""亚优501""Ⅱ优3550"等。1999年拟定出优良杂交水稻组合"八桂占""华南占""三培占""泰占1号""Ⅰ优128""博优64""博优961""博优96"等。2001年海南省杂交水稻主要品种有"博优961""Ⅱ优128""65002"等。2007年选育出2个三系不育系"丰海A"和"福海A"，并育成了"海丰优408""京福优1527"等5个杂交水稻新品种。2008年主推的杂交水稻新品种包括"博Ⅱ优15""Ⅱ优128""特优"等系列。2009年主推的杂交水稻品种为"博Ⅱ优15""博优225"和"特优128"。

水稻品种在海南也得到了推广。例如早稻品种"特优128""特优721""粤杂922"等组合，晚稻品种有"博Ⅱ优15""博优225""博Ⅱ优134"等组合，常规品种有"特籼占25""桂农占""科选13"等。2002年从广东和湖南等地引进了"宜香315""两优363""培两优210"等7个香稻新品种（组合）和"特籼丝苗3号""奇特占184""天优2118"等45个优质稻新品种。

1.1.4 海南缺粮问题

自古以来，海南岛的粮食问题就是一个突出的问题，虽然海南岛的气候自然条件非常适合种植稻谷，但千百年来，海南的粮食短缺问题依然比较突出，总体来说供不应求的局面一直存在。南宋王象之在其《舆地纪胜》中写道："海南所产粳稌不足于食，乃以薯蓣为粮、杂菜作粥"。虽然苏轼居住的儋州是海南历史上稻谷种植较早的地区之一，但也存在缺粮情况，其在《居儋录》中写到"元符二年（1099年），儋州米贵，吾方有绝粮之忧，欲与过子共行"，而此前东坡先生也曾提到"今岁米皆不熟，民未至艰食，以客舶方至而有米也。然儋人无蓄藏，明年去则饥矣。吾旅泊尤可惧，未知经营所从出，故书坐右以时图之"以及"北船不到米如珠，醉饱萧条半月无"。可见当时缺食的情况是很严重的。明末清初诗人屈大均对海南缺粮问题感到非常困惑并写道"禾虽三熟，而秔稏往往不给，多取盈于果蔬"，而黎族和苗族聚居的山区，或者灾年或者兵荒马乱，粮食短缺问题更严重。造成此问题的原因主要有：一是稻谷并不是海南人当时的主食，因为薯芋类作物的种植简单，容易管理，产量也高，所以历来海南薯芋类作物无论是种植面积还是产量都比稻谷高，这种情况一直持续到了清代。二是海南气候宜人，可以种植的经济作物种类非常多，由于商品经济的发展和经济利益的驱使，虽然稻谷可以一岁两熟甚至三熟，但是农民种植稻谷的意愿低。三是海南由于自然资源丰富，香料珍宝和土特产蜚声中外，内陆人常以稻米交换商品，抑制了海南的稻米生产。四是税收过重并且阶级斗争、民族冲突导致海南黎族人民常年处于反抗起义当中，尤其是元、明、清三代。而朝廷派兵镇压因为海南四面环海，运输不便，所以就地征粮。明朝《明实录》中记载了明朝出兵攻黎，掠黎粮为兵食之事。而军事行动少则一年半年，多的三五年。本来不宽裕的海南稻谷，怎能经得起折腾。五是众多的史料中提到了"海南惰农"这一情况。南宋周去非在其《岭外代答》中写道：海南"深广旷土弥望，田家所耕，百之一尔，必水泉冬夏常注之地，然后为田。苟肤寸高仰，共弃而不顾。其耕也，仅取破块，不复深易，乃就田点种，更不移秧。既种之后，旱不求水，涝不疏决，既无粪壤，又不耔耘，一任于天。既获，即束手坐食以卒岁，其妻乃负贩以赡之己则抱子嬉游，慵惰莫甚矣。"清朝张庆长在《黎岐纪闻》中写道："生黎不识耕种法，亦无外间农具，春耕时用群牛践地中，践成泥，撒种其上，即可有收"，等等。可见海南岛当时由于劳动者素质低下或者精神、文化贫困也导致生产、生活的贫困。

民国时期缺粮问题。《海南岛志》中记载"……全琼所产谷米，不足自给，每年由安南、暹罗、安铺各地进口米价，其数达二百万两（黄金）以上。地广而土沃，尚须仰给于外，则其田野之不辟，人事之不勤，概可知矣。"而在《关于日本人在海外活动的历史调查第29册——海南岛篇》中有记载"虽然米是海南岛居民的主要粮食，但由于岛民的农业技术尚未摆脱原始农业的状态，全岛米的产量不能满足其对米的需求，每年从泰国、法属印支输入大量的米。虽然输入量依年份不同有所差异，但多的年份达 170 万元，少的年份也输入额达 100 万元"说明了民国时期也存在缺粮现象。原因主要有：一是农业技术落后，由于稻米生产需要大量的水，而当时海南的水利设施极其落后，截至 1949 年全岛只有 125 部水车。另据日本学者后藤元宏在《海南岛全貌》中描述"水田除使用溪谷的小池之外，灌溉多以人力，或水车行之，他无引水的设施，用肥仅有少量的牛粪及花生壳，地力消耗殆尽，农夫就自然地放弃此地的使用"。二是良种及栽培技术落后，民国政府不重视良种的引进及栽培技术的培训，还有"惰农"问题，导致产量上不去，自然就会出现粮食短缺的现象。

1.2　南繁育种

海南南繁是我国水稻种业的"孵化器""加速器"和种子库。目前海南有大量的水稻南繁试验田，利用海南热带的光热条件，植物迅速生长的优势在试验田里选育新品种，正是这些新品种在海南南繁这块沃土上将高产、高质、绿色越做越好，承载了中国水稻种业的新希望。

1.2.1　概况

南繁主要指的是利用海南岛南部地区（陵水、三亚和乐东）北纬 18°冬春季节气候温暖的条件，把在北方夏季种植的农作物育种材料，在冬春季节于南方再种植一季或者两季的农作物育种方式。作为国家农作物科研育种的重要平台，国家南繁科研育种基地在保障国家粮食安全、缩短农作物育种周期、促进现代农业发展和农民增收、培育科研育种人才等方面做出了突出贡献。南繁加代选育缩短了农作物新品种选育周期的 1/3 至 1/2，南繁基地已成为我国新品种选育的"孵化器"和"加速器"、保障农业生产用种的"调节库"和种子质量天然的"鉴定室"。近年来全国近 30 个省（自治区、直辖市）800 多家科研院所、高等院校及科技型企业约 6 000 多名农业科技专家、学者，来海南从事南繁育种工作。

1.2.2 发展阶段

南繁开始于 1956 年，截至目前分为四个阶段。第一阶段，探索实践阶段，从 1956 年至 20 世纪 60 年代，丁颖、吴绍骙等老一批专家提出南繁加代理论，随后辽宁、湖南等省的技术专家展开初步探索和实践。第二阶段，兴起阶段，从 20 世纪 70 年代开始，繁制种面积超过 25 万亩，28 个省份 400 多家单位大约 7 000 名技术人员在南繁开展工作，极大地促进了南繁工作的开展。第三阶段，稳步发展阶段，从 20 世纪 80 年代至 2008 年，《南繁工作试行条例》颁布，国家南繁工作领导小组成立，《农作物种子南繁工作管理办法（试行）》的印发等标志着南繁管理逐步规范，走上了稳步发展阶段。第四阶段，全面提升阶段，从 2009 年开始至今。2009 年，国务院印发《关于推进海南国际旅游岛建设发展的若干意见》，明确提出建设南繁育制种基地，南繁基地建设从此上升为国家战略。党的十八大以来，党和国家领导人多次就南繁工作做出重要批示。习近平总书记在海南考察时强调"国家南繁科研育种基地是国家宝贵的农业科研平台，一定要建成集科研、生产、销售、科技交流、成果转化为一体的服务全国的'南繁硅谷'"。随着《国家南繁科研育种基地（海南）建设规划（2015—2025 年）》的实施，南繁基地建设和南繁事业发展走上了快车道，南繁科研育制种基地的基础条件不断完善。

1.3 南繁水稻新品种结硕果

1.3.1 耐盐碱水稻

1986 年，科学家陈日胜在广东省湛江市的海边芦苇丛发现了一株野生海水稻，在三亚市崖州区大蛋村的国家耐盐碱水稻技术创新中心三亚总部科研基地试验田，在耐盐碱水稻是超优千号和叁优一号，2020 年超优千号水稻平均亩产 508.4 kg。选育高质高产的耐盐碱水稻可以让全国 2 亿~3 亿亩盐碱地改良成良田。

1.3.2 低谷蛋白水稻

低谷蛋白水稻目前种植在陵水南繁基地试验田中，低谷蛋白水稻的平均谷蛋白含量仅为 2.63%，而普通大米的谷蛋白含量约为 8%，低谷蛋白水稻适合慢性肾病患者食用，慢性肾病患者有蛋白质代谢障碍，用低谷蛋白稻米做出的米饭，不仅可使吸收蛋白显著降低，而且升糖指数也低，也适合糖尿病人群，而且育种专家还在不断优化低谷蛋白水稻大米的黏性、弹性和韧性，提高适口性。

1.3.3 巨大胚米

新品种 W2628-巨大胚米亩产目前可以突破 500 kg，其胚芽约占整颗稻米体积的 1/3，γ-氨基丁酸含量是常规稻米的 8~10 倍，γ-氨基丁酸可以降低血管血压、增强脑细胞代谢功能，有助于缓解高血压和心脑血管疾病。目前这个品种的大米口感、外观还有很大的改良空间，但是可以加工成米浆和米粉。

1.3.4 脆秆稻

脆秆稻的叶片一碰就断了，稻秆轻轻一折就可听到断裂的脆响声，脆秆稻的叶片秸秆容易被粉碎，约70%可以直接还田，且分解块有利于下茬作物的生长。而且脆秆稻的秸秆适口性好、营养价值高，可以用作牛羊的饲料。

1.3.5 瓜子稻

瓜子稻的千粒重可达 50 g，而常规水稻千粒重约为 27 g，增加水稻的粒重，也是提高产量的有效方式。瓜子稻虽然个头大，口感也不错，但是垩白度较高，外观较差，加工时容易碎，还有很大的提升空间。

1.4 南繁育种在水稻方面的成就

中国有 3 种野生稻，分别是普通野生稻、药用野生稻和疣粒野生稻。全国仅 8 个省份有野生稻分布，而海南岛存在以上 3 种野生稻。1968 年袁隆平院士开始在三亚地区开展水稻南繁育种工作。1970 年 11 月，袁隆平团队在崖县

（今三亚市崖州区）南红农场的水沟边发现了一株野生稻花粉败育型雄性不育株，袁隆平给它定名为"野败"，"野败"的发现是三系法杂交水稻研究的重要突破口。

1.4.1 三系法杂交水稻技术研究

袁隆平团队利用在海南三亚发现的"野败"，仅仅用了五年，就先后解决了三系配套、制种产量低等问题，快速将三系法杂交水稻投入实际生产应用中。

颜龙安团队在 1972 年选育出野败籼型不育系"珍汕 97A"，该品种是我国应用时间最长、选配组合最多、推广面积最大、适应性最广的不育系。在 1982—2003 年，利用"珍汕 97"配组的杂交稻累计推广种植面积近 19 亿亩，占全国种植杂交稻总面积的近一半。

"明恢 63"是谢华安院士于 1981 年春育成的，作为我国人工制恢研究中第一个取得突破的优良恢复系，其恢复力强、配合力好、恢复谱广、抗稻瘟病、综合农艺性状优良、制种产量高。全国各育种单位利用"明恢 63"作为恢复系选育的骨干亲本，先后至少育成了 617 个新恢复系。1990—2009 年，这些恢复系配组的组合累计推广面积超 12 亿亩。其中"汕优 63"（"珍汕 97A"×"明恢 63"）累计推广面积超过 10 亿亩。

朱英国团队利用海南红芒野生稻与常规稻杂交选育出红莲型不育系，其中红莲型与袁隆平的野败型、日本的包台型，被国际公认为三大细胞质雄性不育类型。

周开达、朱英国等先后选育出其他细胞质雄性不育系：D 型、冈型、马协型、包台型等不育系，丰富了我国不育细胞质，为杂交水稻在全国范围内推广打下了坚实基础。

1.4.2 两系法杂交水稻技术研究

1987—1995 年，由湖南杂交水稻中心牵头，联合全国 16 家单位进行协作攻关两系法杂交水稻研究，历经九年，两系法杂交水稻技术研究获得成功。

"培矮 64S"是罗孝和等人利用"培矮 64"为轮回亲本，与"农垦 58S"杂交，其杂种后代经长沙、海南多代双向选择育成的籼型水稻低温敏雄性不育系。"培矮 64S"是我国推广面积最大的光温敏核不育系，由其配组的品种两优培九累计推广面积超过 1.2 亿亩。

"Y58S"是邓启云利用"安农 S-1""培矮 64S"等品种杂交,其杂种后代经长沙、海南多代双向选择育成的广适性水稻光温敏不育系。作为我国两系杂交稻骨干亲本,"Y58S"已被国内 100 多家科研单位和种业公司引进配组,选配的 Y 两优系列强优势组合通过省级以上审定的 41 个。

1.4.3 实施超级稻工程

为满足全国人民对粮食的需求,农业部于 1996 年立项超级杂交稻育种计划。截至 2018 年,经农业部确认可冠名超级稻的水稻品种已达到 131 个。

1.4.4 强优势粳稻优质品种显成效

以国家粳稻工程技术研究中心、黑龙江省农业科学院、辽宁省农业科学院、吉林省农业科学院等科研院所为主体,南繁育种在强优势粳稻优质品种的选育方面,同样取得了显著成效。

"辽粳 454"在辽宁推广种植面积达 20 万公顷,创造了辽宁省内品种年种植面积的历史新高;"辽粳 294"既高产又优质,是辽宁省水稻生产上应用面积最大的优质米品种。

"吉粳 88"亩产 740 kg 以上,2006 年在吉林省种植面积已达 30 万公顷,占水田面积的 40%,打破了吉林省自 20 世纪 80 年代以来单一品种推广面积的记录,创造了巨大的经济效益和社会效益。

国家粳稻工程技术研究中心选育的"隆优""隆粳"系列水稻品种近年来在东北和黄淮海稻区大面积推广种植,部分品种已成为当地的主栽品种。"隆优 619"于 2013 年在国际水稻所世界水稻生态适应性试验印度试验点中产量居第一位。

1.4.5 走出去贡献中国力量

全球水稻主产区主要在东亚、东南亚和南亚。东南亚与南亚水稻面积是中国的 3.36 倍,因而东南亚杂交水稻未来的市场空间巨大。海南是我国唯一的典型热带海洋性季风气候区,与东南亚国家的生态类型相似。利用南繁基地整合科研资源,培育适合东南亚、南亚地区推广的优质多抗高产广适性杂交水稻新组合,再通过国外的育种站、测试站进行品种测试、区域试验,并获得市场准入资格，能够有效地推动杂交水稻在东南亚、南亚等"一带一路"倡议沿线国家的大面积推广。

为开发东南亚杂交水稻市场，我国大型种业公司相继在国外设立育种站、种子生产基地等。据统计，现在世界上已有 20 多个国家或地区引进了我国的杂交水稻，特别是东南亚国家，国外每年约有 600 万公顷水稻面积应用杂交水稻。

1.5 南繁育种的意义

1.5.1 南繁是保障中国种业和粮食安全的国家战略需求

2018 年 4 月 12 日，习近平总书记考察国家南繁科研育种基地并做出重要指示："十几亿人口要吃饭，这是我国最大的国情。良种在促进粮食增产方面具有十分关键的作用。要下决心把我国种业搞上去，抓紧培育具有自主知识产权的优良品种，从源头上保障国家粮食安全。"尤其是种业作为农业的"芯片"，一旦发生"卡脖子"的情况，国家的粮食安全无从保障，会引发一系列社会问题。因此中国人的饭碗任何时候都要牢牢端在自己手上，而南繁则是"中国饭碗"的底部支撑，南繁关系到国家种业安全和粮食安全，涉及国家核心利益是为保障国家粮食安全提供品种和技术储备的紧迫战略需求。

1.5.2 南繁是保障中国农业可持续发展的迫切需要

当前中国种业发展尚处于初级阶段，跟发达国家相比，我国还存在代差，具体表现在：人才缺乏，种子生产水平不高，种子繁育基地基础设施薄弱，机械化水平低，抗灾能力较低，加工工艺落后等。种业是现代农业发展的生命线，是保障国家粮食安全的基石，种业竞争力代表国家农业竞争力，种业搞上去才能掌握现代农业发展的主动权。所以南繁这个平台为我国种业加快现代化提供了契机。

1.5.3 南繁是推进我国种业科技创新的重要载体

习近平总书记曾强调，国家南繁科研育种基地是国家宝贵的农业科研平台，一定要建成集科研、生产、销售、科技交流、成果转化为一体的服务全国的"南繁硅谷"。而一个全产业链的"南繁硅谷"意味着产业链的每一个环节都是全国先进科技的代表，如此，才有可能对抗美国孟山都、瑞士先正达和德国拜尔、杜邦等国际种业公司意图占领垄断中国种业市场的目的。组建"南繁硅谷"，打造聚集国内外一流人才的高地，组织具有重大引领作用的协同攻关，形成代表国家水平、国际同行认可、在国际上拥有话语权的农业科技创新实力，才能成为抢占国际科技制高点的重要战略创新力量，为保障国家粮食安全提供强大支撑，才能避免未来中国种业受制于人。

2 水稻的生物学特性、生长模式

水稻是稻属谷类作物，水稻按稻谷类型分为籼稻和粳稻、早稻和中晚稻、糯稻和非糯稻。按留种方式水稻分为常规水稻和杂交水稻。还有其他分类，水稻按是否无土栽培分为水田稻与浮水稻；按生存周期分为季节稻与"懒人稻"（越年再生稻）；按高矮分为普通水稻与 2 m 左右的巨型稻；按耐盐碱性分为普通淡水稻与海水稻。

水稻在植物学性状上具有穗大粒多的特点，在生物学特性上非常适合淹水栽培的生长习性，所以水稻在比较好的栽培技术等条件下，会比一般的旱田作物更加适应水淹的自然条件并且得到稳定较高的产量。只要灌溉条件能够得到满足，无论是南方还是北方，均可以种植水稻，并且水稻也是目前我国非常重要的粮食作物，能够成为部分农民的重要收入来源。

2.1 稻种的发育条件

水稻要完整地、顺利地度过整个生育期，要先保证稻种能正常发芽。一般来说正常的稻种，在适宜正常的条件下，播种到地里以后 3~5 d，最晚 7 d 就开始萌动发芽。种子发芽的快慢速度，发芽率高低以及发芽后幼芽、幼根健康情况，除取决于种子本身质量外，更重要的是决定于外部环境的水分、温度、氧气三个基本条件是否处在一个适当的状况。

我们切开一粒稻谷，可以看到除了非常小的胚芽器官以外，胚乳占了很大的比重。这些胚乳即是稻种能够发芽成长的能量来源。这些胚乳所储存的养分可以支持稻种长大 3 片叶子，根长出 4~5 条时候，才完全用尽。因此，如果在播种前能够选出质量更好的种子，对保证发芽及出苗的初期阶段具有非常重要的意义。而质量较差的种子往往会造成缺苗现象。干燥的种子一般含有13%~14%的水分。在这种干燥状态下，它们能耐很高的温度，即使在干热处理下24 h保持70 ℃的高温，也几乎不影响后续的发芽，即使在55 ℃温水中短时间浸种也不至于破坏种子的发芽能力。所以在实际生产中，我们可以利用比较高的温度来进行种子干燥或消毒。要使种子发芽，必须先使种子吸收其本身重量25%的水分。如果500 kg干种子需要再给125 kg的水才能吸水达到饱和并开始萌动。吸水速度与吸水量以及水温有直接关系，即温度越高，吸水速度越快。因此一般播种前的浸种天数需要根据水温来决定，一般情况下，15 ℃的条件下需要5~6 d，20 ℃的条件下2~3 d即可吸水达到饱和程度。

吸水饱和后的萌动种子，必须在适宜的温度条件下才能发芽。发芽的最低温度一般为10~13 ℃，最适温度为30~35 ℃，最高温度可达40 ℃左右。萌动种子在最适温度下发芽最快，随着温度的上升或者下降，发芽所需要的时间相应延长。在10 ℃以下不易发芽，并且萌动的种子在此温度下时间过久便会失活从而丧失发芽能力。只有地温和水温达到12 ℃以上时，才能保证正常发芽。低温不仅降低发芽率、延迟发芽日期，还会非常明显的影响发芽后幼根的生长状态。各地区在决定播种的时候需要特别注意地温和水温状况，适时地播种。

种子发芽的另一个重要条件是空气中的氧气。因为水稻是原产于热带沼泽地区的植物，有很强的适应于在水下发芽的特殊能力，所以即使在氧气很少或者完全缺氧的条件下也能发芽。这也是与旱田作物不同的最大特点。所以我们在生产上利用水稻的这个特性来进行播种前的浸种以促进发芽。但由此也经常会忽略到发芽后空气的供给。实际上，水稻种子在水下发芽，只是幼芽和鞘叶的急速生长，抑制了幼根和叶片的生长，即不能很快的同时的形成其独立生活所必需的根和叶，如在发芽后观察深水中与无水状态下发芽的情况会很容易发现此现象。

在实际生产中，种子播于大田之后，如果希望较快的扎根和长叶子需要重视氧气的供给，播种后的深水灌溉会造成烂种和烂秧的出现，即使出苗，鞘叶也会呈现出徒长软弱现象，对外界不良环境反应敏感而出现死苗现象。众多实验表明，水稻种子发芽后最适宜的条件是湿润并且没有水淹的土壤条件。但是在水秧田中，灌溉水是保温的重要措施，在育苗初期"日排夜灌"或"夜排日灌"这些复杂而精细的管理工作原理都是主要用水的灌排来解决温度、水分、空气三个条件的调节。通过这些管理措施，才能使稻田有较好的发芽率并育成健壮的秧苗。

2.2　幼苗的生长

当第一片真叶从鞘叶抽出来后，水稻就开始具备了作为独立个体而进入到苗期。此时胚乳所储藏的能量对主体供能减少，外界营养条件供给主体比重增加，幼苗也开始对外界环境有了新的要求，即除合适的水分、温度以外，充足的阳光与养分将成为培育壮秧的重要条件。幼苗生长最理想的环境条件是：温度适合阳光充足，浅水的灌溉，以及土壤中存在充足的有效态养分。首先是温度，对幼苗生长影响最大的是温度，在保持一定温度的试验条件下，土温及水温在 32 ℃以下，随着温度的升高，地上部的干重、分蘖的发生以及根部干重的增加均趋于旺盛。这说明了在适宜温度下，温度越高，对幼苗的生长越有利，因此如果想要得到相同成长程度的幼苗，在寒地或者早期播种时需要较长的秧期，而高温或晚期播种时秧期缩短，即幼苗的成长量与育苗期间的总积算温度有一定的相关。因为过高的温度往往促使幼苗徒长，所以寒地育苗应以防寒保温为主，双季晚稻宜早播，以防高温与适当延长秧期。浅的水层有利于幼苗吸收养分而促进生长，在过多的水分条件下，常使苗组织的细胞壁变薄，茎叶软弱细长，而干物质的增长相对减低，这种幼苗在处于低温等不良环境时，最易发生灾害。因此在秧田中深水灌溉除了起到调节温度的作用以外是没有任何好处的。苗期最适宜的水分状况是出苗前只保持土壤湿润状态，待三片真叶长成后，应经常保持浅的水层。为了幼苗迅速地制造自己需要的养分，还必须有充足的日光与养分，在日照不足的条件下，即使有丰富的土壤养分，亦不能进行旺盛的同化作用而增加干物质的累积。因此每株幼苗在秧田中所占的营养面积，对苗的生长具有决定性的意义。试验表明在一定范围内，单位面积上的播种量愈少，叶片的增长、分蘖的增加以及苗重对苗高的比率愈大，尤其在晚播与秧田期长的情况下，稀播的优越性更加显著。因此，为了培育壮秧，秧田稀播匀播是值得提倡的一项先进经验。出苗后，在第三片真叶抽出后，对土壤养分的要求激增，对幼苗影响最大的是氮肥，其次是钾和磷。故应保证在秧田中期有充足的速效性追肥，而在拔秧前 3~5 日，适当的施用少量硫胺有促进插秧后发根的作用。

2.3　分蘖的发生

如果各方面条件良好，在幼苗长出 4~5 片叶子时，开始在下部的叶腋间发生分蘖。分蘖是水稻重要特性之一，在一定插秧密度的本田中，适当的增加分蘖是获得丰产的基础。一般在成熟的植株上，我们只能看到 5~6 个茎节，将稻株从土中拔出仔细观察，可以发现在主茎的基部靠近地表下密集有十几个节间很短的分蘖节。所有的分蘖茎都是从这个部位自下而上按一定的顺序产生的。主茎上分蘖发生的多少与品种茎节数目的多少有很大关系，主茎节数主要是因品种的成熟期而不同，晚熟品种可多至 18~19 个节，早熟种 11~12 个节。分蘖每 5~6 d 发生一个，本田中分蘖最旺盛的时期约在插秧后 20~40 d。各个分蘖的发生，先后相差的期间是很不同的，最早与最迟的相差可达 1 个月，而主茎与最后的分蘖，相差超 50 d，但抽穗的时期，全株相差只有 5~6 d，故分蘖发生越早的，有效率越高，将来抽穗后穗大粒多，反之，晚发生的分蘖多不能抽穗结实而变为无效分蘖。在栽培上，除希望分蘖适当的多以外，更重要的是促进分蘖发生得早而快，健壮整齐，无效分蘖减少以至于无。因为有效分蘖多穗数也多，无效分蘖少就有利于养分能集中供给有效分蘖，为后期的结实打下良好的基础。早插秧、浅插秧以及小株密植的插秧方式，一方面可以保证单位面积上的总穗数，另一方面也有利于分蘖的早期发生，从而提高分蘖的质量，是水稻增产上的中心环节。分蘖期是水稻一生中营养体增长的旺盛时期，要求比苗期更高的温度与养分。由于分蘖节处于地表下一寸左右的部位，灌溉水的深浅与水温对分蘖起着重要的影响。许多研究表明，在水稻的分蘖期间即使有很高的气温，但分蘖很敏感的与灌溉水温成正比例的增减，在田间的变温条件下，平均水温在 26~27 ℃ 最有利于分蘖的发生，低水温或过高的水温都是抑制分蘖的主导因素，水温低于 25 ℃，即可看到分蘖的减少，低于 20 ℃，则几乎停止了分蘖的继续发生。了解水温与分蘖的关系，在生产上我们可以利用水层的深浅来调节温度，以达到促进或按制分蘖的目的。在寒地，一般多在分蘖盛期浅水灌溉，以提高地温促进分蘖，分蘖末期灌深水控制无效分蘖。分蘖期也是水稻一生中吸收养分最多的时期，具备氮、磷、钾而又充足的基肥，以及分蘖期追施速效性氮肥是促进分蘖及早发生的重要条件。此外，苗的壮弱，秧田日数的长短，也与分蘖有关，密播的弱苗或秧田期过长的老苗，均减弱分蘖能力。因此，培育壮秧，适期早插秧，小株密植，正确的灌溉与追肥是促进分蘖的综合措施。

2.4　幼穗的发育

分蘖停止后，在抽穗前 30~25 d，稻秆基部节间开始伸长，即所谓"拔节"。此时如用刀片将茎秆基部从正中间切开，可以观察到茎的顶端，幼小的稻穗已生长到 2 mm，一般此时正当幼穗分化开始期。穗分化期是水稻一生中从营养体生长转入生殖器官生长发育的一个重要的转折点。将来抽穗后穗子的大小，每穗上结实粒数的多少，绝大程度上决定于这个时期的外界条件。穗分化期是决定水稻单位面积产量的一个紧要关头。在如今先进的农科技术条件下，争取在穗分化期运用正确的栽培措施来发挥水稻穗大粒多的特点，是完全可能和必要的。根据试验观察可知，一般中晚熟品种，在抽穗前 14~25 d，正是稻穗枝梗分化及小穗形成的重要阶段，也是水稻整个生育期中同化作用最旺盛对养分要求最迫切的一个时期。据研究，移植后水稻各期平均每期吸收三要素量，以停止分蘖到开始孕穗的 10 d 内外为最大。此期间的营养状况对水稻的产量是具有决定性意义的，在营养缺乏的条件下，不仅前期已形成的分蘖将会大量死亡，减少单位面积上的穗数，而且也直接影响枝梗的分化，显著减少小穗数目及小穗的结实率，反之，如果在穗分化期土壤中存在适当的速效性养分，则可以有效地增加每穗粒数，提高结实率。所以在抽穗前 25 d，正当穗分化开始期的氮肥或钾肥的追施，是提高产量的经济而收效大的增产技术。尤其在推行密植之后，恰当地运用穗肥是应当引起重视的。抽穗前 14 d 左右，进入生殖细胞形成的时期，这时水稻茎秆急速伸长，抽穗前一星期幼穗已大体发育完成。这个阶段对外界的低温、水、旱、风害等非常敏感，应特别加以防护，温度低至 17 ℃ 左右，或干旱均会直接影响性器官的形成，抽穗后呈现白穗。

2.5　抽穗开花

抽穗后即开花，每穗开花需 7~9 d。水稻的开花顺序相当复杂，从全穗来看，由上部枝梗向下部枝梗顺次开花，从每个杖梗来看，一般顶端小穗最先开花，再由下部小穗向上开花，以顶端第二粒最迟开花。水稻开花对天气要求较严格，一般开花最适温度为 25~30 ℃，最低温度为 13~15 ℃，最高温度为 40~50 ℃。过高，则开颖后花丝干枯；过低，则花药不能开裂，均易发生不稔现象。除温度外，其还要求较高的湿度，湿度在 70%~80% 最适合。过高、过低均有碍花药开裂或花丝伸长而妨碍授粉和受精，故以高温多湿的晴天最为理想；反之，雨天、低温、过湿、日照不足均不利开花。在栽培上应注意品种选择，使开花期处于高温季节，并防止干旱。

2.6　水稻的成熟

开花受精后，子房开始伸长而发育，胚的分化在开花后 10~14 d 即已形成，即约在开花后雨星期即大体上具备了发芽能力，但未熟种子发芽率低，且易于腐败，故生产上应在腊熟末期至完熟期来收获。由抽穗至完全成熟所需的日数依品种而不同，又依种子在一穗上的着粒位置而有很大的差异。例如从一穗内顶端第一粒开花至最后一粒开花一般只相隔 7~10 d，但结实期间则相差很远，以中晚熟品种来说，一穗中顶端籽粒开花后 20 d 即可完全成熟，而最下部的枝梗的籽粒往往在开花后 50 d 以上才能成熟。因此，在同一时期收获的种子，实际上是各种不同成熟度的混杂物，种子质量上有很大差异，因此，在播种前应当进行选种。在成熟过程中，光强温高，则成熟迅速。反之，则缓慢。成熟过程进行得较缓慢，有利于养分向种子转移，可使米粒饱满，米质良好，早晚季水稻由于成熟期的温度条件不同，米的品质也不同。

3 海南水稻种植田间管理

3.1 海南水稻种植模式

近年来，随着国际自贸岛的建设和经济社会的发展的需求，海南农业结构在不断调整，除了大力发展冬种反季节瓜菜和热带水果业，海南双季水稻的种植方式、搭配模式也呈现出多样化发展趋势。合理轮作不但能够防治病、虫、草害，均衡利用土壤养分，改变土壤的生态环境，还能取得显著的经济效益、生态效益和社会效益。伴随着现代高效农业的不断发展，海南水稻种植技术也在逐步发展，水稻产量虽然有所提高，但在水稻种植现代化、标准化、集约化的发展程度上，海南水稻种植技术还有待进一步调整优化。研究海南热区水稻栽培种植管理技术，对保障粮食安全、提高海南水稻产量具有重要意义。

近年来，海南岛以农业增效、农民增收为目标，调整优化种植业结构，大力发展冬菜生产。在以前海南大部分地区稻田传统的种植模式为稻—稻—薯和稻—稻模式，发展冬季瓜菜后，海南岛已将传统的种植模式调整为稻—稻—菜或者稻—菜轮作模式。海南岛一举成为全国重要的冬菜种植区，每年冬菜供应全国各地，秋、冬菜生产得到迅速发展。虽然粮食产量受到一定的影响，但是经济效益得到很大的提升，农民收入也有了保障。该模式是目前海南岛普遍采取的耕作模式。在新的种植模式下，由于种植习惯和品种结构等原因，瓜菜种植和水稻生产争时争地的矛盾日显突出，并影响到瓜菜种植效益、水稻种植面积和粮食产量。因此，如何既发挥稻田冬种瓜菜最大效益化，又能保证粮食生产安全是海南农业健康、协调、可持续发展的关键。

3.2　稻种前期处理

3.2.1　选种

水稻产量和质量的决定因素在于品种，优良品种对水稻种植至关重要，选择稻种需要因地制宜，挑选适合本地的品种，盲目选择没有经过试种的稻种存在较大风险。从现实来看，当前海南省水稻品种的应用主要包括杂交稻和常规稻。其中，杂交水稻应用的主要品种包括"天优华占""C两优华占""深两优5814""Y两优1号""五优308""两优688""扬两优6号""冈优188""川优6203"和"中浙优8号"。常规水稻应用的主要品种为"龙粳31""中嘉早17""黄花占""绥粳18""南粳9108""淮粳5号""龙粳43""龙粳39""湘早粳45"和"盐丰47"。杂交稻种植面积远大于常规稻种植面积。据相关部门预测，新品种的推广对海南省水稻增产的贡献率超过50%。

同时海南本土出现一些特色稻种，比如山栏稻。山栏稻米营养丰富、香甜粘糯，山栏稻具有重要的经济价值和社会价值，发掘海南本土特色稻种资源，对继承传统文化、提高人民收益、改善农民生活品质具有重要意义。但由于山兰稻产量较低，且杂交水稻在黎族聚居区的推广，使山兰稻的种植面积大幅减少导致大量优质品种的丢失，通过绿色环保的栽培技术保护山兰稻的种质资源成为严峻的考验。

稻种要选择适应当地气候环境、抗病性强、抗逆性强、抗倒伏能力强的品种，稻种选定后，要先进行选种。购买种子要从正规经销商处购买，种子要选择硬性指标如纯净度、水分含量等经过国家审定合格的，并且籽粒饱满、大小均匀、色泽正常。

3.2.2　晒种

首先测试水稻种子的发芽率，具体方法为：随机取2包水稻种子，每包种子里随机选出100粒水稻催芽，均匀铺在放有吸水纸巾的直径9 cm的玻璃平板里，用喷壶湿润水稻放在32 ℃的恒温箱里，每8 h湿润一次，3 d后测定出芽率。测定种子出芽率后，再对种子进行晒种，处理种子要在晴朗有阳光的天气进行，将种子摊平晾晒，以达到蒸发水分防止霉变消毒灭菌的目的。将稻种进行晒制 4~5 h，杀灭种子病菌和虫源，增加种子活性，提高种子发芽率。

3.2.3 浸种

稻种需经 36~48 h 的浸泡并消毒。先淘洗稻种去除病、秕粒，对稻种消毒是为了杀死沾附在种子上的病菌，避免将病菌带入秧田。可使用杀菌剂如多菌灵 800 倍液进行消毒浸种 36~48 h，其间需要早晚换水。晾晒结束后将种子在兑入消毒液的温水中浸泡灭菌，科学掌握浸种时间，粳稻一般浸泡 60 h 左右，温度高时浸泡时间适当减少，温度低时浸泡时间适当延长，这样有助于种苗的健康生长，可以有效预防常见的稻瘟病、白叶枯病、恶苗病等。

3.2.4 催芽

将浸种后的稻种进行清洗，经 38 ℃ 高温破胸露白用时约 10 h，再保持温度 30 ℃ 左右，湿度 80%~90%，用时约 24 h，至长根长芽约 0.5 cm 左右进行播种。

3.3　水稻田间管理技术

目前海南绝大部分耕地采取轮作倒茬种植。若直接种植，则会出现根系延伸受限、营养不足等问题，将严重影响水稻植株的生长状况。因此，播种前须进行耕翻、旋耕，使秸秆与土壤混匀，同时可避免土壤板结减少土传病害的发生。早稻轮作田块处理首先要将上茬作物秸秆进行粉碎，通过秸秆还田增加肥力，和田土沤浸 10 d 左右。平整土地时每公顷施用尿素 75 kg、磷肥 600 kg、氯化钾 75 kg，过磷酸钙 50 kg。播种时间一般选择在 2 月底至 3 月初，这样有利于保证轮作时序不受影响。

3.3.1 选地与基肥

选择向阳背风的地块进行种植，种植地要求土壤营养成分高，杂草少，离水源地近且水质好方便排灌。栽种之前要进行一次灌水，用于增加土壤层水分含量，因为水稻生长需要大量水分。所选地块要进行施基肥处理，每公顷施农家肥 7.5 t，翻压至田底充分腐熟，施氮磷钾肥的比例为 1∶0.5∶0.5，保证秧苗的健康成长。

3.3.2 播种育苗

塑料软盘育秧每 667 m^2 用 30 cm×60 cm 的塑料软盘 25 片，按每亩用种量 1.25~1.50 kg。营养土选择粘性较强的肥沃旱地或水田土、火烧土，按 5∶1 配制，每立方土加腐熟有机肥 0.5 kg、复合肥 0.05 kg 混合搅拌均匀，粉碎后过筛，沤 6~7 d。用 50% 多菌灵或 50% 甲基托布津 0.07 kg 与每立方米半干细土拌匀，盖膜后闷 72 h 后使用。杂交稻每穴播种 1~2 粒，常规稻每穴播种 3~4 粒。播种后至出苗保持平沟水，出苗后每 1~2 d 灌 1 次跑马水，保持盘土湿润。"两叶一心"时追施复合肥 180~225 kg/hm^2。为了提高秧苗质量，减少抛秧时倒苗率，在秧苗"一叶一心"时喷施多效唑。最后 1 次喷水，要在起秧前 1~2 d 进行，以保证稻秧根部携带泥坨利于机插。如进行抛秧的均匀播于 30~33 片抛秧盘。

播种前，应铺设苗床，苗床一般成东西走向确保日照充足，且苗床间隔不宜太近以保证空气流通，在苗床上覆盖塑料薄膜以保持温度，避免幼苗遭遇风雨侵扰。苗床间设置排水沟，维持苗床土壤含水量，可以为今后的灌溉工作提供便利，播种后使用富含营养的软土将种子覆盖，厚度约 1 cm 以保持温度，促进种子的生长发育。水稻播种受环境影响较大，播种前需在气温 ≥7 ℃，地表温度 ≥8 ℃ 的天气下进行。传统水稻育苗有水育秧法、旱育秧法，其中水育秧法是以淹水管理为主的育秧法，具有保温防寒和防除秧苗杂草的作用，易于拔秧、伤苗较少，有一定的防盐护苗作用，但存在种苗质量差的问题，目前已经很少使用。

目前海南主要推广水稻叠盘出苗育秧、软盘育秧抛秧栽培技术和直播栽培技术。能够在较少的投入下取得较高的收益。软盘育秧抛秧栽培技术在实践中可以有效地降低生产成本和劳动强度，对于秧苗可改善柱形、提高结实率、促进分蘖等特征。

水稻叠盘出苗育秧是针对现有水稻机插育秧方法存在的问题，根据水稻规模化生产及社会化服务的技术需求，经多年模式、装备和技术创新的一种现代化水稻机插二段育供秧新模式。该技术采用一个叠盘暗出苗为核心的育秧中心，由育秧中心集中完成育秧床土或基质准备、种子浸种消毒、催芽处理、流水线播种、温室或大棚内叠盘、保温保湿出苗等过程，而后将针状出苗秧连盘提供给用秧户，由不同育秧户在炼苗大棚或秧田等不同育秧场所完成后续育秧过程的一种"1个育秧中心+N个育秧点"的育供秧模式。在暗室叠盘，通过控温控湿，创造利于种子出苗的环境，解决出苗难题，提早出苗2~4 d，提高成秧率15%~20%；种子出苗后分散育秧，便于运秧和管理，方便机插作业，有利于扩大育供秧能力，降低运输成本，推动机插育秧模式转型，育秧社会化服务。近年在浙江、湖南、江西、江苏等省建立了一批水稻机插工厂化叠盘育秧中心，大面积推广应用该技术，制定了该模式的农业行业标准。水稻叠盘出苗育秧技术被选为2018年浙江省十大农业科技成果，也是2021年海南省的农业主推技术之一。

软盘育秧抛秧栽培技术分为软盘育秧和抛秧栽培两步。首先根据早晚稻类型选择秧盘，一般大田或者晚稻选用800片（434孔）秧盘，早稻选用750片（561孔）秧盘，根据早稻、晚稻类型，选择的具体用量，一般情况下，每公顷早稻可选用750片秧盘（561孔），选择具有良好肥力和墒情的土地作为秧地，控制土壤熟化度。秧板宽度参考秧盘横排的长度，再增加10 cm，秧畦沟宽在30 cm左右，将塑料软盘并排放置在秧板上，复合肥控制在每公顷300 kg，将均匀拌和的肥料和泥浆装入到秧盘内部，然后开始撒播种子，一般情况下杂交稻每穴撒播1~2粒，常规稻每穴撒播3~4粒，完成播种后，田间需要保持平沟水，以出苗时间作为田间管理的界限，为保证盘土本身的湿润性，在出苗后2 d内采用"跑马水"方式灌水1次，为秧苗的生长创造有利条件。在秧苗生长到"两心一叶"阶段，就要进行追肥，以复合肥为主，施加量控制在每公顷200 kg，以提高种植质量。在田间管理阶段，为避免泥浆高于孔口，要刮清盘面泥浆，防止发生"串根"的问题，同时注意避免出现大水漫灌等情况。在秧苗生长到一定阶段后要控制叶龄、秧龄，一般早稻叶龄、秧龄控制在22 d左右，晚稻叶龄、秧龄控制在13 d左右。

抛秧栽培技术：确保上茬作物需要清理干净，田间表面保持平整，土壤呈烂糊状态，一般整地后2 d要开始抛秧作业，抛秧时以晴天傍晚或阴天为宜，因为气温过高会导致晒伤情况。抛秧密度控制在每平方米27穴为宜。抛秧前将秧盘拿出，将秧苗从盘孔中拔出运送至田间，采取"边起边拔、边运边抛"的方式，可以有效提高秧苗的成活率。抛秧时用手将秧苗抓住，抛弃高度保持在 11~13 m，可以使秧苗入土深度在 1.5 cm 左右，要确保秧苗直立。在抛秧时遵循"先远后近"的原则，对田间宽度较大的要进行"补空"作业。抛秧完成后 2 d 需以"浅灌水"方式进行适当灌水。为保证有效分蘖，需要在田间秧苗量到计划秧苗量 80%~90%时，进行看苗晒田，以避免秧苗倒伏。

直播栽培技术：是指将处理后种子直接撒播在田间，是一种较为粗放的生产技术，产量较低。适用于劳动力较少的地区，可缓解劳动力低下导致的低产问题。当阴雨连绵的低温季节，田间出现严重的烂秧情况下，采用直播栽培技术，可以进行补救。同时由于直播的生长发育周期相对较长，对养分的需求相对较高，所以需要合理调整施肥数量、频率，以"适当施秧针肥，重施断奶肥"为原则，确保水稻正常生长，提高产量。

目前海南省应用的直播栽培技术主要分为干直播、水直播两种，其中水直播应用最为广泛，水直播只催芽不育秧，无须进行移植，不需要秧田，能够有效降低劳动强度。晚稻种植若应用直播栽培技术需要调整到十月上旬，早稻种植则需要比一般生产播种期延迟 10 d。直播栽培技术注重整地，要做到"五分水不现泥"，避免出现干裂、积水等问题。从种子处理开始，要落实晒种、消毒和浸泡等措施，以种子数量保障苗数，根据田地规模，采用撒播、点播两种方式。目前，海南省常规稻播种量可控制在每公顷 75 kg，杂交水稻播种量可控制在每公顷 25 kg。

3.4　秧苗管理

早造采用薄膜或地膜保温育秧的田块，温度大于 15 ℃，日揭夜盖，温度小于 15 ℃，全天盖膜，适时通风，防止病害；雨后猛晴时，切忌突然揭膜，应先通风炼苗再揭膜，同时洒水或灌水。秧苗偏干管理。移栽前 5~7 d 略施"送嫁肥"，施后加淋一次清水或移栽前 3~5 d 施"起身肥"，一般施尿素 4~5 kg/亩。长势偏弱的秧苗增施磷钾肥，促进恢复生长。

3.5　田间管理

当秧苗在秧盘长到一定程度，抛秧或手栽的在秧苗 2~3 叶一针，机插的"两叶一针"时移栽到大田里，以利其苗壮成长。移栽前的田块要进行犁田、耙田、并耙最一遍时，每亩施放底肥尿素 5 kg 左右和茶麸等。对于机插秧田块，要提高耕整质量，移栽前田间泥土要沉实，宜选用 25 cm 行距的插秧机，力争早插、浅插。海南省鸟害、鼠害较为严重，特别需要注意的是山区，播种后，田间管理尤为重要，以"湿润出针扎根，开叶薄水保苗，3 叶浅水壮苗，分蘖浅水促蘖"的原则，控制田间分蘖。

3.5.1　合理密植

一般地块每亩栽植 1.5 万~1.8 万穴，每穴两三株苗，高水肥地块可适当稀植，水肥较差的地块适当密植。

3.5.2　水层管理

刚插的秧苗没有新根，叶片蒸腾作用仍在进行，而根系吸收能力差，若此时供水不足，会导致返青期延长乃至枯萎死亡。此时应保证稻田中水量充足。待到水稻分蘖期，由于水稻营养生长旺盛，可以浅水、湿润相结合，这样可以增加土壤氧气含量，提高土壤通透性，促进水稻根系生长，地上部分对水分的需求也得到满足，可以保证早生快发。为提高分蘖成穗率，控制无效分蘖，插秧后 20~25 d 进行排水晒田，待到 8 月初恢复水层。穗分化至抽穗期时，此时水稻生理代谢旺盛，光合作用强，气温升高，蒸腾和蒸发量加大，水稻需水量为生长周期中最多，此时应尽量保持浅水层，防止缺水导致幼穗发育受阻、颖花退化、秕谷增多的发生。灌浆期则采取湿、干交替的灌溉方法，田面保持水气交换状态，以水调气、以气养根、以根保叶，以达到防止早衰、促进灌浆的目的。灌浆期不能长期淹水，也不能停水过早，否则容易发生生理性青枯病。收割前 7 d 断水。

3.5.3　在生育期科学施肥

水稻分蘖期的施肥量应占全生育期的 25%~30%，氮素营养对水稻分蘖起着主导作用，应早施并施足速效性氮素促蘖肥，可以使叶色迅速转黑，是促进前期分蘖的主要措施。到了有效分蘖末期，如果有效茎数明显少于预期适宜穗数时，需酌量施用保蘖肥，促进分蘖平稳生长。

在拔节长穗期要施促花肥和保花肥，根据水稻叶色叶长等长势长相，把握好追施穗肥的数量和时机。追施穗肥的最佳时期通常是剥开稻株主茎察看幼穗长度达到 0.2~1 cm 时，或者当倒 2 叶露尖伸出至全叶长的一半时。精准追施穗肥，可以保证水稻倒 3~4 叶保持良好光合作用、不早衰。叶色发黄严重的田块，应适当增施穗肥。穗肥品种主要是 45% 三元复合肥，一般每亩施 6~8 kg，最高不超过每亩 10 kg。粒肥品种多为尿素或硫酸铵，一般亩施尿素 2~3 kg 或硫酸铵 5 kg，粒肥的施用应根据抽穗后叶色浓淡和稻瘟病发生情况而定，叶色轻微落黄少施或不施，落黄严重则须多施，粒肥施用一般根据水稻长势酌施、减施氮肥，多施钾肥，以提高植株抗倒伏能力。施肥时田中灌浅水，施后不灌水，自然落干。

由于海南岛多发台风，经常出现强降雨和持续阴雨寡照天气，田块容易发生内涝，经常会导致病虫害爆发，水稻生育期推迟，通常会偏晚 1~2 周。此时应该根据水稻长势，适时适量喷施云大 120、磷酸二氢钾、灌浆王等叶面肥或植物生长调节剂，以达到改善植株生长条件，提高结实率，促进灌浆成熟的目的。

3.5.4　后期管理十分重要

杂草生长快、吸收养分能力强，会和水稻争肥料、光照和水分等，影响水稻的正常生长，及时除草可以补充土壤氧气，消除土壤中还原性有毒物质和硫化氢等，加速肥料的分解与养分的释放。同时要注意防虫管理，水生害虫会吮吸稻根和稻苗的汁液，造成幼苗养分损失、组织破坏，影响光合作用，容易造成稻苗生长缓慢，同时会引发病害。此外，水稻生长期内要及时监测水稻病害发生，及时防治。

3.6　海南稻菜轮作模式

冬季瓜菜一般要求 9 月上中旬使用旱地育苗，10 月上旬之前移栽，春节前上市以保证冬菜供应。但海南的晚稻收获时间一般在 10 月下旬及以后，这是由于海南主推晚稻品种多属感光组合或弱感光性组合，海南各地区冬季瓜菜无法在 10 月上旬之前移栽并在春节前上市。以琼北地区为例，该地区瓜菜大部分都在元宵节后才上市。此时海南岛冬季瓜菜面临北方的大棚蔬菜和两广露地栽培蔬菜的竞争，价格无法保证，往往造成菜农丰产不丰收。

根据规律统计，海南冬季瓜菜最佳上市季节为春节前后——每年 2 月前后，此时上市经济效益最好。海南冬季常种瓜菜品种主要有茄果类、苦瓜、辣椒、丝瓜、豆角、冬瓜等，这些瓜菜生育期控制在 190 d 内才可以保证最大的生产效益，生产时期需要集中在头年 10 月至次年 3 月，其中瓜菜苗圃育苗期约① 40 d，大田的生长时长约 150。同时为保证预留充足的暨备田期——"两稻一菜"换茬间隔期 25 d，水稻早晚两造育苗期共 50 d，两造水稻在大田的生长时长应控制在 190 d 内，由此两造水稻的全生育期应控制在 240 d 内。由于海南 3~6 月有效积温要低于 7~10 月，同一水稻品种早造种植，其生育期一般比晚造长 10 天左右，所以，早造水稻生育期应控制在 125 d 内，晚造水稻控制在 115 d 内。综上分析，水稻在大田的生长期应控制在每年的 3 月底至 10 月上旬，才能保证冬季瓜菜的种植效益。稻—稻—菜一年三熟栽培必须根据各茬作物的生育期来合理安排其栽培季节，以达到相互衔接互不干扰，稻菜双丰收的目的。冬菜要选择适销对路的早熟丰产品种如豆类主要是菜豆、荷兰豆；辣椒采用湘研系列、新丰系列；番茄多采用早丰、红宝石、合作 903、906 等，茄子多用圆茄等，水稻主要用感温型的迟熟组合。晚稻要确保于 10 月中旬寒露风出现前齐穗，冬菜应在初春蔬菜淡季时大量上市。为此早稻采用地膜防寒育苗于 2 月中下旬播种，3 月底至 4 月初插秧，晚稻于 7 月上中旬播种 8 月上旬插秧，辣椒等果菜类一般于 10 月中下旬播种采用地膜拱棚育苗 12 月上中旬移栽大田翌年 1 月开花结果 2 月始上市 3 月底前收获完毕。

---

① "约"均表示±5 d，后同。

3.7 海南稻田养鱼生态种养模式

稻田养鱼是一种无公害化的人工生态养鱼系统，其优势是利用稻田养鱼的浅水环境，以人为种植水稻和养鱼技术综合，充分利用水稻和鱼类之间的共生互利关系，使水稻和鱼类都获得高产，其收益是非常可观的。目前海南也逐步推动稻田养鱼等生态种养模式。

稻田养鱼生态系统分为生物因子和非生物因子。生物因子由水稻、杂草、光合细菌、动物、水生昆虫、虾、蟹、蛙贝、蚯蚓和软体动物（蜗牛、蛤蜊等）组成。非生物因素指光、氧、氮、二氧化碳、水和无机盐等。在这个生态系统中，水稻是主体，它持续进行光合作用，将二氧化碳和水化作用转化为有机物质，并将光能转化为化学能储存起来。与此同时，田间的杂草、藻类和光合细菌正在经历同样的物质和能量转换过程，但这些生物不能用作人类的食物。当种植一种单一的水稻时，杂草会被拔掉并扔掉，动物会随着排水和灌溉而消失，导致土壤肥力和光能的巨大浪费。此外底部甲壳动物和田间昆虫也未被利用，而害虫威胁着水稻的生长。

在稻田养鱼中，一方面，鱼类可以以杂草、稻叶、昆虫（包括稻虫）、软体动物、蠕虫等为食，吃不完的可以喂养动物，鱼类排泄物可以用作稻苗的肥料，鱼类呼吸释放的二氧化碳是水生植物的资源，鱼类在水中游泳可以增加溶解氧，加速有机物的分解。另一方面，浮游植物和沉水植物光合作用释放的氧气有利于鱼类的呼吸和新陈代谢。因此，水稻和鱼类受益于稻田养鱼。水稻生产和稻田养鱼增加 5% ~ 10%，此外，还可获得几十甚至几百斤的产量，为农民增产增收。

3.7.1 养鱼水田建设

选择水质好，无污染，排灌方便且耕作层深厚不漏的田，并对稻田的四周田埂进行加高加固，在田埂 50 ~ 100 cm 处根据田块大小开挖"十"字、"井"字形中心鱼沟，鱼沟宽 40 cm，深 30 cm 左右，同时，在靠近进水口的田中心挖一个面积 3 ~ 5 cm^2，深 1 m 的鱼坑，用于鱼栖息。并在进出口设置拦鱼栅，防止鱼逃跑。

3.7.2　消毒与施肥

在稻田灌水前，在稻田中应撒 30 kg/亩石灰进行消毒，撒施后一个星期再灌水，并亩施 300 kg 腐熟有机肥培肥水质，再过 4~5 d 放养鱼种。淹水灌溉期间，应加强灌溉水质检测，确保灌溉水达到农田灌溉水质要求标准。

3.7.3　鱼种选择与疾病预防

放养种类有草鱼、鲤鱼、鲫鱼、泥鳅和罗非鱼等。一般稻田水比较浅，不宜混养过多种类，鱼种放养量也随不同鱼种种类及是否投饵等有比较大的变化。在海南稻鱼一体化养殖系统中，以罗非鱼为主的养殖效果最好。鱼苗用 2%~4% 盐水浸泡 35 min，硫酸铜浸泡 8 mg/L，漂白 10 mg/L，高锰酸钾浸泡 20 mg/L。鱼种大，水温低，浸泡时间长，反之则短，通过浸泡可预防各种疾病。同时，鱼苗放养时，应添加一些清水至稻田，防止鱼苗培育的水温与水稻田水温的温差超过 3 ℃ 而造成大量死亡。

3.7.4　稻田养鱼日常管理技术

海南水稻田水温在夏季为 38~40 ℃，应该及时关注鱼的耐高温情况，及时采取改变水温或增加田间水源。在水稻生长初期，水位保持在 3~5 cm，尽早让水稻返青，水稻生长中后期，水位保持在 15 cm 左右。下雨时，要防止鱼类逃逸等，要及时维护和清理出入水口，及时堵塞漏水地方，此外稻田中田鼠和黄鳝都会在田埂上打洞，造成漏水逃鱼，也应仔细检查及时堵塞。在施肥时要把握施肥用量，避免施肥不当导致鱼中毒，因此要科学施肥，重施用前期的基肥底肥，减少后期化肥的撒施。施用农药时，也要充分了解鱼类对农药的耐受程度，选用高效、低毒、低残留的农药，准确计算农药施用量，要尽量喷在禾苗上，避免下雨前喷药。

目前，稻田养鱼这种生态养殖模式不仅可以使水稻增产，同时养鱼也可以获益，两项加起来每亩至少使农民增收 200~300 元，并且改良了稻田土壤环境，降低了农药化肥的使用，是在海南值得推广的种养模式。

3.8 稻鸭共育

稻鸭共育是指水稻移（抛）栽返青后将雏鸭放入稻田，直至水稻开始抽穗灌浆鸭子都生活在稻田里，稻和鸭构成了一个相互共同生长的生态农田系统，此系统是以大水田、小群体、少饲养为特色的综合种养体系。

鸭子通过不停在稻田中活动觅食去除杂草，可以减少化学除草或人工拔草等工作，杂草率可以控制在99%以上，同时鸭子喜食昆虫类和水生小动物，可以减少稻田里的纵卷叶螟和稻飞虱等害虫，对稻飞虱防除效果可达80%，稻纵卷叶螟的防除效果达20%，能够明显减轻水稻虫、草、病的危害。同时鸭的排泄物变为水稻的有机追肥，1只鸭子在稻田中生活60 d，排泄的粪便约15 kg，每亩放养鸭子15只就相当于施用尿素5 kg、钙17 kg、氯化钾3 kg，基本可以满足稻田的追肥。鸭子通过在稻田中不断活动来疏松稻田土壤，空气中的氧气更溶解于水中，使稻田土壤土层体积质量显著降低，促进水稻生长，并起到浑水效果，抑制杂草发芽。

稻鸭共作以形成良好的环境为出发点，对水稻植株有壮秆效应，提高了植株的抗逆性，生产出的稻鸭产品无公害、低成本、高效益，可以形成良性循环达到稻鸭双丰收的目的。

3.8.1 稻鸭共育的水稻栽培技术要点

水稻产地环境应符合绿色食品产地环境标准 NY/T 391-2000 要求。稻田地势应选择相对平坦，病虫害危害轻，不易受水旱灾害等问题影响的田地。施肥以有机肥为主，少施或不施追肥，一般每亩添加腐熟的农家肥或绿肥1 000~1 500 kg 作为基肥，其他肥料应符合绿色食品肥料使用准则 NY/T 394 要求。稻鸭共育模式可以减少稻田施肥量 5%~10%。

3.8.2 稻鸭共育的鸭子田间管理技术要点

鸭种应结合海南气候特点，选择适应强、抗逆性的当地品种。提倡采用围网式养殖，在田的四周用尼龙网围成防逃圈，围网高60 cm，每隔1.5 m立撑杆，并且在田角建立鸭舍，为鸭子提供避免日晒雨淋的鸭舍，舍底用竹板平铺并倾斜，用于排水和清楚鸭粪便。

雏鸭体重达 100 g 以上，水稻移栽 12 d 以上后便可放入大田。大田可将繁殖好的绿萍放入供鸭子食用，或者根据鸭子食量，平均每天每只鸭子用 50 ~ 100 g 稻谷等饲料补饲料。

在水稻齐穗期变鸭上岸，防止鸭子吃稻穗，待水稻收割后，可将鸭子放回田内啄食落于水田中的谷子。

4 海南水稻施肥技术

4.1 施肥对水稻生产的作用

肥料是作物的粮食，是重要的农业生产资料，占农业生产投入成本的50%左右。化肥也称无机肥或矿质肥，能够为植物生长提供养分元素，促进产量和品质的形成，统计数据显示，化肥对作物产量的贡献率为40%~60%（王祖力，2008）。水稻作为大宗粮食作物，在生产过程中既需要一定量的大量元素又少不了中微量营养元素的使用。化肥适宜的使用可以有效补充土壤中缺乏的营养元素，提高土壤肥力，满足作物生长对养分的需求，还能够增强水稻对外界环境的抵抗能力和减少病虫害的发生。

在实际生产中，稻田往往采用连续种植方式，大量的多种养分元素会被植株从土壤中吸收带离土壤，还有一部分受淋溶作用影响而损失，由于化肥的使用操作简便省事，在肥料的使用中一般以化肥为主，往往忽视有机肥。有机肥富含大量有益物质，具有营养全面、肥效长等特点，能够改善土壤理化性状和结构，为微生物提供良好的土壤微环境，促进微生物繁殖，增强生物活性。此外，在有机质分解过程中还能活化水田土壤中部分迟效性磷、钾。

肥料的使用在促进作物增产、农民增收和农业增效中发挥了不可替代的作用。水稻生育期所需的营养元素以氮元素、磷元素、钾元素为主，中微量元素为辅，水稻对三大元素的吸收量整体呈现以钾元素最多，氮元素次之，磷元素最少。水稻生长发育和产量品质形成离不开各种养分元素充分供给和各元素比例结构协调平衡。

4.1.1　大量元素

（1）氮

氮是植物体内蛋白质、核酸、磷脂、叶绿素、酶、维生素及某些生长激素等的重要组分，作为植物生长发育所必需的大量元素之一，直接影响着水稻产量及品质的形成。一般茎叶中氮的含量约为 1%～4%，穗中含量为 1%～2%。植物吸收利用的氮以无机氮为主（NO_3^-、NH_4^+）。水稻缺氮时，症状表现为下部老叶先发黄，逐渐扩展到上部叶片，植株矮小，光合作用减弱，植株成熟期提前，成穗率低，降低有效穗数，氮肥施用过量会引起水稻植株徒长，无效分蘖增加，茎秆软弱抗倒伏能力差等现象。

（2）磷

磷是植物体内核酸、磷脂、辅酶、维生素等许多重要化合物的组分，以多种方式参与植物生理生化过程，对植物生长发育和新陈代谢起着重要作用。水稻茎叶中磷的含量一般为 0.4%～1.0%，穗部含磷量为 0.5%～1.4%。植株吸收利用的磷通常以 $H_2PO_4^-$ 形式吸收，水稻缺磷症状一般表现为植株生长缓慢，降低分蘖数，稻苗细瘦，出现僵苗现象，严重时叶片沿中脉成环状卷曲，叶片萎缩，还会引起抽穗、开花和成熟延迟；水稻施磷过量往往会引起缺锌导致减产。

（3）钾

钾是植物体内必需元素中唯一的一价金属离子，以离子态存在于植物体内，主要起到调节作用。钾能调节酶活性，促进光合作用、糖代谢、蛋白质合成，提高作物的抗寒性、抗逆性、抗病及抗倒伏等抗性能力。水稻茎叶中钾的含量一般在 1.5%～3.5%，穗部含量一般为 0.5%～1%。水稻缺钾症状往往在发病叶片上出现褐色斑点，通常称为赤枯病。通常在初期表现为生长缓慢，分蘖数较少，老叶褪黄，叶尖上有烟尘状褐色小点，进一步发展成褐斑，严重时褐斑连成片，叶片发红枯死。钾过量会影响到其他阳离子的吸收及过度木质化。

4.1.2　中微量元素

水稻正常生长除了需要满足三大元素充分供给外，中微量元素也不可缺少。其中中量元素包括钙、镁、硫，微量元素包括铁、锰、硼、锌、钼、铜。

在水稻营养生长和生殖生长过程中虽然中微量元素的吸收量很少，但对植株的正常生长，保障产量和品质的形成起着不可替代的作用。

（1）钙

大多数土壤的含钙量较高，但在含钙较少的酸性砂质土上种植需钙多的作物时应重视钙的供应。钙主要以二价离子形态进入植物体内，是细胞壁结构成分，对胞间层的形成和稳定性具有重要作用，钙还是一些酶类的活化剂，中和代谢产生的有毒的有机酸，还能提高果实采后耐贮性。水稻茎叶中钙的含量为 $0.3\% \sim 0.7\%$，穗中含量在成熟期下降至 0.1% 以下，钙在植物体内不易移动，缺钙症状首先表现在新叶上，缺钙严重时，上部新生叶的叶尖变白，卷曲萎缩，甚至会导致植株矮化，生长点坏死。

（2）镁

镁是植物生长及新陈代谢不可或缺的营养元素。镁是叶绿素的构成元素，维持叶绿体结构稳定，还是多种酶的活化剂，参与光合作用及糖类、蛋白质等的代谢。植物缺镁时光合能力以及二氧化碳同化能力下降，进而抑制光合作用的强度。镁在水稻茎叶的含量一般为 $0.5\% \sim 1.2\%$，穗部含量低。镁在植物体内具有较强的移动性，缺镁症状首先表现在老叶上，缺镁时叶脉间失绿，呈现浅黄色条纹，整个叶片变黄甚至干枯，缺镁还会引起植物体内可溶性氮化物累积，易引起水稻稻瘟病。

（3）硫

硫不仅是蛋白质和多种酶的组成成分，还参与呼吸作用、淀粉合成和脂肪代谢，硫主要以 SO_4^{2-} 形式被植物吸收。水稻植株硫的含量为 $0.2\% \sim 1.0\%$，缺硫症状通常表现为植株矮小，初期色变淡，严重时叶片上出现褐色斑点，茎叶变黄甚至枯死，还会阻碍蛋白质的合成。根系对缺硫反映特别敏感，当土壤中硫素过量，在缺氧条件下转化成为硫化氢则会对稻根产生毒害，发生根腐病。

（4）铁

铁是叶绿素合成必需因子及多种酶和电子传递体的组分，植物对铁的吸收主要以二价铁离子螯合物的形式。水稻植株体内铁含量总体较低，叶片中含量一般为 $200 \sim 400$ mg/kg，嫩叶含量低于老叶。铁在植物体内移动性较低，缺铁症状首先表现在嫩叶上，水稻缺铁症状表现为叶脉间失绿，严重时整个叶片呈黄白色。当 pH 值较低，排水不良会导致水稻亚铁过量中毒现象，植株生长受抑制。

（5）锰

锰是水稻体内含量较多的一种微量元素，嫩叶中锰的含量一般在 500 mg/kg，老叶可达 16 000 mg/kg。锰是叶绿素生物合成的组成成分和多种酶的活化剂，与植物光合作用关系密切。锰在植物体内不易移动，水稻缺锰叶绿素合成受阻，叶片叶脉间失绿，并出现坏死斑点。

（6）硼

硼在作物体内含量也较少，一般为千分之几至十万分之几，硼能促进植物生殖器官发育和受精过程，利于细胞分化及根系生长。水稻缺硼症状表现为植株矮小，老叶脉间失绿并伴有浅棕色针状斑点，严重时会变褐坏死。

（7）锌

锌在作物体内的含量很少，一般认为水稻叶干重的含锌量低限为 15 mg/kg。锌能促进植物叶绿素和生长素的合成，利于细胞分化与生长，还可改善植物碳、氮代谢。水稻缺锌底部叶片叶尖干枯，叶片中段出现黄赤色病斑，植株分蘖少，成熟期延迟，出现僵苗现场。

（8）铜

铜以二价铜离子形式被植物吸收，是氧化还原反应的电子传递体和多种酶的组分。铜可消除叶片失绿、茎节丛生，对保花、结实具有促进作用。铜在植物体内不易移动，缺铜症状首先表现在老叶上。水稻缺铜叶尖变白坏死，严重时叶片易脱落。

（9）钼

水稻植株钼的含量最高界限一般在 2 mg/kg 以下。钼能改善植物体内的硝酸还原作用，促进微生物 C 的合成，还能增强植物抗病毒感染能力。水稻缺钼叶片畸形，早螺旋状扭曲，分蘖减少，秕粒多，产量下降。

4.1.3 其他元素

硅是地壳中第二丰富的元素，含量仅次于氧，占地壳总质量的 26.4%，硅元素通常以硅酸盐、聚硅酸、无定形二氧化硅这三种形式存在于植物体内。水稻是喜硅作物，硅在水稻植物体内具有较高的含量。茎叶中的含硅量可达到 10%~20%，每生产 100 kg 稻谷稻株要吸收硅酸 17~18 kg。1926 年 Sommer 首次提出硅元素对水稻生长具有重要作用，硅肥对提高水稻根系活力和光合生产率以及促进产量的提升具有积极作用，还能通过促进细胞硅化，提高茎秆硬度与韧性，增强抗倒伏能力及提高防虫抗病能力。水稻缺硅时茎秆软弱，容易倒伏和受病害侵染。

4.2 水稻施肥方式现状

肥料是保障作物稳产高产所必不可少的农业生产措施，施肥技术是影响作物产量品质及肥料利用率的重要措施，我国农业生产施肥方式主要经历以下三个阶段：20世纪50年代以前，农业生产主要以有机农业生产方式进行，采取施用有机肥来满足作物对营养元素的需求，但粮食产量总体水平较低；20世纪50年代至70年代，农业生产进入以化肥为主、有机肥与化肥配合施用阶段，化肥的生产效益很快显示出来，农产品的产量得到大幅度提高；20世纪70年代中期，化肥使用的主体地位逐渐形成，施肥量也随之呈现逐渐增加的趋势，农业生产的土壤肥力状况也逐渐发生改变，从此化肥在农业生产中占据重要地位（石元亮 等，2008；谢佳贵 等，2006）。

目前，水稻生产肥料使用量普遍呈现氮肥用量水平整体偏高、施氮量前重后轻的特点，水稻氮肥平均用量为 180 kg/hm²，比世界平均水平高75%左右，同时氮、磷、钾三大元素施用比例结构存在失衡，钾肥用量明显偏低，肥料使用过程中往往追求省工省事只重视大量元素，忽视中、微量元素的投入，硅、锌肥在水稻生产中应用也不较少。此外，有机肥使用量存在明显不足，易产生土壤板结、地力不高、土壤理化性质不良等一系列问题，并导致水稻产量及品质受到影响（鲁剑巍 等，2010）。

水稻生产使用的化肥产品以复合肥、复混肥为主，复合肥作为现代工艺设备发展的成果产品，以颗粒状产品为主，具有施用方便、操作简单等特点，一种化肥产品即可满足水稻对多种养分的需求，是目前生产中普遍使用的化肥产品。肥料施用方式以传统的表面撒施为主，该施肥方式虽然简单便捷但对养分流失量较大，肥料利用率低（Zhang et al.，2013）。研究发现，目前水稻生产中，氮肥吸收利用率为30%~35%（彭少兵 等，2002），磷肥当季吸收利用率仅为11%~14%，钾肥吸收利用率为50%左右（王伟妮 等，2011）。

施肥方式是影响养分迁移、有效利用的重要因素，根据水稻根系形态、生理特性及养分需求特性等因素确定合适的施肥方式，是减少肥料养分损失、提高肥料利用率、缓解农业面源污染及促进水稻产业绿色高质量发展的关键措施。

4.3　水稻需肥规律

水稻是需肥较多的农作物，一般每生产 100 kg 稻谷三大营养元素的需求量为氮（N）1.6~2.5 kg、磷（P_2O_5）0.8~1.2 kg、钾（K_2O）2.1~3.0 kg，氮、磷、钾的需求比例大约为 2：1：3。

水稻对氮素营养比较敏感，整个生育期水稻体内较高的氮浓度是高产的保障。水稻对氮素吸收量一般在分蘖（插秧后 2 周）和抽穗开花期（插秧后 7~8 周）达到高峰，施用氮肥促进淀粉产量的形成，而水稻籽粒的大小、产量的高低、米质的优劣又与淀粉产量成正相关，如果氮素供应不足，则会引起颖花退化、籽粒营养减少，灌浆不足，影响稻米产量和品质。

水稻对磷的吸收量相较氮肥偏低，为氮肥的 50% 左右，在生育期各阶段差异不明显，在分蘖至幼穗分化期吸收量最多，插秧后 3 周前后达到吸收峰值。在水稻整个生育期磷素可多次从衰老组织向新生组织转移，出穗后吸收的磷多数残留于根部，在稻谷黄熟时，60%~80% 磷素转移到水稻籽粒中。

水稻对钾的吸收量均高于氮、磷，吸收期以穗分化至抽穗开花期为主，在分蘖盛期到拔节期吸收量达到高峰。生育期间钾并不像氮、磷那样具有较强移动性会向籽粒集中，在孕穗期水稻茎叶中含钾量不足会引起颖花数减少，进而影响产量。

此外，除了三大营养元素，硅和锌对水稻产量和品质的形成也有较大影响。水稻茎叶中含有 10%~20% 的二氧化硅，施用硅肥可促进水稻抗病、抗倒伏能力的提升，在水稻生育期的中后期施用硅肥表现效果更好；锌肥对水稻有效穗数、穗粒数、千粒重等均有积极作用，还可降低空秕率，促进水稻增产。硅、锌肥在新改水田、酸性土壤以及冷浸田中施用具有更加明显效果。

4.4　水稻栽培施肥技术规程

坚持总量控制、结构优化、方式恰当、时期适宜的施肥理念，采用有机无机相结合，大量元素与中微量元素配施，同时补充菌肥，改善土壤有机质组成，提高土壤养分含量，调节土壤理化性状，增强保肥性和供肥性，为作物生长提供良好土壤微环境。

4.4.1　施肥原则

（1）有机无机配施，基肥深施，追肥"以水带氮"。把控氮肥总量，调节基追肥比例，降低氮肥前期用量，实行氮肥后移。

（2）土壤酸性较强的田块，适当施用调理剂或碱性肥料，降低酸性肥料使用量。

（3）优先选用水稻配方肥和缓控释肥，提倡秸秆还田。

（4）推荐采用机插侧深机施肥技术，实现播种（插秧）施肥一体化。

4.4.2　水稻施肥时期和用量

施肥期一般可分为基肥、分蘖肥、穗肥、粒肥（视水稻生长势而取舍）四个时期。

水稻施肥量可根据品种、产量指标、水稻对养分的需要量、土壤养分的供给量以及所施肥料的养分含量和利用率进行计算。一般可采用以下公式进行计算：

化肥计划施用量（kg/hm^2）＝目标产量的养分吸收量（kg/hm^2）－土壤供肥量（kg/hm^2）/肥料中养分含量（%）×肥料利用率（%）

化肥利用率一般氮40%，磷15%，钾50%。

（1）施足基肥

有机肥和磷肥作基肥一次性施入，稻田基肥应重视施用优质有机肥，有机肥料具有肥效长、养分全等特点，含有水稻生长所需的丰富营养元素，一般每亩施用500~1 000 kg，氮肥基肥占40%~45%、返青肥占30%~35%（移栽70~10 d）、幼穗分化肥占20%~25%（移栽15~20 d），钾肥前期肥和幼穗分化肥各50%施用。复合肥一般每亩施用20~30 kg或尿素3~5 kg、磷酸二铵8~15 kg、氯化钾7~8 kg，以达到平衡供肥、苗壮苗齐的目的。

（2）巧施追肥

水稻追肥基本原则是：蘖肥足，穗肥稳，粒肥径。

①早施蘖肥。水稻返青后应及时施用分蘖肥，对促进低位分蘖的发生和增穗起到积极作用。分蘖肥一般分两次进行施用：一次在返青后，主要用于促进分蘖，用量占氮肥的25%左右；另一次在分蘖盛期作为调整肥，用量在10%左右，以保证稻田水稻植株长势齐整，还可以起到促蘖成穗的作用，一般调整肥的施用与否主要根据水稻群体长势情况进行判断。

②巧施穗肥。穗肥施用量对水稻生长发育及产量形成具有较大影响，其施用时期也很关键。水稻在叶龄指数91左右（倒二叶开始出叶）、幼穗长约1 cm时施用，可促进剑叶生长。此时是穗形成和籽粒发育的基础时期，应控制无效分蘖。当高产群体较繁时，穗肥在叶龄指数96（减数分裂时期）时施，能起到保花作用。

③酌施粒肥。自抽穗至成熟期间，用来提高水稻结实率，确保完全成熟，增加千粒重。

关于在各生长期水稻配方肥施用方法，一般移栽前每亩施基肥16~20 kg，移栽后7~10 d每亩施返青肥5~8 kg，移栽后15~20 d每亩施分蘖肥15~20 kg，如有需要可在移栽后35~40 d每亩补施2~5 kg壮穗肥。缓控释肥施用方法为，根据水稻需肥特点选用相近配比的缓控释肥，对丁偏粘的稻田土壤移栽前作为基肥一次性施用40 kg；对于偏沙的稻田土壤移栽前作为基肥施20 kg，移栽后5~7 d再施返青分蘖肥20 kg。水稻施肥量应根据当地土壤肥力、水稻品种、目标产量、施肥习惯等因素适当调整推荐施肥量。

水稻侧深施肥，把精量施肥装置安装在水稻插秧机上，在插秧时使肥料定量、精准推送到秧苗根部附近，一般在根测3 cm、深5 cm处，每亩一次性施入35~40 kg缓控释肥。

对于常年秸秆还田的地块，由于秸秆中含有丰富的钾，可减少15%~30%钾肥施用量；在施用有机肥的稻田，早稻化肥的基肥用量可根据适当减少，晚稻可适当增加5%~10%的肥料用量。

4.4.3　水稻主要施肥方法

（1）前轻—中重—后补法。该方法通过施足基肥和分蘖肥，同时根据水稻长势情况合理施用穗肥和粒肥，调控水稻前期不徒长，中期促花，后期不早衰。在保证足够有效穗数基础上，促进大穗和粒重的形成。

（2）前稳—攻中法。该方法通过在水稻生长前期调控分蘖，提高有效分蘖率，在生长中期保证养分充足供给，促进穗长提高结实率增加粒重进而达到省肥稳产增产。

（3）前促—中控—后补法。该方法侧重基肥和分蘖肥的重施，酌施粒肥，达到"前期轰得起，中期稳得住，后期健而壮"的目标效果。在我国东北稻区、大部分南方早稻区、华北麦茬稻区等采用这种施肥法的较多，但其存在弊端是植株前期过于徒长，易造成田间郁蔽，病虫害较重。

（4）前促施肥法。该方法在要求基肥施足，注重分蘖肥早施、重施，特别是氮肥，以促进分蘖的早生快发，确保分蘖增多和穗数形成。其中基肥约占总肥量的70%（氮肥占总氮量的60%～80%），剩余30%肥料在移栽返青后全部施下。该方法适用于在水稻生长期间降水集中，肥料易受冲洗流失，常出现低温少照的稻区。

（5）一次性施肥法。该方法在整田时将全部肥料一次性施入，使土壤与肥料进行充分混合，适用于黏土、重壤土等保肥能力较强的稻田，此种方法水稻植株吸氮率比底肥加蘖肥、底肥加穗肥的方式高，且分蘖快，成穗多，增产3.6%～17.9%。

（6）测土配方施肥法。测土配方施肥通过协调作物产量、农产品品质、土壤肥力与作物环境的相互作用关系，根据作物需肥规律、土壤供肥特性与肥料效应，使有机肥与无机肥相结合、大量元素同中微量元素适当配比一套施肥技术体系。该方法可根据土壤背景养分测定结果及作物整个生育期所需各种养分量，科学搭配各种养分比例及施用量，合理供应，为作物正常生长提供充足有效养分供给，达到减肥增产增效的目的。

4.4.4　水稻主要施肥方式

不同作物的生长特性和需肥要求存在一定差异。在施肥技术上主要采用选择适宜的肥料品种、适宜的施肥用量、适宜的施肥时间、适宜的施肥位置和适宜的施肥方式的措施。科学合理的施肥方式是提高肥料利用率的有效措施。目前，水稻施肥方式以传统的表面撒施和分期施肥为主，机械深施技术应用较少。虽然前者操作简单便捷，但表面撒施肥料养分流失量大，肥料利用率低，肥料深施可保障肥料进入土层，使随水流失的养分量减少60%~70%，达到省肥、提高肥料利用率，促进作物增产的效果（倪四良，2008）。

随着现代化建设进程的推进和农业机械化发展，机械化种植优势越来越突显，机械化施肥可减少人工投入、节省时间，同时还具有均匀度高，施肥深度一致，促进水稻增产的效果。但目前水稻种植机械化程度水平总体偏低。在生产中常用的施肥机械可分为基肥撒施机械、种肥施播机械和追肥施布机械等三类，种肥施播机械是实现水稻播种（插秧）—施肥机械一体化作业、提高生产效率、降低人工成本的重要技术方式（孙浩燕，2015）。例如罗锡文院士团队研制的水稻精量穴播机结合机械施肥的技术，播种的同时将肥料集中施于水稻根系附近，有利于根系对养分的吸收利用，促进水稻的生长发育（舒时富等，2011）。同传统的人工撒施化肥相比，通过插秧—施肥一体化机械作业可降低化肥用量30%~40%，稻谷增产2%~5%，纯收益增加637~1 137元/hm^2，不但能够减少化肥用量，提高肥料利用率，还可促进水稻增产。

随着肥料生产加工技术的不断发展，应运而生的施肥机械装置也逐渐得到推广，目前实际生产中关于施肥机械高效应用的相关研究仍有待深入，施肥作业效果难以适应不同作物的要求，而水稻以0~10 cm浅层根系为主，这就需要根据作物的生长特点及需肥要求研发功能性、复式施肥机械（龚燕 等，2009）。

4.4.5 水稻施肥注意事项

一要注重施用有机肥。有机肥主要作为打底肥，有机肥含有多种营养物质成分，可改善土壤通气和吸肥保水特性，调节土壤微环境，促进水稻植株稳健生长。

二要注重调控氮肥用量。水稻生长过程中氮肥过量施用，不但会造成无效分蘖增多、稻秆细长，还会导致空秕粒增多、结实率下降，进而影响水稻产量。氮肥一般主要用作追肥，分别在返青、分蘖、抽穗、攻粒期适时适量施用。

三要注重施用磷、钾肥。磷、钾肥可调节水稻植株活力，促进养分合成与运转，增强光合作用，促使水稻籽粒充实饱满，提高产量。磷肥一般作为基肥一次性施入，钾肥追施较好。

四要注重补施微肥。锌、硅肥一能改善水稻根部氧的供应，增强水稻植株的抗性，提高植株抗病抗倒伏能力，二能加速颖花的发育，促进花粒萌发，对提高水稻成穗率具有积极作用，三能促进穗大粒多，提高结实率和籽粒的充实度，增加稻谷产量。

4.4.6　提高肥料利用率的措施

农业生产中肥料的投入为作物优质高产提供了保障，在生育过程中通过采取合适的时间、地点、方式、用量调控肥料施用进而提升肥料利用率，做到经济环保施肥。

（1）有机、无机相结合

有机肥具有养分丰富肥效久等特点，化肥具有养分含量高见效快等特性，通过将有机肥和化肥结合使用，适当减少化肥的投入量，增加有机、无机肥的协同作用，进而提高肥料利用效率。

（2）调整种植结构

单一作物长期连作会因作物的需肥特性导致土壤中某种元素的缺乏，造成土壤养分失衡，进而加大后期肥料的进一步投入，长期连作还会产生障碍机制。采用轮作方式，调节水旱生产模式，可有效提高营养元素的利用效率还可缓解连作障碍。

（3）肥料深施

根据水稻根系生长范围规律，将肥料适当深施可有效防止养分挥发与流失，尤其氮肥深施可保持在还原层中避免肥料在氧化层进行硝化作用，以提高氮的利用率。深层施肥可分成球肥深施、全层深施和液肥深施。

（4）应用新型肥料

随着农业科技的发展，根据作物需肥特性而研制的新型肥料已得到有效的推广应用，如缓释、控释、多功能配方肥等，通过调控养分释放速度和持续时间，促进作物对养分的吸收，提高利用效率。

（5）针对需肥规律施肥

在整个生育期，不同生长时期对不同养分的需求存在一定差异，因此根据作物需肥规律特性，将肥料在合适的时间、合适的位置、合适的养分元素、合适的用量进行施入，可增强作物对养分的吸收，降低肥料的损失。

4.5　水稻优质高产栽培建议

4.4.1　优化施肥技术，提高肥料利用率

大力推广测土配方施肥，提高种植户科学施肥意识，推进表施、撒施向机械深施、叶面喷施等方式转变。调整施肥结构，优化养分配比，促进大量、中微量元素配合施用，有机无机相结合。推进精准施肥，根据产地环境条件、作物特性及管理水平，合理制定相应施肥标准，避免盲目施肥。

4.4.2　调整水稻品种结构，提高产量品质

以市场为导向，依靠科技力量，不断优化调整水稻品种结构，通过种植差异化、优质高产、适应性强的水稻品种，提高稻谷产量、品质，促进种植户增收，推动产品品牌化发展，提升市场竞争力。

4.4.3　推进集约化、规模化经营

充分发挥农业龙头企业、农民专业合作社、专业家庭农场等新型农业经营主体在农村土地流转和规模化经营的基础作用，可通过有关政策对其进行引导，促进土地流转，实现闲置土地的有效利用和水稻生产规模化、产业化发展，进而提高水稻产业集约化、规模化经营水平。

4.4.4　强化技术支撑，加强宣传引导

依靠科技进步，统筹对接科研院所等技术队伍，大力推广高效优质稻、耐旱性水稻品种、水稻节水栽培技术等，稳步提高粮食单产水平。不断加大对水稻种植机械化的研究，促进水稻生产轻简化、现代化。同时，广泛开展宣传科学种植知识，加大对种粮农户的技术培训力度，对种粮大户直接进行技术指导和培训。

5 稻米营养品质和检测方法以及影响因素

稻米有很高的营养价值,是人体能量及蛋白质的主要来源,可提供人体摄取全部能量的35%,蛋白质的28%。因此,稻米的营养品质直接关系到人体营养的有效供给水平。

5.1 稻米营养品质指标及评价

5.1.1 稻米营养品质综述

稻米营养品质涵盖的内容没有统一的标准,不同的研究者有不同的说法。在农业部的行业标准《食用稻品种品质》(NY/T-593-2002)食用稻品质指标分级中,在稻米的营养品质方面只对其蛋白含量做了规定。粘稻和粘糯稻的蛋白质含量(%)指标1~5级分别是>10.0、9.0~9.9、8.0~8.9、7.0~7.9、<7.0;粳稻和粳糯稻的分别是>9.0、8.0~8.9、7.0~7.9、6.0~6.9、<6.0。

吴殿星等认为,营养品质主要指精米中的粗蛋白含量和赖氨酸含量。不同品种的稻米的蛋白质含量在5%~16%中变动。籼米的蛋白质含量一般比粳米平均高2%~3%。高蛋白质含量的稻米较硬,呈浅黄化,贮藏过程中容易变质。国外优质籼米的蛋白质含量一般为8%左右,粳米为6%左右。陈健元认为,稻米营养品质主要是指稻米的蛋白质含量以及必需的赖氨酸水平。他同时认为,由于米粒中的蛋白质含量常与食味有矛盾,蛋白质含量高的稻米一般食味并不好。因此，目前尚不能把蛋白质作为评价稻米品质优良与否的标准。刘喜珍认为，稻米的营养价值主要取决于其蛋白质以及必需的氨基酸含量。通常情况下，蛋白质含量糙米为 7%～9%，精米为 6%～7%，米饭为 2%。一般来讲，稻米的蛋白含量愈高，其营养价值也愈高。但是，稻米的蛋白质含量过高，淀粉的糊化温度反而降低，反而影响米饭食味。从营养价值来看，稻米的蛋白质含量应在 7% 以上；从食味品质来看，稻米的蛋白质含量应在 7% 以下。唐为民认为，稻米的营养品质指标主要有蛋白质、脂类、维生素和矿物质等。稻米蛋白质中谷蛋白占 80% 以上。稻米蛋白质有 20 多种氨基酸。其中半胱氨酸、P-硫氨酸 2-氨基丙酸含有硫基成分。硫基基团是影响稻米品质的又一重要因素，也是稻米的陈化指标之一级稻米中的脂类含量为 0.6%～3.9%，主要包括极性脂类和非极性脂类。脂类的含量不仅反映了稻米的营养价值，而且是影响米饭可口性的主要因素。稻米所含的维生素多属于水溶性的 B 族维生素。稻米中的矿物质主要存在于稻壳、胚和皮层中，其他元素大量存在于白米中，如，糙米中的钠和钙分别以 63% 和 74% 的含量存在于白米中。吴长明、孙传清等认为，从营养学角度讲，稻米的营养成分包括淀粉、蛋白质、脂肪、维生素、游离氨基酸和无机质，而稻米营养品质则主要是指蛋白质含量和脂肪含量。王忠等认为，稻米的营养品质是指稻米中含有的营养成分的程度。稻米的营养成分包括淀粉、蛋白质、脂肪、维生素、氨基酸等。江良荣等认为，稻米的营养品质主要包括蛋白质、游离氨基酸、维生素及微量矿物质元素四个方面。

综上，稻米营养品质主要包括蛋白质、氨基酸、多种维生素、膳食纤维、淀粉、脂肪和矿质元素等。研究表明，食感的不同是因为稻米中不同成分的含量不同。淀粉和蛋白质是水稻籽粒中两大内含物，两者的含量、生理生化特性决定着稻米品质和米饭的食味及米饭的质地。稻米富含淀粉，贮藏蛋白易被消化吸收，因此，稻米是能量及蛋白的主要来源。蛋白质和氨基酸是稻米的重要营养成分，蛋白质含量及其氨基酸组成是衡量稻米营养品质的主要指标，特别是必需氨基酸含量。但稻米（尤其是精米）中的人体必需氨基酸（如赖氨酸和色氨酸等）的含量偏低，营养不完全。大多水稻营养品质指标在谷类作物中偏低，如食用精米中蛋白质含量仅为 6.3%～7.1%，在谷类作物中最低，维生素 B1、维生素 B2 和铁含量也较低，且不含维生素 A、维生素 D 和维生素 C。籼稻蛋白质平均含量为 7.6%～10.8%，平均 9.3%。早籼稻的蛋白质含量略低，但变异幅度较大。粳稻蛋白质含量为 7.9% ~ 9.8%，平均 8.8%，北粳蛋白质含量略低于南粳。籼稻的蛋白质含量高于粳稻，且高蛋白品种均为籼稻。我国稻米赖氨酸的绝对含量为 0.11% ~ 0.61%，且品种间差异大。但与其他作物相比，水稻蛋白质在溶解性、生物价和能量吸收方面都有很好的性能，其氨基酸组成平衡，赖氨酸和苏氨酸等必需氨基酸含量较高，稻米品质优越。另外，稻谷中还含有一些抗营养因子，改良稻米营养品质非常必要。

稻米的营养品质与外观品质、蒸煮食用品质、碾米品质都有相关性，同时品种遗传性状、环境生态和栽培因子、不同肥源、干燥贮藏等都对营养品质有一定影响。此外，通过基因工程技术也可改良水稻得营养品质。

5.1.2 稻米中的蛋白质、氨基酸的营养价值评价

大米蛋白的氨基酸组成平衡合理，符合 WHO/FAO 推荐的理想模式，是其他植物蛋白所无法比拟的，因此大米蛋白质被公认为优质食用蛋白。蛋白质营养价值的评价指标主要包括蛋白质含量和蛋白质质量。蛋白质含量是指稻米中蛋白质占稻米重的百分含量。稻米中的蛋白质主要为谷蛋白、清蛋白、球蛋白、醇溶蛋白四种（参见表 5-1）。

表 5-1　早稻糙米中的粗蛋白及其组分含量（风干基础）　　　　单位:%

项目	变幅	平均值	占粗蛋白比例
粗蛋白	8.68 ~ 12.52	10.86	—
清蛋白	0.21 ~ 1.28	0.87	8.00
球蛋白	0.21 ~ 0.86	0.67	6.12
醇溶蛋白	0.21 ~ 0.43	0.32	2.92
谷蛋白	7.61 ~ 10.07	9.01	82.92

多数稻米中的谷蛋白属 PB-Ⅱ类蛋白质，易被消化和吸收 o 对蛋白质质量的评价则各不相同。蔡秋红等、江良荣等认为，蛋白质质量通常以稻米第一限制氨基酸—赖氨酸的含量来衡量。郑艺梅等在研究过程中以 FAO/WHO 的必需氨基酸暂定记分模式做参考，计算稻米中必需氨基酸评分（AAS）和必需氨基酸指数（EAAI），对早稻糙米中的蛋白质质量情况做了比较。具体比较如表 5-2 所示。同时，Juliano 认为，高蛋白质含量的稻米中往往伴有较低的必需氨基酸含量，赖氨酸、苏氨酸和色氨酸含量随蛋白质含量的增加有所减少。

Hayakawa 等认为，蛋白质的净氮利用率（NNU）由氨基酸的含量决定。由于稻米不同部位的赖氨酸含量不同，稻米的不同部位及其营养价值也必然不同。稻米外层蛋白质的营养价值最高，中层次之，粒心又略有增高。

在对氨基酸含量的研究中，施木田等发现，稻米中的氨基酸的绝对含量与蛋白质含量呈极显著的正相关。然而，并非每种氨基酸与蛋白质都有显著的相关性。只有天冬氨酸、谷氨酸、丝氨酸、精氨酸、蛋氨酸、异亮氨酸、苯丙氨酸 7 种氨基酸的含量与蛋白质含量呈显著和极显著的正相关。而甘氨酸、组氨酸、苏氨酸、丙氨酸、脯氨酸、酪氨酸、缬氨酸、半胱氨酸等虽与蛋白质呈正相关，但均未达显著水平。这说明它们与蛋白质的关系不密切。同时发现，赖氨酸、色氨酸的绝对含量与蛋白质含量呈负相关，赖氨酸达显著水平。任顺成等研究发现，稻米氨基酸的组成特点为：疏水性氨基酸（40.1 mol%）>酸性氨基酸（26.0 mol%）>无电荷极性氨基酸（21.8 mol%）>碱性氨基酸（12.2 mol%）。蛋白质含量同赖氨酸（Lys）含量呈负相关，同酪氨酸（Tyr）、苯丙氨酸（Phe）呈正相关。

表 5-2　早稻糙米和其他谷物的 AAS 和 EAAI 比较　　　　单位:%

必需氨基酸	早稻糙米	小麦	大麦	燕麦	玉米	高粱
苏氨酸	87.48	73	83	83	90	76
绷氨酸	121.54	88	101	102	97	100
蛋+胱氨酸	121.03	116	112	124	99	83
异亮氨酸	94.38	82	90	94	92	98
亮氨酸	98.66	95	95	104	179	190
苯丙+酪氨酸	122.77	125	137	138	145	126
赖氨酸	68.64	52	63	67	49	37
组氨酸	162.47	—	—	—	—	—
色氨酸	—	120	135	90	75	122
Sfaa/cp	38.40	32.96	35.52	36.80	40.32	39.40
EAAI	88.94	65.09	71.27	70.46	69.43	68.33

注：FAA/CP 为总必需氨基酸占总蛋白质的百分比，EAAI 为必需氨基酸指数。

米蛋白和米糠蛋白的生物价（BV 值）很高，它们的营养价值可以与鸡蛋、牛乳媲美。米蛋白的生物价与蛋白质的效用比率（PER 值）为 77 和 1.36~2.56，而小麦、玉米的 BV 值和 PER 值分别为 67、1.0 和 60、1.2。大米蛋白是低抗原性蛋白，不会产生过敏反应，对生产婴幼儿和老年食品十分有利。大米是唯一可以免于过敏试验的谷物大米蛋白不仅具有独特的营养功能，还有很多潜在的医疗保健作用，大米分离蛋白能显著降低血清中的胆固醇、甘油和磷脂的浓度，并具有抵抗二甲基苯并蒽（DM—BA）诱导癌变的作用，还有降低血液中乳酸含量的作用，使人体在体力训练中的忍耐力更强，同时，稻米蛋白还具有显著减轻由链眠佐菌素（STZ）诱导的糖尿病症状的作用。

5.1.3 稻米中的脂肪、维生素、矿物质的营养价值评价

稻米的脂类含量并不高，粳米为 2%~3%，籼米为 1% 左右。脂类在稻米籽粒中的分布是不均匀的，胚芽含量最高，其次是种皮和糊粉层，胚乳中的含量极少。其脂肪酸主要是亚油酸、油酸、软脂酸，另外还含有少量的硬脂酸和亚麻酸。其中不饱和脂肪酸所占的比例较大。亚油酸在米胚油中占 34.55% 左右，是人体必需的脂肪酸。它能降低人体血清胆固醇，因此对防治高血压、心脏病、动脉硬化等疾病有良好功效。近年的研究认为，粗脂肪含量与稻米食味有密切关系。刘宜柏等的研究表明，稻米脂肪含量高是一些名优水稻品种的特异性状；认为稻米脂肪含量较其他品质性状对稻米的食味有更重要的影响，在一定范围内提高稻米脂肪含量能改善稻米食味品质。

稻米所含的维生素多属于水溶性的 B 族维生素，其中又以维生素 B1 和维生素 B2 最为重要。维生素 B1 又称硫胺素，维生素 B1 缺乏症又叫脚气病，谷物食品加工过程中加入过量的碱导致维生素 B1 大量破坏，长期慢性腹泻、酗酒以及肝肾疾病都需要补充维生素 B1。核黄素一般指维生素 B2，容易消化和吸收，它不会蓄积在体内，所以时常要以食物或营养补品来补充。这两种维生素是人体许多辅酶的组成部分，有增加食欲、促进生长之功效。同时，米胚中含有的维生素 E 是一种有效的抗氧化剂，是一种脂溶性维生素，其水解产物与人体生殖机能有关，可以提高免疫力、生殖能力及心血管疾病的防治。维生素一般不能在体内合成，通常都是由食物来供给。稻米中的维生素分布为：米粒外层含量最高，越靠近中心越少。

稻米中所含的矿物质是人体所必需的，故称矿质营养成分。主要有磷、钾、镁、钙、钠、铁、硅、硫等，还有硫、铝、碘、锰等微量元素。粮食及副

产品中的矿物质是构成人体矿物质成分（其总量不超过体重的 4%~5%）的主要来源。在糙米或大米中，矿物质氮、硫、磷、钾、镁的含量较多，而铁、钙、锌等的含量较少。稻米矿物质与维生素一样存在中心少、外层多的现象；同时，不同地区的稻谷同一矿物质元素的含量相差较大。

5.2 稻米营养品质与其他品质的相互关系

5.2.1 稻米营养品质与外观品质的关系

稻米的外观品质一般是指精米的形状、垩白性状、透明度、大小等外表物理特性。

石春海等在水稻外观品质与其他品质性状的相关性分析中认为，粒长与蛋白质含量、粒长与赖氨酸含量、粒宽与长宽比、粒宽与胶稠度等性状间的表现协方差（Cp）和遗传方差（Cg）均已达到显著和极显著的水平，对粒长的正向选择会明显提高长宽比或降低蛋白质含量和氨基酸含量，减小粒宽会显著增大长宽比或胶稠度。他们同时认为，稻米外观品质与蛋白质含量、蛋白质指数的胚乳直接加性、母体加性的相关性大都达到显著、极显著负值，与蛋白质含量的直接、母体显性的相关性也以负值为主，与蛋白质指数（除米宽）的直接显性呈极显著负相关。米长、米厚、长宽比与蛋白质含量和指数间的细胞质的正相关系数较大，达极显著水平；米长、米厚与赖氨酸指数的直接、母体加性的相关表现为显著或极显著正值；米长、米厚比与赖氨酸含量间的直接加性的相关为极显著负值。

张名位等的研究表明，蛋白质含量与米长、长宽比的遗传相关系数为正值，但表现不显著；与粒宽的遗传相关系数表现为显著负值。同时采用禾谷类作物种子数量性状的遗传模型分析米山型黑米杂交组合时发现，粒长、粒宽和长宽比与铁、锌、猛、磷间有较强的种子直接加性和显性相关、母体加性和显性相关及细胞质相关，而每个成对性状间的具体相关性根据不同遗传效应表现各异。杨联松等的研究中却显示，粒长、长宽比与蛋白质含量的正相关性，粒宽、千粒重与蛋白质含量的负相关性都不显著。

关于营养品质与垩白的相关性，Schaeffer 和 Sharpe 在对一个水稻高赖氨酸株及其回交育种的研究中发现，高赖氨酸含量与垩白连锁；而高蛋白质含量则不然，在软胚乳、垩白胚乳和透明胚乳稻米中都有出现。这表明，在育种过程中，可以通过提高蛋白质含量达到提高赖氨酸总量的目的，而不导致其垩白的增加。

黄建等对 150 个水稻品种在出糙率、精米率、长宽比、直链淀粉含量、糊化温度、胶稠度、糙米蛋白质含量 7 项品质指标上的协方差阵 A 进行分析，计算 A 阵的特征值和特征向量。结果表明，糙米蛋白质含量与长宽比存在较高的相关。

5.2.2 稻米营养品质与蒸煮食用品质的关系

稻米蒸煮品质是指稻米在蒸煮过程中所表现出来的特性。一般认为，衡量蒸煮品质的主要理化指标有：直链淀粉含量、糊化温度、胶稠度、米粒伸长性等。食用品质也称适口性，是指米饭在咀嚼时给人的味觉感官留下的感觉，如米饭的粘性、弹性、硬度、香味等。

李贤勇等用碱消值和胶稠度来代表稻米的蒸煮品质，用直链淀粉和蛋白质含量来代表营养品质，对稻米蒸煮品质和营养品质的进行了相关研究。他们认为，蛋白质含量与胶稠度和碱消值、直链淀粉含量与碱消值在各种类型的品种中都没有显著的相关性，蒸煮品质与蛋白质含量没有矛盾。在参与测试的品种的总体分析结果中，只有直链淀粉含量与胶稠度呈显著负相关；在常规品种中，胶稠度与碱消值呈显著负相关，在所测试的杂交组合的总体结果和 K 优系列组合的结果中未发现显著相关性，II 优系列杂交组合与常规在胶稠度、碱消值的相关性上一致。

大量研究表明，稻米蛋白质含量与蒸煮品质之间呈密切的负相关。蛋白质含量的变化直接影响其他成分含量的变化。蛋白质含量与米饭的硬度呈正相关，与粘度呈负相关。蛋白质含量高的米饭硬度大、粘性差（稻修津，1987）。

吴长明等的实验表明，蛋白质含量与食味之间存在极显著的负相关，相关系数为 -0.312 4。蛋白质含量与米饭光泽、冷饭质地和碱消值间亦存在明显的负相关，相关系数分别为 -0.288 5、-0.242 9 和 -0.280 4。蛋白质含量与饭粒完整性、米饭颜色、米饭外观、胶稠度之间的相关系数分别为 0.089 9、0.148 5、-0.006 0 和 -0.022 5，未达显著水平。而稻米粗脂肪含量与米饭粒型完整性呈极显著正相关 r = 0.344 7）。粗脂肪含量与米饭颜色、米饭外观、食味和碱消值均表现出显著正相关，相关系数分别为 0.261 6、0.276 8、0.248 0 和 0.245 8。粗脂肪含量与米饭光泽、胶稠度和冷饭质地之间无显著相关。

黄发松等认为，蛋白质含量超过 9% 的品种其食味往往较差。孙平认为，精米中允许的食味的蛋白质上限指标为 6%~7%。稻米谷蛋白中含有较多赖氨酸（Lys）、精氨酸（Arg）、甘氨酸（Gly）等，其营养价值高，且易消化，对食味负面效应较小；而醇溶性蛋白中甘氨酸等含量低，与食味呈显著负相关。

沈鹏等的研究表明，蛋白质含量与味度值呈负相关，其相关系数为 0.98 0；直链淀粉含量与味度值呈正相关，其相关系数为 0.57 8，但未达到显著水平。蛋白质含量的提高，降低了稻米的食味。

杨泽敏等利用统计分析系统 SAS 软件，对湖北省主栽晚粳稻品种的稻米品质性状进行了主成分分析和相关分析。结果表明：各稻米品质性状间具有多重的、复杂的相关关系，直链淀粉含量和蛋白质含量高的晚粳米的胶稠度较硬。

另外，研究还发现，游离氨基酸是提高食味（尤其是"味"）的成分。但是，其前驱动物酰胺及含量过多的鞍离子（氨）则是降低食味的因素。

5.2.3　稻米营养品质与碾米品质的关系

稻米的碾米品质是指稻谷在碾磨后保持的状态。衡量碾米品质的指标主要有：出糙率、精米率、整精米率。关于营养品质与加工品质相关方面的报道甚少。

石春海和朱军对米山稻多个杂交组合的研究表明：在胚乳直接加性相关方面，糙米重、精米重、精米率与蛋白质含量，或精米率与蛋白质指数表现极显著或显著负相关；精米率与赖氨酸含量、赖氨酸指数分别为显著、极显著正相关。在母体加性相关方面，糙米重、精米重、精米率与蛋白质含量，或精米率与蛋白质指数呈极显著或显著负相关。在胚乳直接显性方面，多数加工品质与蛋白质含量、蛋白质指数、赖氨酸含量、赖氨酸指数呈极显著负相关。在母体显性方面，糙米重、精米重、精米率与蛋白质含量的相关性均为极显著负值，糙米率、整精米率与蛋白质指数的相关性达极显著正值和负值，糙米重、糙米率与赖氨酸指数，糙米率与赖氨酸含量呈极显著正相关。在细胞质相关方面，所有加工品质与蛋白质含量间的细胞质相关均为极显著正值，而除整精米率与蛋白质指数间的细胞质相关为显著负值外，其他性状与蛋白质指数间的正相关性达极显著水平，糙米重、精米重、糙米率、精米率和赖氨酸含量、赖氨酸指数呈极显著正相关，整精米率则相反。

Tan 等对"珍汕 97""明恢 63"及其后代的研究则显示，蛋白质与糙米率、精米率及整精米率不存在表型上的显著相关性。张名位等发现，在黑米中，蛋白质含量与糙米率呈极显著负相关，与精米率呈极显著正相关，同时发现，磷、猛与糙米率、精米率、整精米率的遗传相关性达显著、极显著水平，Fe、Zn 与之呈显著、极显著负相关。

5.3　稻米营养品质的影响因素

5.3.1　品种遗传的影响

不同水稻品种的营养品质不同。这主要是由水稻品种自身的遗传特性决定的。同一水稻品种的不同营养品质受遗传力的影响程度也不同。石春海等对籼型杂交稻稻米营养品质性状的遗传分析表明：稻米蛋白质含量和蛋白质指数主要受制于母体遗传效应，但亦受到种子基因效应的影响；赖氨酸含量和赖氨酸指数则主要与种子基因效应有关，其中赖氨酸含量还受到母体加性效应的影响。除赖氨酸指数外，其他营养品质性状的种子的直接遗传率和母体遗传率均已达到极显著水平。同时表明，蛋白质含量与蛋白质指数、蛋白质含量与赖氨酸含量、蛋白质指数与赖氨酸指数间的种子直接加性、母体加性和显性的正向相关都达到显著水平；蛋白质含量、赖氨酸含量、赖氨酸指数与赖/蛋，以及赖氨酸指数之间的细胞质相关为显著正值。赖氨酸含量、赖氨酸指数与赖/蛋的比值的细胞质协方差、胚乳显性互作协方差、母体显性互作协方差达显著正值。

何光华等在稻米的营养品质研究中也表明，种子效应和母体效应均有重要影响。籽粒蛋白质含量和蛋白产量均受种子直接加性效应、母体加性效应、母体显性效应的共同作用，其遗传机制比外观、碾磨、蒸煮品质更复杂。

施木田等对 18 个栽培品种进行研究后发现，稻米中第一限制性氨基酸含量与蛋白质含量呈显著负相关，限制性氨基酸苏氨酸与蛋白质的关系不密切。因此，在营养品质育种中，期望通过提高稻米蛋白含量来获得较高的苏氨酸含量有一定难度，达到较高的赖氨酸含量变得更加困难。

稻米中直链淀粉含量主要受遗传力控制，环境因素影响相对较小；水稻直链淀粉主要由位于第6染色体上的 Wx 基因编码的淀粉合成酶（GBSS）控制合成，而淀粉分支酶（Q 酶）能将 a-1, 6 糖苷键连接在 a-葡聚糖上，控制支链淀粉的合成和精细结构。沈波等研究表明：水稻籽粒 Q 酶活性相关基因的表达，受环境因子的影响极大。因此，利用传统育种方法改良稻米蛋白质含量的效果不明显。随着水稻原生质体培养技术的成熟，筛选高氨基酸及其类似物的突变体为改良水稻营养品质提供了一条新的技术途径至少有两大优点：①可通过基因操作控制某一代谢途径的关键酶量和组成，从而修饰最终产物的含量及性能，即所谓代谢途径工程（metabolic engineering），这一技术已在提高作物游离氨基酸含量以及改良作物淀粉品质方面取得了很大的成功；②导入异源的优质性状基因，达到改善品质、增加附加值的目的。李建粤等研究表明：在水稻中导入反义蜡质基因不仅能够降低水稻稻米的直链淀粉含量，还可提高稻米的蛋白质含量。牛洪斌等对水稻谷蛋白的一个新基因克隆及表达分析发现：通过筛选水稻胚乳 cDNA 文库得到的 GluB27 基因为水稻谷蛋白家族又增加一新成员；对现有谷蛋白基因结构特点和表达模式的分析结果，为深入研究谷蛋白基因的遗传进化规律和基因表达调控机制提供了有益探索，同时，也为利用转基因技术改良稻米品质提供了可利用的基因资源。

日常食用精米中的铁含量极低，每 100 g 大米中仅含 0.2~2.8 mg 铁。提高稻米中的铁含量对保持营养平衡及治疗铁缺乏症都有重要作用。采用基因工程技术导入铁结合蛋白基因是提高铁含量的有效途径。刘巧泉等利用种子胚乳特异性的启动子驱动铁结合蛋白基因在转基因水稻种子中的表达，是培育高铁含量转基因稻米的关键之一。刘林川等采用基因工程技术提高水稻铁营养品质取得了一定进展（包括导入铁吸收相关基因促进水稻对铁的吸收，导入金属结合蛋白基因提高水稻中铁的贮存量，降低稻米中铁吸收抑制因子和增加铁吸收促进因子以提高铁元素的生物有效性等）。

5.3.2　环境生态和栽培因子的影响

这里主要分析稻米种植过程中的温度、光照、水分等气象因子以及播期、密度、栽培方式等栽培因子的研究情况。

据 Gomez 报道，稻米蛋白质含量的 50%~70% 被种植季节（气象生态条

件）和栽培措施所控制，环境条件的影响可使一个品种的蛋白质含量相差 6%
之多。张嵩午利用通径分析方法，得出 5 个主要气象因子的重要性排序依次
为：日平均气温、平均气温日较差、日平均太阳总辐射量、日照时数和相对湿
度。赵式英认为，较高的水、气温均能提高蛋白质含量。这可能是温度的升高
引起碳代谢和氮代谢的变化。

（1）温度

稻米蛋白质和氨基酸含量受温度的影响较大。唐湘如等认为，气候生态条
件影响着碳、氮代谢，影响着同化产物的运输和籽粒的物质代谢，进而影响米
质。高温时（如高于 35 ℃）淀粉酶、蛋白酶活性高，因而可溶性糖和氨基酸
增加，直链淀粉高，籽粒蛋白质含量也增加。但贾志宽研究指出，抽穗后遇到
高温会使稻米营养品质发生变化。高温往往会致使稻米的氨基酸含量降低，蛋
白质含量下降。蛋白质主要受温度和日温差影响，而人体必需氨基酸主要受温
度和日照时数的影响；日照时数、日温差对蛋白质、人体必需氨基酸的动态影
响具有很好的一致性。张国发等利用人工气候室调节结实期不同时段温度测试
其对水稻品质的影响，结果表明：水稻品质与结实期温度的关系十分复杂，高
温对不同水稻品种的丙氨酸、半胱氨酸和蛋白质的含量都有不同程度的影响。
也有研究认为，稻米蛋白质、氨基酸含量与温度呈线性负相关。但金正勋旳研
究的结果却刚好相反。由于高温条件下水稻灌浆前期叶和籽粒中 FB Pase 活性
高，籽粒淀粉积累快，粒重增长快，蛋白质含量也高。水稻结实前后需适宜的低
温环境，但温度太低对提高蛋白质、氨基酸等营养品质也有影响，低温和高温都
不利于提高蛋白质和氨基酸等含量。盛婧等研究表明，灌浆结实期高温对直链淀
粉的积累有促进作用；灌浆前期高温、后期低温有利于籽粒中蛋白质的积累。

（2）光照

光照是继气温之后第 2 个对稻米品质有较大影响的气候因子。IRRI 的研
究表明，在热带条件下，太阳辐射强时，蛋白质含量较低。在水稻各生育期
内，不同光照条件对水稻营养品质的影响不同。蛋白质主要受日照时数和最高
温度的影响，氨基酸和人体必需氨基酸主要受日照时数和最低温度的影响。灌
浆期光照不足，会导致水稻碳水化合物积累减少，同时，也会使蛋白质和直链
淀粉含量增加，引起食味下降。结实期光照条件对蛋白质含量的影响较大，太
阳辐射强时，蛋白质的含量较低。李天分析指出，灌浆结实期遮光下 ADPG 焦
磷酸化酶和淀粉分支酶活性与淀粉积累速率呈显著正相关；淀粉合成酶活性的

降低与淀粉合成量的下降有关，淀粉分支酶活性升高是直链淀粉比例减少的重要原因。

程方民通过遮荫试验得出，当光强较自然，光强分别减少 25%、40%、55%、75% 时，所供试的 5 个品种的蛋白质含量平均增加 0.318、0.557、1.032、1.461。它们的规律性相当明显。颜龙安等和 Tsuneo Kato 的研究认为，在谷粒发育期中，太阳辐射强会降低稻米的蛋白质含量，光照弱也会降低蛋白质含量。张文会等以抗紫外线 UV-B 的日本粳稻品种 Sasanishiki 为材料，1999 年和 2000 年，在大田条件下，探讨了不同生育时期的 UV-B 处理对水稻产量、糙米的大小及蛋白质含量的影响。结果表明：营养生长期（移栽至幼穗分化）、生殖生长期（幼穗分化至抽穗）及抽穗成熟期的 UV-B 处理对 Sasanishiki 的产量及其构成因素的影响不显著；生殖生长期（幼穗分化至抽穗）与抽穗成熟期的 UV-B 处理，使大粒米的比例减少；抽穗成熟期的 UV-B 处理，增加了糙米中全 N 和贮藏蛋白的含量，其中主要是谷蛋白含量的增加，对水溶—盐溶蛋白和醇溶蛋白则影响较小。

（3）水分

至于水分灌溉与蛋白的关系，多数研究认为，当土壤含水量低时或在干旱条件下，糙米的蛋白质含量较高。在颜龙安等的文献中报道，土壤水分减少，糙米中的蛋白质含量增加，灰分含量减少；陆稻品种旱地栽培比水田栽培的蛋白质含量平均增长 39%，而水稻品种旱地栽培比水田栽培的蛋白质含量平均增长 25%。据测定，陆稻较水稻蛋白质含量高 30% 左右。旱地陆稻比水田陆稻的蛋白质含量高 39%；旱地水稻比水田水稻的蛋白质含量高 25%。随着土壤水分的减少，糙米中蛋白质含量增加，而灰分含量如磷、钾、镁、锰等均有减少，其中，锰减少最多，旱地栽培仅及水田栽培的 1/3，其次为钾、磷、镁。磷和锰的降低是因为土壤水分减少后，土壤从还原态向氧化态转化，引起这两种元素活性降低，吸收减少。磷的吸收减少，可引起镁的吸收量相应减少，因为镁的吸收与植物体中磷的状态有关。土壤水分降低，对糙米中铁含量的影响不大，因为铁、锰两者间存在拮抗作用。水分胁迫（−30 kPa）处理对精米中直链淀粉含量没有明显影响，但提高了粗蛋白含量，改善了营养品质。李国生等研究表明，结实期土壤水分和氮素营养对水稻产量和品质的影响有明显的互作效应。水、氮互作对稻米品质影响的机理目前尚不清楚。结实期适当降低土壤水分有利于提高产量和改善稻米品质。蔡一霞等研究了水分胁迫对结实期水稻籽粒蛋白质积累及营养品质的影响。结果表明，正常施氮水平下，花后 10~20 d 的水分胁迫提高了谷氨酰胺合成酶和谷氨酸合酶活性和籽粒自身利用无机氮合成氨基酸的能力，有利于籽粒内蛋白质的积累，而高氮水平下，水分胁迫降低了籽粒自身合成氨基酸的能力。

灌溉对水稻营养品质的影响通过水稻植株对土壤水分的敏感性发生作用，集中体现在水稻生育后期。抽穗后期排水落干能有效提高蛋白质含量。在相同氮素水平下，节水灌溉的蛋白质含量较水层灌溉低，直链淀粉含量的变化与蛋白质相反；在氮素水平为 300 kg/hm^2 和 450 kg/hm^2 时，节水灌溉与水层灌溉的产量无显著差异；节水灌溉的结实率和收获指数均高于水层灌溉。刘凯等研究表明，结实期土壤干旱程度影响稻米品质。结实期轻度土壤落干或轻干湿交替灌溉可提高粒重，改善稻米品质。

（4）土壤类型和质地

水稻蛋白质含量受土壤类型的影响也较大。熊洪等的研究表明，不同类型土壤产出的稻米，直链淀粉和蛋白质含量差异较大，蛋白度含量差异更大。其中，灰棕紫泥土、紫泥土、灰色冲积土、紫色冲积土（以沱江流域为代表）和红紫泥土产出稻米中的蛋白质含量较其他土壤高。

5.3.3 播期、密度和栽培方式的影响

（1）播期

播期对品质性状影响较大，且基因型和环境互作显著。研究表明，推迟播期对早熟或中熟水稻的产量影响较小，但可明显改善稻米品质。因此，可适当推迟播期和移栽期。谢黎虹等研究表明，随着播期的推迟，总蛋白含量逐渐降低；稻米 16 种氨基酸含量在不同播期存在显著差异，随着播期推迟，除蛋氨酸外，其余氨基酸含量均有所下降。

（2）密度

栽培密度对水稻营养品质的影响较大。不少研究指出，密度过大，稻株的营养面积缩小，致使从土壤中吸收的氮素减少，稻米蛋白质含量下降。栽插密度对直链淀粉含量有明显影响，直链淀粉含量随密度降低、单穴营养面积变大而增大。栽培密度及方式对水稻生长的影响，主要表现为影响水稻群体叶面积指数、单株光合速率、群体内部光环境，最终影响水稻的产量和品质。潘圣刚等研究表明，采用宽行窄株的栽插方式，并适当密植（2.7×105 穴/hm^2），不

仅可增加杂交水稻组合红莲优6号的产量，还可提高其品质，从而达到增收的目的。翟超群等研究表明，精米蛋白质含量随播期的推迟呈先降后升变化；在同一播期，精米蛋白质含量随移栽密度的增加呈先升后降的趋势。在处理、播期、密度间及播期和密度的互作效应间差异均达极显著水平或显著水平。精米直链淀粉含量随播期的推迟而呈先升后降的趋势；精米直链淀粉含量随移栽密度的增加呈先降后升的趋势。处理、播期、密度间以及播期和密度的互作效应间差异均达极显著水平。

（3）栽培方式

栽培条件如种植季节和管理条件等对蛋白质含量的影响很大。董明辉等的研究表明，水培方式下稻米的蛋白质含量明显高于大田栽培，且差异均达极显著水平。说明，大田和水培方式对稻米的营养品质（主要是蛋白质含量）有很大的影响，这可能是两种栽培方式中离子含量及生长环境的差异共同作用的结果。灌水、施肥、使用生长调节剂等栽培措施和综合技术体系不仅对水稻的产量影响较大，还极大程度影响氨基酸含量。荣湘民等研究发现，与三壮三高栽培法、习惯栽培法相比，水稻高蛋白高产栽培综合技术体系能明显改善稻米中氨基酸总量、人体必需氨基酸含量和猪必需氨基酸含量。旱种条件与水种条件相比，水稻的支链淀粉含量减少，蛋白质的含量增加。

5.3.4 不同肥源的影响

（1）氮肥

韩春雷等通过研究施肥量和栽培密度对稻米品质的作用规律以及数量关系，认为施氮量对蛋白质含量影响较大，稀植有利于提高蛋白质含量。

沈鹏等的研究表明，随着施氮量的增加，籽粒蛋白质含量逐渐提高，味度值逐渐下降。水稻全生育期施氮量相同时，与生育前期追施氮肥相比，抽穗期追施氮肥，蛋白质含量有所增加，味度值有所下降。与直链淀粉含量相比，蛋白质含量受氮素营养的影响更大，增施氮肥虽然可以提高稻米蛋白质含量，但稻米食味品质却变劣。

Cheong等也认为，稻米蛋白质含量随施氮量的增加而提高，两者达极显著正相关。就不同生育时期施氮对蛋白质含量的影响来讲，李木英等的研究认为，早稻齐穗期追氮肥，晚稻孕穗期追氮肥，特别是采用根外追肥，能显著地提高糙米蛋白质含量。不同生育期的追氮对稻米蛋白质含量的影响大小依次为：抽穗期、减数分裂期、枝梗分化期、分蘖期，以减数分裂期和抽穗期追氮对籽粒中蛋白质的影响最大。

（2）其他肥料

周瑞庆在氮、磷、钾三要素及组合对稻米品质和产量的影响的研究中发现：氮素的影响作用最大，其次是钾素，再次是磷素；三要素组合方式中，氮、钾组合对高产优质效果更好，稻谷、整精米和蛋白单位面积产量分别较不施肥（对照）增加 1.33、1.81 和 2.38 倍；而磷、钾组合的三种产量均高于对照，但垩白体积和垩白粒率显著增加，外观品质明显变劣。氮肥和磷肥的互作对糙米中蛋白质含量的影响较大。高磷低氮和低磷高氮都可达到同样高的蛋白质含量，而高磷高氮对糙米中蛋白质含量的提高更有利。

汤利等通过盆栽试验研究得出，施钾肥可降低稻米中的非蛋白氮含量，增加蛋白氮占全氮的比例，增加蛋白质、氨基酸产量，改善稻米食味品质和贮藏品质；同时，可提高蛋白质组分中清蛋白、球蛋白、谷蛋白的含量，降低醇溶蛋白的含量，并在不同程度上提高稻米中赖氨酸、苏氨酸、精氨酸的等必需氨基酸的含量，提高稻米蛋白质的营养价值。

马盛群和王明海的研究证明，施用以多种活性微生物为主体，配以某些发酵基料和营养添加剂的新型多价全营养性有机肥—生物菌肥，对稻米营养品质的提高具有较强的促进作用。蛋白质、脂肪、氨基酸和微量元素含量均比施用纯化肥稻米显著提高。其中，粗蛋白的含量增加了 3.27%，脂肪的含量增加了 6.74%，维生素的含量也有所提高。同时，维生素 B 和维生素 C 的含量也分别增长了 14.94% 和 7.99%。稻米中 16 种氨基酸的含量也有明显的差异。其中大多数氨基酸均以菌肥组偏高，7 种人体必需的氨基酸含量占氨基酸总量，菌肥组 42.9%，化肥组为 41.1%。从所测 16 种微量元素的情况来看，菌肥组多数元素的含量比化肥组有显著提高。含量明显增长的 9 种元素的平均增幅为 30.13%。其中一些对人体极为重要的营养元素如钙、硅、锰、锌、镁等增幅较大。因此认为，菌肥中均衡、全价性营养因子与部分高级营养成分在一定水平上的持续性供给是提高稻米营养品质的重要因素。

苏胜齐等发现，覆膜旱作和施用缓释复合肥能提高稻米营养品质，稻米氨基酸和蛋白质含量与水稻分蘖期叶片的蛋白氮和全氮含量皆呈显著正相关。喷施不同配比的铁氮混配肥料对糙米中铁、锌、钙、镁和蛋白质的含量影响明显不同。喷施 0.1% $FeSO_4 \cdot 7H_2O + 0.4\%$ 氨基酸 $+ 0.2\%$ 尿素混配肥后，"浙农

952"糙米中的铁含量最高，达 10.28 mg/kg，比对照提高了 57.67%，达显著差异水平。同时，糙米的锌、钙、镁及蛋白质含量也分别提高了 12.45%、12.77%、5.82% 和 11.98%，明显改善了稻米营养品质。直链淀粉含量是否受施肥时间影响存在不同看法。宋添星等认为，施肥时期和施肥量对稻米直链淀粉含量有直接影响，不同水稻品种的表现不一致。

5.3.5　收获时期及方法

蛋白质含量从蜡熟期起随着收获时间的推迟而提高，至完熟末期达到最大值，之后呈下降趋势。直链淀粉含量随收获时间的推迟渐增。姜萍等研究发现，随着收获时期的推迟，日平均温度逐渐下降，蛋白质含量也逐渐增加，到黄熟期时较高。这说明，黄熟期蛋白质的合成仍在进行，但蛋白质含量何时达到最高有待进一步研究。但程建峰等认为，蛋白质含量在杂交稻生育期内存在一个峰值，即早熟品种为抽穗后 25 d，之后趋向降低。

5.3.6　干燥贮藏的影响

郑先哲等测试了干燥条件对稻米理化成分的影响。试验结果表明，随着干燥温度的增高，稻米的脂肪酸含量也随之增高。这是因为，干燥时的高温作用使脂解酶在稻米中的活性增高。蛋白质含量与干燥温度的相关不显著（只在 0.1 个百分点范围内无规律地变化）。但在实际的干燥过程中，稻谷胚部蛋白酶受到高温后易变性，使酶钝化，导致稻谷的发芽率下降。

吕雪娟等研究测定了华南地区有代表性的 11 个早籼优质品种稻米于常温下贮藏前后的蛋白质含量和氨基酸组成。用 FAO/WHO 必需氨基酸的评分模式及鸡蛋白模式做比较，计算了 11 个籼稻米 8 种必需氨基酸的化学分，对稻米蛋白质质量进行了评价。结果表明：稻米在常温下贮藏后，其蛋白质含量及氨基酸组成和含量比较稳定，稻米蛋白营养品质基本不受贮藏时间的影响。

叶霞等对稻米陈化过程中赖氨酸、色氨酸及维生素 B1、维生素 B2 含量变化的动力学特征进行了研究。结果表明：陈化稻米中赖氨酸和色氨酸含量均减少；赖氨酸含量变化符合动力学一级反应，反应速率与温度的关系为 $Ink = In (2.05 \times 107) - 6929.3/T$，活化能 $Ea = 57.61$ kJ/mol；色氨酸含量变化符合动力学一级反应，反应速率与温度的关系为 $Ink = In (1.18 \times 105) - 5426.9/T$，活化能 $Ea = 45.12$ kJ/moL 陈化过程中稻米维生素 B 和 B2 的含量损失严重；在温度为 45 ℃时，维生素 B 的酶催化反应速率方程为 $1/V = 41.807/C + 65.211$；维生素 B2 的酶催化反应速率方程为 $1/V = 58.523/C + 33.751$。维生素 B 的解离速率是 B 的两倍。

在贮藏期间，大米的脂肪和酶的变化最为显著。储存期间大米品质陈化的主要原因在于脂类物质的氧化。在大米储存中，常以测定游离脂肪酸值作为灵敏指标。路茜玉的资料表明，脂肪酸值一般随储存期限的增长而增加，并随含水量及储存温度的升高而增加（参见表 5-3）。

表 5-3　大米不同储藏条件下脂肪酸值的变化

水分/%	储存天数			储存条件
	60 天	160 天	210 天	
13.02	89.80	123.4	146.4	常规
15.08	129.0	161.6	191.0	室温
13.02	75.20	91.40	115.0	0~10 ℃
15.08	98.20	134.6	155.0	0~10 ℃

张向民等对分别在 38 ℃和 8 ℃条件下储藏 6 个月后的糙米进行观察研究后发现：非淀粉脂脂肪酸变化较大，其中软脂酸和亚油酸的相对含量减少，油酸的相对含量增加；淀粉脂脂肪酸变化很小。淀粉脂和非淀粉脂中的糖脂和磷脂含量下降，糖脂下降速度较快，磷脂下降速度较慢。

水稻营养品质主要受遗传因素的影响，也受环境和栽培条件的影响。不同基因型水稻具有不同的营养品质特性和用途。提高品种营养品质性状的措施有优质品种选育、基因工程技术、优质栽培和合理区划，蛋白质、氨基酸等在不同环境条件下表现不稳定，在通过基因工程技术进行品种改良的同时，应搞好品质区划和优质栽培。栽培技术在很大程度上可以改善品质性状，一个品质优良的水稻品种如果没有良好的配套栽培技术，很难获得优质产品。因此，只有通过优质栽培技术（适时播种、合理密植、科学管水、合理施肥、防治结合和适时收获），才能保障水稻优良品种的品质性状达到最优，实现优质、高产、高效的目标。

5.4 稻米主要营养成分检测

稻米中含碳水化合物 75% 左右，蛋白质 7%~8%，脂肪 1.3%~1.8%，并含有丰富的 B 族维生素等。大米中的碳水化合物主要是淀粉，所含的蛋白质主要是米谷蛋白，其次是米胶蛋白和球蛋白，其蛋白质的生物价和氨基酸的构成比例都比小麦、大麦、小米、玉米等禾谷类作物高，消化率 66.8%~83.1%，也是谷类蛋白质中较高的一种。

经过多年数据积累，获得稻米中热量、碳水化合物、蛋白质、脂肪、氨基酸、烟酸、膳食纤维、胡萝卜素、维生素 E、硫胺素（维生素 B1）、核黄素（维生素 B2）、视黄醇（维生素 A）当量以及各种矿物元素等营养成分均值表，见表 5-4。

表 5-4　稻米（均值）营养成分

项目	含量	项目	含量
热量/千卡	346	脂肪/克	1.5
蛋白质/克	7.4	碳水化合物/克	77.2
膳食纤维/克	0.7	磺胺素/毫克	0.11
钙/毫克	13	核黄素/毫克	0.05
镁/毫克	34	烟酸/毫克	1.9
铁/毫克	2.3	维生素 C/毫克	0
锰/毫克	1.29	维生素 E/毫克	0.46
锌/毫克	1.7	维生素 A/微克	0
铜/毫克	0.3	胆固醇/毫克	0
磷/毫克	110	胡萝卜素/微克	0.6
钾/毫克	103	视黄醇当量/微克	13.3
钠/毫克	3.8	硒/微克	2.23

注：营养成分含量为 100 g 可食部食品中的营养素含量。食部为每 100 g 食品的可食用部分（不可食用部分包括皮、籽等）。含量为 100 g 食部（可食用部分）的营养素含量。

5.4.1 膳食纤维的测定

膳食纤维（DF）不能被人体小肠消化吸收但具有健康意义的、植物中天然存在或通过提取/合成的、聚合度 DP ≥3 的碳水化合物聚合物。包括纤维素、半纤维素、果胶及其他单体成分等。

可溶性膳食纤维（SDF）能溶于水的膳食纤维部分，包括低聚糖和部分不能消化的多聚糖等。

不溶性膳食纤维（IDF）不能溶于水的膳食纤维部分，包括木质素，纤维素、部分半纤维素等。

总膳食纤维（TDF）可溶性膳食纤维与不溶性膳食纤维之和。

原理：干燥试样经热稳定 a-淀粉酶、蛋白酶和葡萄糖苷酶酶解消化去除蛋白质和淀粉后，经乙醇沉淀、抽滤，残渣用乙醇和丙酮洗涤，干燥称量，即为总膳食纤维残渣。另取试样同样酶解，直接抽滤并用热水洗涤，残渣干燥称量，即得不溶性膳食纤维残渣；滤液用 4 倍体积的乙醇沉淀、抽滤、干燥称量，得可溶性膳食纤维残渣。扣除各类膳食纤维残渣中相应的蛋白质、灰分和试剂空白含量，即可计算出试样中总的、不溶性和可溶性膳食纤维含量。本法测定的总膳食纤维为不能被 a-淀粉酶、蛋白酶和葡萄糖苷酶酶解的碳水化合物聚合物，包括不溶性膳食纤维和能被乙醇沉淀的高分子质量可溶性膳食纤维，如纤维素、半纤维素、木质素、果胶、部分回生淀粉，及其他非淀粉多糖和美拉德反应产物等；不包括低分子质量（聚合度 3~12）的可溶性膳食纤维，如低聚果糖、低聚半乳糖、聚葡萄糖、抗性麦芽糊精，以及抗性淀粉等。

样品测定：按照国标 GB 5009.88-2014《食品安全国家标准食品中膳食纤维的测定》进行。

5.4.2 粗蛋白质含量

糙米中蛋白质占糙米干重的质量分数。依据国家标准 GB5009.5-2016《食品中蛋白质的测定》进行。本标准第一法和第二法适用于各种食品中蛋白质的测定，第三法适用于蛋白质含量在 10 g/100 g 以上的粮食、豆类奶粉、米粉、蛋白质粉等固体试样的测定，和标准不适用于添加无机含氮物质、有机非蛋白质含氮物质的食品的测定。

（1）第一法：自动凯氏定氨仪法

原理：食品中的蛋白质在佰化加热条件下被分解，产生的氨与硫酸结合生成硫酸铵。碱化蒸馏使氨游离，用硼酸吸收后以硫酸或盐酸标准滴定溶液滴定，根据酸的消耗量计算氮含量，再乘以换算系数，即为蛋白质的含量。

称取充分混匀的固体试样 0.2~2 g（相当于-40~30 mg），精确至 0.001 g。至消化管中，再加入 0.4 g 硫酸铜，6 g 硫酸钾及 20 mL 硫酸于消化炉进行消化。当消化炉温度达到 420 ℃之后，继续消化 1 h，此时清化管中的液体呈绿色透明状，取出冷却后加入 50 mL 水，于自动凯氏定氮仪（使用前加入氢氧化钠溶液，盐酸或硫酸标准溶液以及含有混合指示剂 A 或 B 的朝酸溶液）上实现自动加液、蒸馏、滴定和记录滴定数据的过程。

当称样量为 5.0 g 时，检出限为 8 mg/100 g

（2）第二法：分光光度法

原理：食品中的蛋白质在低化加热条件下被分解，分解产生的与硫酸结合生成硫酸铵，在 pH 4.8 的乙酸钠—乙酸缓冲溶液中与乙酰丙酮和甲醛反应生成黄色的 3.5-二乙酰-2.6-二甲基-1.4-二氢化吡啶化合物，在波长 400 pm 下测定吸光度值，与标准系列比较定量，结果乘以换算系数，即蛋白质含量。

试样消解：称取固体或液体试样-5~1 g（精确至 0.001 g），移入干燥的 100 mL 或 250 mL 定氮瓶中，加入 0.1 g 硫酸铜、1 g 硫酸及 5 mL 硫酸，摇匀后于瓶口放一小漏斗，将定氮瓶以 45 度角斜支于有小孔的石棉网上。缓慢加热，待内容物全部炭化，泡深完全停止后，加强火力，并保持瓶内液体微沸，至液体呈蓝绿色澄清透明后，再继续加热 0.5 h，取下放冷，慢慢加入 20 ml 水，放冷后移入 50 mL 或 100 mL 容量瓶中，并用少量水洗定瓶，洗液并入容量瓶中，再加水至刻度，混匀备用。按同一方法做试剂空白试验。

试样溶液的制备：吸取 2.00~5.00 mL 试样或试剂空白消化液于 50 mL 或 100 mL 容量瓶内，加 1~2 滴对硝基萘酚指示剂溶液，摇匀后滴加氢氧化钠溶液中和至黄色，再滴加乙酸溶液至溶液无色，用水稀释至刻度，混匀。

标准曲线绘制：吸取 0.00 mL、0.05 mL、0.10 mL、0.20 mL、0.40 mL、0.60 mL、0.80 mL 和 1.00 mL 氨氮标准使用溶液（相当于 0.00 pg、5.00 pg、10.0 pg、20.0 pg、40.0 pg、60.0 pg、80.0 pg 和 100.0 pg 氮），分别置于 10 ml 比色管中，加 4.0 ml，乙酸钠—乙酸缓冲溶液及 4.0 ml 显色剂，加水稀释至刻度，混匀，置于 100 ℃水浴中加热 15 min。取出用水冷却至室温后，移

入 1 cm 比色杯内，以零管为参比，于波长 400 nm 处测量吸光度值，根据标准各点吸光度值绘制标准曲线或计算线性回归方程。

试样测定：吸取 0.50~2.00 mL（约相当于氮<100 pg）试样溶液和同量的试剂空白溶液，分别于 10 mL 比色管中。加 4.0 mL 乙酸钠–乙酸缓冲溶液及 4.0mL 显色剂，加水稀释至刻度，混匀。置于 100 ℃ 水浴中加热 15 min。取出用水冷却至室温后，移入 1 cm 比色杯内，以零管为参比，于波长 400 nm 处测量吸光度值. 试样吸光度值与标准曲线比较定量或代入线性回归方程求出含量。

当称样量为 5.0 g 时，检出限为 0.1 mg/100 g。

（3）第三法：燃烧法

原理：试样在 900~1 200 ℃ 高温下燃烧，燃烧过程中产生混合气体，其中的碳、硫等干扰气体和盐类被吸收管吸收，氮氧化物被全部还原成氮气，形成的氮气气流通过热导检测器（TCD）进行检测。

分析步骤：按照仪器说明书要求称取 0.1~1.0 g 充分混匀的试样（精确至 0.000 1 g）。用锡箔包裹后置于样品盘上，试样进入燃烧反应炉（900~1200 ℃）后，在高纯气（≥99.99%）中充分燃烧，燃烧炉中的产物（NO）被载气二氧化碳或氦气运送至还原炉（800 ℃）中，经还原生成氮气后检测其含量。

5.4.3 氨基酸的测定

依据国家标准 GB5009.124–2016《食品中氨基酸的测定》进行。用氨基酸分析仪测定。适用于食品中酸水解氨基酸的测定，包括天冬氨酸、苏氨酸、丝氨酸、谷氨成、脯氨酸、甘氨酸、丙氨酸、缬氨酸、蛋氨酸、异亮氨酸、亮氨酸、酪氨酸、苯丙氨酸、组氨酸、赖氨酸和精氨酸共 16 种氨基酸。

原理：食品中的蛋白质经盐酸水解成为游离氨基酸，经离子交换柱分离后，与茚三酮溶液产生颜色反应，再通过可见光分光光度检测器测定氨基酸含量。

分析步骤：准确称取一定量试样（精确至 0.000 1 g），使试样中蛋白质含量为 10~20 mg，将称量好的样品置于水解管。对于蛋白质含量低的样品，试样称样量不大于 2 g。

试样水解：根据试样的蛋白质含量，在水解管内加 10~15 mL 约 6 mol/L

盐酸溶液。对于含水量高，蛋白质含量低的试样，如饮料、水果、蔬菜等，可先加入约相同体积的盐酸混匀后，再用 6 mol/L 盐酸溶液补充至大约 10 mL，继续向水解管内加入苯酚 3~4 滴，将水解管放入冷冻剂中，冷冻 3~5 min，接到真空泵的抽气管上，抽真空（接近 0 Pa），然后充入氮气，重复抽真空及充入氮气 3 次后，在充氮气状态下封口或拧紧螺丝盖、将已封口的水解管放在110 ℃±1 ℃的电热鼓风恒湿箱或水解炉内，水解 22 h 后，取出，冷却至室温。打开水解管，将水解液过滤至 50 mL 容量瓶内，用少量本多次冲洗水解管，水洗液移入同 50 mL 容量瓶内，最后用水定容至刻度．振荡混匀，准确吸取1.0 mL 滤液移入 15 mL 成 25 mL 试管内，用试管浓缩仪或平行蒸发仪在 40~50 ℃加热环境下减压干燥，干燥后残留物用 1~2 mL 水溶解，再减压干燥，最后蒸干，用 1.0~2.0 mL 的 pH 2.2 柠檬酸钠缓冲溶液加入干燥后试管内溶解，振荡混匀后，吸取溶液通过 0.22 pm 滤膜后，转移至仪器进样瓶，为样品测定液，供仪器测定用。

色谱参考条件：

（1）色谱柱：磺酸型阳离子树脂；

（2）检测波长：570 nm 和 440 nm。

混合氨基酸标准工作液和样品测定液分别以相同体积注入氨基酸分析仪，以外标法通过蜂面积计算样品测定液中氨基酸的浓度。

稻米中 γ-氨基丁酸的测定：

依据农业行业标准 NY/T 2890-2016《稻米中 γ-氨基丁酸的测定高效液相色谱法》进行。

原理：试样经乙醇—水溶液提取，经 4-二甲基胺基偶氮苯-4-磺酰氯（DABS-CI）衍生，用高效液相色谐法测定，以保留时间定性，外标法定量。样品经混匀后，缩分至约 50 g，经研磨至全部通过孔径 0.25 mm（60 目）筛的试样，混匀，装入密闭容器中，室温下保存。

提取：称取 1.0 g 样品于 50 mL 商心管中，加入 10 ml，提取溶液，超声提取 30 min 后，在旋涡混匀器上振荡 2 min，静置 5 min，于 5 000 r/min 离心5 min，将上清液转入 25 mL 容量瓶中，样品残渣在用 10 mL 提取溶液提取 1次，合并 2 次提取液，用提取液定容至 25 mL，摇匀待衍生化。

衍生化：准确吸取 1 mL 试样溶液或标准工作溶液于具塞试管中，加入0.20 YL，碳酸氢钠溶液和 0.40 mL 的 4-二甲基胺基偶氮营-4-磺酰氯布生试剂，混匀后在 70 ℃水浴中衍生反应 20 min，用微孔滤膜过滤，待测。

色谱条件：

色谱柱：C18 柱，250 mm×4.6 mm，5 μm 或与之性能相当者。检测波长：436 nm。柱温：30 ℃，进样量：10μL。流动相：乙腈+三水合乙酸钠溶液（35+65）。流速：1.0 mL/min。

测定：分别将标准溶液和试样溶液，注入液相色谱仪中，以保留时间定性，以样品密液峰面积与标准溶液峰面积比较定量。

5.4.4　脂肪的测定

依据食品安全国家标准 GB 5009.6-2016《食品中脂肪的测定》进行。

5.4.5　视黄醇的测定

视黄醇即维生素 A，主要参与体内许多氧化过程，当维生素 A 缺乏时，会导致眼睛干涩，干燥性眼炎、角膜软化症以及夜盲症等。还可影响骨骼的生长、生殖功能衰退、皮肤干燥粗糙。

维生素 E 是一种脂溶性维生素，其水解产物为生育酚，是最主要的抗氧化剂之一。维生素 E 在针对提高人体的免疫力、抗氧化力以及生殖能力上，能发挥很重要的影响。

依据食品安全国家标准 GB 5009.82-2016《食品中维生素 A、D、E 的测定》进行。

5.4.6　胡萝卜素的测定

胡萝卜素在人体内可以分解为维生素 A。很多流行病学的调查说明：在膳食中经常摄取丰富胡萝卜素的人群，患动脉硬化、某些癌症、肿瘤疾病以及退航性眼疾、老年性便秘等疾病的机会都明显低于摄取较少胡萝卜素的人群。

依据食品安全国家标准 GB 5009.83-2016《食品中胡萝卜素的测定》进行。

5.4.7　硫胺素的测定

维生素 B1 又称硫胺素，维生素 B1 缺乏症又叫脚气病，初期症状主要是疲乏、淡漠、厌食、消化不良、便秘、头痛失眠、忧郁烦躁等。长期慢性腹泻、酗酒以及肝肾疾病都需要补充维生素 B1。谷物中燕麦、小米、小麦粉（标准粉）中维生素 B1 含量较高，黄豆、豌豆和花生仁中维生素 B1 含量也比较高，但谷物食品加工过程中加入过量的碱导致维生素 B1 大量破坏。

依据食品安全国家标准 GB 5009.84-2016《食品中维生素 B1 的测定》进行。

5.4.8　核黄素的测定

核黄素一般指维生素 B2。维生素 B2 是水溶性维生素，容易消化和吸收，被排出的量随体内的需要以及可能随蛋白质的流失程度而有所增减；它不会蓄积在体内，所以时常要以食物或营养补品来补充。维生素 B2 在各类食品中广泛存在，但通常动物性食品中的含量高于植物性食物，许多绿叶蔬菜和豆类含量也多，谷类和一般蔬菜含量较少。

依据食品安全国家标准 GB 5009.85-2016《食品中维生素 B2 的测定》进行。

5.4.9　烟酸的测定

烟酸也称作维生素 B3 和维生素 PP。在人体内，还包括其衍生物盐酸氨或者尼克酰胺，它是人体必需的 13 种维生素之一，是一种水溶性的维生素，属于维生素 B 族。烟酸在人体内转化为烟酰胺，是辅酶 I 和辅酶 II 的组成部分，参与体内脂质的代谢组织，呼吸的氧化过程和糖类无氧分解的过程。烟酸、烟酰胺均溶于水及酒精；烟酸和烟酰胺的性质比较稳定，在高压下，120 ℃，20 min，也不会被破坏。一旦加工烹调，损失很小，但会随水分流失。

依据食品安全国家标准 GB 5009.89-2016《食品中烟酸和烟酰胺的测定》进行。

5.4.10　直链淀粉的测定

依据农业行业标准 NY/T 2639-2014《稻米直链淀粉的测定分光光度法》进行。

本法适用于稻米直链淀粉的测定，不适用于熟化稻米直链淀粉的测定。

原理：稻米淀粉与碘形成显色复合物，在波长 620 nm 处测定显色复合物的吸光度值，其吸光度值与直链淀粉含量成正比。

试样制备：稻谷试样需先行脱壳并磨成精米。将精米试样混匀，分取约 10 g 试样，粉碎并过 0.25 mm 筛，装入纸袋。将其与直链淀粉参比样在相同的条件下放置 2 d，以平衡水分。

试液制备：称取试样和参比样各（50±0.2）mg 分别置于 50 mL 容量瓶中，加人 0.5 mL 的 95% 乙醇，使样品湿润分散，再沿颈壁加入 4.5 mL 氢氧化钠溶液（4.1.7），轻轻摇匀，随后将其置于沸水浴中煮沸 10 min，取出，冷却至室温，以水定容，作为直链淀粉参比样溶液及试料待测液，备用。同时制备空白溶液：吸取 4.5 mL 氢氧化钠溶液（4.1.7）于 50 ml 容量瓶中，以水定容。

分光光度计测定：

（1）标准曲线的制作：分别吸取低、中、高直链淀粉含量的参比样溶液和空白溶液 2.50 mL 于 50 mL 容量瓶中，加水约 25 mL，再加入 0.5 mL 乙酸溶液（4.1.9）和 1.0 mL 碘液（4.1.10），以水定容，静置 10 min，待测，分光光度计以空白溶液调零，在波长 620 nm 处测定参比标准溶液的吸光度值。以吸光度值为纵坐标，直链淀粉含量为横坐标，绘制标准曲线，直链淀粉含量以精米干基质量分数表示。

（2）试液测定：吸取待测液 2.50 mL 于 50 mL 容量瓶中，加水约 25 mL，再加入 0.5 mL 乙酸溶液（4.1.9）和 1.0 mL 碘液（4.1.10），以水定容，静置 10 min 后，在波长 620 nm 处测定溶液的吸光度值。

流动注身分析仪测定：打开流动注射分析仪，预热稳定，按照说明书调整仪器至正常工作状态，测定波长设为 620 nm。按仪器规定调整泵速，清洗管路 10~20 min，按标识将管线分别接人氢氧化钠工作液（4.1.8）、碘工作液（4.1.11）和柠檬酸溶液（4.1.12）中，按照仪器要求编制样品表，将直链淀粉标准溶液及样品溶液依序放入进样架，待基线稳定后测定。

5.4.11 抗性淀粉的测定

依据农业行业标准 NY/T 2638-2014《稻米及制品中抗性淀粉的测定分光光度法》进行。

本方法适用于抗性淀粉含量 2%~64% 的稻米及制品的测定。

原理：用 a-胰腺淀粉酶和淀粉葡萄糖苷酶将试样中非抗性淀粉水解为葡萄糖，然后加入乙醇，经离心获得抗性淀粉颗粒，将之溶于氢氧化钾溶液，用淀粉葡萄糖苷酶水解成葡萄糖后，与葡萄糖氧化酶—过氧化物爵反应产生显色复合物，在 510 nm 测定其吸光度值，吸光度值与抗性淀粉含量成正比。

主要试剂：

a-胰腺淀粉酶悬浮液 [10 mg（30U/mL）+AMG（3U/mL）]：称取 1.0 g a-胰腺淀粉酶溶于 100 mL 马来酸钠缓冲液（4.22）中，搅拌 5 min。加入 1.0 mL 淀粉葡萄糖苷酶使用液（4.27），混匀后，≥1 500 g 离心 10 min，取上清液，该溶液现配现用。

GOPOD-氨基安替比林储备液：称取 136.0 g 磷酸二钾，42.0 g 氢氧化钠和 30.0 g 对羟基苯甲酸至 900 mL 水中溶解，用盐酸溶液（4.20）或氢氧化钠溶液（4.18）调节该溶液的 pH 至 7.4，定容至 1 000 mL，加入 1.0 g 叠氮化钠，溶解混匀，该溶液于 4 ℃可保存 3 年。

GOPOD-氨基安替比林缓冲液：吸取 50.00 mL，GOPOD-氨基安替比林储备液（4.29）定容至 1 000 mL。

GOPOD-氨基安替比林混合液 [葡萄糖氧化酶（12 000U/L）+过氧化物酶（C>650U/L）+4-氨基安替比林 0.4 mmol/L]：称取 300 mg 葡萄糖氧化、4 mg 过氧化物酶和 80 mg4-氨基安替比林混合，溶于 1 000 mLGOPOD-氨基安替比林缓冲液（4.30）中。此溶液需避光保存，-20 ℃可保存 1 年。

试液制备：做 2 份平行试液，准确称取干样 100 mg（±5 mg）样品于螺旋帽试管中，轻轻拍打试管使样品集中在底部，加入 4.0 mLa-胰腺淀粉酶悬浮液，旋紧试管盖，置于涡旋振荡器混匀，卧式放入水浴摇床（与运动方向平行），于 37 ℃准确振荡 16 h，取出试管，擦去外表水分，开启试管盖，加入 4.0 mL 无水乙醇，涡旋，1 500 g 离心 10 min（不加盖），倾出上清液，加入 2.0 mL 乙醇溶液，重悬浮，涡旋振荡，再加入 6.0 mL 乙醇溶液，混合后，1 500 g 离心 10 min，弃去上清液，重复上述重悬浮和离心步骤，弃去上清液，翻转试管，用滤纸吸除多余的液体。将试管置于冰水中，在各试管中放入磁力搅拌棒并加入 2.0 mL 氢氧化钾溶液（4.19），在冰水状态搅拌 20 min 后，边搅拌边向各试管中顺序加入 8.0 mL 的乙酸钠缓冲液（4.23）和 0.1 mL，AMG（4.26），混匀。取出试管，于 50 ℃水浴 30 min，期间 2 次取出试管涡旋振荡后迅速放回水浴中。对于抗性淀粉含量 ≥10% 的样品，用水全部转移试管里的样品至 100 mL 容量瓶（当用洗瓶洗涤试管中的溶液时用外磁铁保持试管中的磁力棒），定容，备用。对于抗性淀粉含量<10% 的样品，直接离心。

D-葡萄糖标准比色溶液：将 0.1 mL 的 D-葡萄糖标准储备液（1.0 g/L）

和 3.0 mL 的 GOPOD-氨基安替比林混合液混合.

空白溶液制备：在玻璃试管中加入 0.1 mL 的乙酸钠缓冲液（4.24）和 3.0 mL 的 GOPOD-氨基安替比林混合液混合。

试液的测定：将上述待测液 1 500 g 离心 10 min，吸取上清液 0.10 mL 置于玻璃试管，加入 3.0 mL 的 GO POD-氨基安替比林混合液，50 ℃ 水浴 20 min 后取出，以空白溶液调零点，在 510 nm 处测定试液和 D-葡萄糖标准比色液的吸光度值。

5.4.12 可溶性糖的测定

依据农业行业标准 NY/T 3163-2017《稻米中可溶性葡萄糖、果糖、蔗糖、棉籽糖和麦芽糖的测定离子色谱法》进行。

规定了稻米中可溶性葡萄糖、果糖，蔗糖、棉籽糖、麦芽糖的离子色谱电化学检测方法，本法适用于大米和糙米中可溶性葡萄糖、果糖、蔗糖、棉籽糖、麦芽糖 5 种可溶性糖的测定。本标准的检出限见表 5-5。

表 5-5　稻米（精米和糙米）样品中 5 种游离糖检出限　　单位：mg/g

糖类名称	精米检出限	糙米检出限
葡萄糖	0.008	0.028
果糖	0.016	0.003
蔗糖	0.035	0.141
棉籽糖	0.003	0.022
麦芽糖	0.003	0.003

试样制备：取有代表性的稻谷样品 500 g，脱壳后，去除稻壳、稻谷和其他杂质，混匀后，采用四分法分取有代表性的样品至少 20 g，经磨粉机磨粉后，过 0.25 mm 筛，混匀，置于密闭容器内，冰箱低温冷藏保存备用。

提取：称取 0.5 g（精确至 0.000 1 g）精米粉试样或 0.25 g（精确至 0.000 1 g）糙米粉试样置于 15 mL 离心管中，准确加入 10.0 mL 乙醇水溶液，振荡混匀后，置于振荡摇床振荡 30 min，然后 3000 r/min 离心 15 min，将上清液倒入 50 mL 具塞离心管中，再向沉淀中准确加入 10.0 mL 乙醇水溶液，振荡混匀后，再次置于振荡摇床振荡 30 min，3000 r/min 离心 15 min. 最后将第二次提取的上清液倒入同一个具塞离心管中。两次上清液混合均匀后，取约 3 mL，过 0.45 jm 微孔滤膜后，待测。

仪器参考条件：

离子色谱仪：带有脉冲安培电化学检测器。

色谱柱：糖离子交换柱（Metro sep Carb 1 柱，5.0 pm，150 mm×4.0 mm 或其他等效柱）；保护柱（Metro sep Carb 1 或其他等效柱）。

流动相：流速 1 mL/min，流动相比例为 60% 流动相 A+40% 流动相 B（V+V）。

进样量：10pL。

检测器：脉冲安培检测器，金工作电极，Ag/AgC I 参比，检测电位：E= 0.1 V，t=0.4 s，E=0.7 V，tg=0.2 s，E=−0.1 V，ty=0.4 s，tuama=40 ms。

测定：

标准工作曲线：将标准工作溶液进行离子色谱测定，以各种糖的浓度作为横坐标，峰面积作为纵坐标，绘制标准曲线。

样品的测定：取相同体积标准工作溶液和样品溶液分别注入离子色谱仪中进行测定，以保留时间定性，峰面积定量。

5.4.13 矿物元素的测定

稻米中关注的主要矿物质元素包括钙、镁、锌、铁、铜、锰、钾、钠、磷、硒等。以上稻米中元素的检测可以按照以下食品安全国家标准进行。

GB 5009.92-2016 食品安全国家标准 食品中钙的测定

GB 5009.241-2017 食品安全国家标准 食品中镁的测定

GB 5009.90-2016 食品安全国家标准 食品中铁的测定

GB 5009.14-2017 食品安全国家标准 食品中锌的测定

GB 5009.13-2017 食品安全国家标准 食品中铜的测定

GB 5009.242-2017 食品安全国家标准 食品中锰的测定

GB 5009.91-2017 食品安全国家标准 食品中钾、钠的测定

GB 5009.87-2016 食品安全国家标准 食品中磷的测定

GB 5009.93-2017 食品安全国家标准 食品中硒的测定

GB 5009.268-2016 食品安全国家标准 食品中多元素的测定

其中，GB 5009.268-2016 规定了食品中多元素测定的电感耦合等离子体质谱法（ICP-MS）和电感耦合等离子体发射光谱法（ICP-OES）。第一法适

用于食品中硼、钠、镁、铝、钾、钙、钛、钒、铬、锰、铁、钴、镍、铜、锌、砷、硒、锶、钼、镉、锡、锑、钡、汞、铊、铅的测定；第二法适用于食品中铝、硼、钡、钙、铜、铁、钾、镁、锰、钠、镍、磷、锶、钛、钒、锌的测定。

（1）第一法电感耦合等离子体质谱法（ICP-MS）

原理：试样经消解后，由电感耦合等离子体质谱仪测定，以元素特定质量数（质荷比，m/z）定性，采用外标法，以待测元素质谱信号与内标元素质谱信号的强度比与待测元素的浓度成正比进行定量分析。

（2）第二法电感耦合等离子体发射光谱法（ICP-OES）

样品消解后，由电感耦合等离子体发射光谱仪测定，以元素的特征谱线波长定性；待测元素谱线信号强度与元素浓度成正比进行定量分析。

该方法检测灵敏度高，精密度良好，准确度高，可以大大提高批量样品测试工作效率，故分析批量样品优选该方法。

5.4.14　富硒稻米及形态硒的测定

近年来，社会对富硒农作物关注度较高，富硒稻米也受到广泛关注，各地出台了相关标准。现有地方标准 DB32/T 706-2004《富硒稻米》。

富硒稻米定义：以成品米计，富硒稻米的硒含量应在 0.07~0.1 mg/kg 范围内。产地土壤中全硒（Se）含量应不大于 40 mg/kg。

另外，稻米中形态硒也广受关注，硒的形态测定可参考地方标准 DB36/T 1243-2020《稻米中有机硒和无机硒含量的测定氢化物原子荧光光谱法》执行。

本标准规定了稻米中总硒和无机硒含量的氢化物原子荧光光谱测定方法，有机硒由总硒减去无机硒得到。本标准适用于稻米中有机硒和无机硒含量的测定。

原理：稻米中的硒以不同的化学形式存在，包括无机硒和有机硒。试样中无机硒经 6 mol/L 盐酸水浴条件提取，使用环己烷萃取净化，用氢化物原子荧光光谱法测定提取液中无机硒的含量。总硒含量按 GB5009.93（第一法氢化物原子荧光光谱法）测定。有机硒含量为总硒与无机硒的差值。

总硒的测定：总硒的测定按 GB 5009.93（第一法氢化物原子荧光光谱法）进行。

无机硒的测定：

试样处理：称取约 2.5 g 试样（精确到 0.001 g）置于 50 mL 具塞刻度试管中，加入 20 mL 盐酸溶液，混匀后置于 70 ℃ 恒温水浴，100~200 r/min 震荡浸提 2 h，冷却至室温，经脱脂棉过滤后，用少量（少于 15 mL）盐酸溶液冲洗棉球并收集滤液定容至 50 mL。将滤液倒入分液漏斗中，加入 5 mL 环己烷萃取，静置分层并收集水相。取水相 25 mL 于 50 mL 具塞刻度试管中，并置于沸水浴中 20 min，冷却至室温，分别加入 2.5 mL 铁氰化钾溶液、3 滴正辛醇，加水定容至 50 mL，待测。同时做试剂空白试验。

硒标准系列溶液的配制：取 50 mL 容量瓶 6 个，依次准确加入 50 ug/L 硒标准使用液 0 mL、0.5 mL、1.0 mL、2.0 mL、3.0 mL、4.0 ml、5.0 mL，分别加入 25 mL 盐酸溶液，混匀，置于沸水浴中保持 20 min。待冷却至室温后，分别加入 2.5 mL 铁氰化钾溶液，3 滴正辛醇，用水定容至 50 mL，混匀备测。硒标准系列溶液各相当于硒浓度 0 μg/L、0.5 μg/L、1.0 ug/L、2.0 μg/L、3.0 μg/L、4.0 μg/L、5.0 μg/L[①]。

测定：

仪器工作条件：按照 GB 5009.93（第一法氢化物原子荧光光谱法）选择仪器工作条件。

以盐酸溶液为载流、硼氢化钾溶液（4.3.5）为还原剂，测定空白溶液的荧光强度后，按顺序由低到高分别测定硒系列标准工作溶液的荧光强度，根据荧光强度和对应的元素浓度绘制硒标准曲线。按顺序依次对空白试验溶液、试样待测溶液进行测定。若测定结果超出标准曲线的线性范围，应将试液稀释后再测定。

5.4.15　大米的感官评价、糙米率、精米率、整精米率、胶稠度、碱消值、垩白度、垩白粒率、透明度测定

（1）大米食用品质感官评价

大米在规定条件下蒸煮成米饭后，品评人员通过眼观、鼻闻、口尝等方法对所测米饭的色泽、气味、滋味，米饭黏性及软硬适口程度进行综合品尝评价的过程。［GB/T 15682-2008，定义 3.1］

---

① 可根据仪器的灵敏度及样品中硒的实际含量确定标准系列溶液中硒元素的质量浓度。

（2）糙米率测定方法

净稻谷指的除去杂质和谷外糙米后的稻谷。[GB 1350-2009，定义 3.6]

糙米率指净稻谷试样脱壳后的糙米占试样的质量分数。

分析方法：

仪器调整：根据待测试样谷粒厚度，调节实验砻谷机辊轮的适宜间距（宜为 0.50~1.00 mm），用待测试样或相同粒型的稻谷经实验砻谷机脱壳，以调整实验砻谷机至最佳工作条件。不应出现糙米皮层的损伤，试样谷粒经二次处理后，应基本上脱壳完全。

分析步骤：

称取 140 g 稻谷试样（精确到 0.01 g），倒入进样斗中；启动机器后，打开进样闸口，使样品均匀进入机内脱壳。经二次脱壳后，拣出糙米中残留的谷粒，分别称量糙米及谷粒质量（精确到 0.01 g）。

结果计算：

$$X = \frac{m_2}{m - m_1} \times 100$$

式中，x——糙米率，单位为百分率（%）；m_2——糙米质量，单位为克（g）；M——试料质量，单位为克（g）；m_1——糙米中残留的谷粒质量，单位为克（g）。

（3）精米率的测定方法

精米率指在规定加工精度下，精米占净稻谷试样的质量分数。

分析方法：

仪器调整：根据实验碾米机推荐的碾米量和碾米时间，用待测试样或相同粒型的糙米进行最适碾磨量和最适碾磨时间试验，以得到均匀的国家标准三级加工精度大米为判定标准。

分析步骤：

按最适碾磨量缩分糙米，并称量（精确到 0.01 g）。将试料倒入碾磨室，调节至最适碾磨时间，使碾米的精度达国家标准三级水平。将碾磨后精米倒入孔径 1.5 mm 的谷物选筛中，除去胚片和糠屑。待其冷却至室温后，称量精米质量（精确到 0.01 g）。

（4）整精米的测定方法

整精米指糙米碾磨成加工精度为国家标准（GB 1354）三级大米时，长度达到试样完整米粒平均长度 3/4 及以上的米粒。[GB 1350-2009，定义 3.8]

整精米率指垩白米粒占试样整精米粒数的百分 3.6 粒型（长宽比）稻米粒长与粒宽的比值。［GB/T 17891-199，定义 3.7］

分析方法：分取 10~35 g 混匀的精米试样品（精确到 0.01 g），借助干碎米分离器，人工分选出整精米，称量整精米的重量（精确到 001 g）。

（5）垩白粒率的测定方法

垩白米粒胚乳中的白色不透明部分包括心白、腹白和背白。［GB/T 17891-1999，定义 3.3］

垩白粒率垩白米粒占试样整精米粒数的百分率。

检验方法：打开垩白度观测仪，见路精米样品中随机取出 100 粒，置于垩白度观测仪上或置于玻璃板上，在聚光灯下观察，拣出有垩白（血括心白、顿白和背白）的米粒。

结果计算：

$$X_5 = \frac{n_1}{n} \times 100$$

式中：X_5——垩白粒率，单位为百分率（%）；n——总整精米粒数，单位为粒；n_1——垩白米粒数，单位为粒。

（6）垩白度的检测方法

垩白面积平放的完整垩白米粒中垩白部分占该米粒平面投影面积的百分率。

垩白度垩白米的垩白面积总和占试样整精米粒面积总和的百分率（改写 GB/T 17891-1999，定义 3.6）。

垩白度检验：从上述垩白米粒中随机取出 10 粒完整精米，在垩白度观测仪或聚光灯下逐粒目测垩白部分占整粒米平面投影面积的百分率，求出垩白面积的平均值。

结果计算：

$$X_6 = \frac{X_5 \times S}{100}$$

式中：X_6——垩白度，单位为百分率（%）；S——垩白面积的平均值，用百分率（%）表示。

（7）透明度的检测方法

透明度指整精米籽粒的透明程度，以稻米的相对透光率大小表示。

透明度仪法分析步骤：

接通仪器电源转动调整旋钮，使读数为1.00。将整精米样品装入样品杯，手持样品杯置于振荡器振荡约5 s以减少米粒间空隙，在透明度仪上测出其透明度。

透明度的分级按表5-6执行。

表5-6　透明度分级

级别	透明度范围
1	>0.70
2	0.61~0.70
3	0.46~0.60
4	0.31~0.45
5	<0.31

（8）胶稠度的测定方法

胶稠度指在规定条件下，精米粉赋糊化后的米胶冷却后的流动长度（mm）。

分析方法：按照GB 1354的规定，将样品制备成碾米精度为国家标准三级的精米，分取约10 g精米，粉碎过0.15 mm筛后（至少95%以上样品通过0.15 mm筛）。称取折合（88±0.2）mg干样的样品于圆底试管内，加入0.20 mL百里酚蓝指示剂，在涡旋振荡器上振荡4~5 s，使样品充分润湿分散。再加入2.0 mL 0.200 mol/L氢氧化钾溶液，再次振荡混匀后，立即插入剧烈沸腾水浴锅的网架上，用玻璃球盖住试管口；根据米胶沸腾情况，用吹风机吹试管外壁使沸腾的米胶高座保持在试管长度的2/3左右；8 min后取出试管除去玻璃球，在室温下冷却5 min再于冰水浴中冷却20 min将其从冰水浴中取出，平置于恒温培养箱内已预先调好水平并垫有毫米格旺的小丹遗作台上，在（25±8）℃条件下静置1 h后，立即测量自管底至米胶前沿的长度，以毫米（mm）表示。

（9）碱消值的测定方法

碱消值指碱液对完整精米粒的侵蚀程度。

分析方法：从样品中随机取成熟饱满的完整精米6粒放入方盒内加入

10. 0 mL 0. 804 mol/L 的氢氧化钾溶液，立即用玻璃棒将盒内米粒排布均匀，加盖。将方盒平稳移至（30±2）℃的恒温培养箱内（移动方盒时应防止米粒移动），保温约 23 h，再平稳地取出，逐粒观测米粒胚乳的消解情况。按表 5-7 进行分级记录。

表 5-7 碱消值分级标准（以分解度为主）

级别	分解度	清晰度
1	米粒无变化	米心白色
2	米粒膨胀	米心白色，有粉末状环
3	米粒膨胀，环不完全或狭窄	米心白色，环棉絮状或云雾状
4	米粒膨大，环完整而宽	米心棉白色，环云雾状
5	米粒开裂，环完整而宽	米心棉白色，环清晰
6	米粒部分分散溶解，与环融合在一起	米心云白色，环消失
7	米粒完全分散	米心与环均消失

计算公式：

$$X_7 = \frac{\sum (G \times N)}{6}$$

式中：X_7——碱消值，单位为级；G——米粒消解级别，单位为级；N——同一级别的米粒数，单位为粒。

6 海南水稻主要病虫害及防控方法

海南岛水稻一般每年种植一到两茬,面积为 400 万~500 万亩海南岛气候常年高温高湿,导致稻瘟病、细菌性条斑病、纹枯病、稻纵卷叶螟、稻飞虱、三化螟等水稻病虫害发病严重,其中发生最重的年份,2009 年稻飞虱危害约17 万亩,2010 年稻瘟病危害约 20 万亩,稻纵卷叶螟危害约 34 万亩,2011 年纹枯病危害约 8 万亩,2012 年三化螟危害约 7 万亩等。

6.1 稻瘟病

稻瘟病常被称为火烧瘟、叩头瘟、稻热病。海南早稻生产中危害较严重的病害就是稻瘟病,每年可以使水稻减产 10%~15%。

6.1.1 危害症状

稻瘟病在水稻的整个生育期都会产生危害,危害的主要部位为:穗部、茎秆、叶片,按照危害时期、部位不同可以分为苗瘟、叶瘟、节瘟、穗颈瘟、谷粒瘟。

(1) 苗瘟

苗瘟常发生在三叶前,因为种子带菌所以致病,基本症状为:病苗的基部一般为灰黑色,其上部褐变,容易卷缩而死,当湿度较大时,病部病原菌分生孢子梗和分生孢子,形成大量灰黑色霉层。

(2) 叶瘟

叶瘟发生在水稻的整个生育期,其分蘖至拔节期危害严重。按照气候条件、品种抗病性的不同，病斑可以分为：慢性型、急性型、白点型、褐点型。①慢性型病斑是最常见的典型病斑，可以形成梭形病斑，中央灰白色（崩溃部），内圈为褐色（坏死部），最外层为黄色晕圈（中毒部），病斑两端中央的叶脉一般都是褐色长条状，常被称为坏死线，当天气潮湿时，病斑的背面会形成灰绿色霉层，"三部一线"是其代表特征；②急性型的病斑一般是暗绿色水渍状，有时与叶片颜色相似，但无光泽，多为椭圆形或者不规则形状，在叶片的正反面都会产生大量灰色霉层，在品种感病、适逢高温高湿天气或者氮肥施用过多时易发生，且大量出现急性型病斑一般都是稻瘟病将要大规模流行的前兆）；③白点型的病斑，在初期常为短梭形或圆形的白色小斑，当其不产生孢子或气候条件持续不适时，可以转为慢性型，在气候条件短期合适时，又可以转为急性型；④褐点型的病斑一般为褐色小斑点，常限于叶片两脉之间，边缘为黄色晕圈，不产生分生孢子，病害常在抗病品种或稻株下部老叶上发现。

（3）节瘟

节瘟一般发生在抽穗后，初期主要在穗颈下的第1、2节发现黑褐色小点，后逐渐会绕节扩展开来，使病部易折断，且转黑。在多湿气候条件下，病节上会产生一层青灰色霉，后期的病节会产生凹陷，易折断倒伏。发生较早的会形成枯白穗，但要造成茎秆弯曲则需仅在一侧发生。

（4）穗颈瘟

发生在穗颈、穗轴和枝梗，初期为褐色小点，扩展后促使穗颈部转褐色，且会造成枯白穗。发病较晚容易造成秕谷，枝梗或穗轴受到危害容易造成小穗的不实。

（5）谷粒瘟

在谷粒的护颖、颖壳上可以发现黑褐色小斑点。谷粒瘟增加了种子的带菌率，是苗瘟的重要初侵染源。

6.1.2 发生条件

稻瘟病为气流传播病害，其发生通常与其他病害一样要满足病害因子条件，包括：感病品种、有利于发病的气候条件、田间有足以侵染发病的病原菌等。

（1）品种的抗病性

日本早在20世纪60年代中期就开展了水稻品种抗稻瘟病基因分析的研究

工作，鉴定了包括最初的 8 个抗性位点上的 14 个基因，并建立了一套抗稻瘟病基因分析用的鉴别体系（JDCs，Japanse differential cultivars）。其后，中国等其他水稻主要生产国家也逐渐开展了水稻稻瘟病抗性遗传的系统性研究。但是，多数抗病品种的同一抗病品种在生产上推广 3~5 年后抗性消失。原因主要有两个方面：病菌的致病性变异与者品种抗性退化。

（2）气候因素

日照不足，多雨阴湿，水稻植株的同化作用变缓慢，组织结构柔弱，这创造了有利于病菌繁殖和侵害的条件，从而易引发稻瘟病的流行。特别在早稻抽穗期温暖多湿、晚稻抽穗期适逢低温阴雨，如防治不当，易引发穗颈稻瘟的大爆发，使得严重减产。

（3）栽培管理不当

施用氮肥过多或过迟，禾苗会贪青徒长，则易发病；长期深灌则会影响水稻根系的吸收能力，当易感病期农户过度晒田，造成抽穗期田土的干裂，则促进病情加重。

（5）侵染菌源

病菌一般以菌丝体和分生孢子附着在染病的稻草或稻谷上越冬。当每年都有该病发生，且春季或秋季整地耕层较浅或不整地时，使得田间大量累积菌源，从而使得这些菌源易影响下一年稻瘟病的发生。在干燥的气候下，菌丝在病组织中可成活一年以上，而分生孢子可存活半到一年。第二年产生的分生孢子可以借助风雨传播到水稻植株上，当遇到合适的温、湿度时，得以迅速萌发，可直接穿透表皮侵入。在条件合适时，病菌从侵入到产生病斑仅需 4 d 左右，同时病斑会产生大量的分生孢子，形成新的侵染源，借风雨等进行重复侵染，一次重复侵染需 5~10 d 时间。故菌源菌量越大，病害越易大流行。

6.1.3　防治措施

防治措施当以种植高产抗病品种为基础，减少菌源为先决，科学管理水肥和加强栽培措施为关键，生物、化学药剂为辅助。

（1）选用抗病品种

选择抗病品种，水田主产区推荐种植户分别种植两个以上亲缘关系较远的品种，从而达到改变同源品种多年连片种植和抗病品种长期单一化的现象。此外，抗病品种仍需定期轮换，使得品种的使用年限得以延长。同时，应密切监测稻瘟病的病菌生理小种的消长动态，从而控制新生理小种的增殖，方便及时淘汰易染病品种。

（2）减少菌源

收割水稻时，染病水稻稻谷应与健康植株分开堆放，不可混在一起堆放。收割后，应尽早处理病草，最好在春播前处理完，关于处理：优先安排作燃料，但需烧毁草堆下的秕粒和空壳；而需继续使用的病草，则需用薄膜盖严或移入室内，同时保持干燥，防止病菌再次传播；垫圈的病草，须待充分腐熟后才能使用。注意禁止使用病草盖种、捆扎秧把、盖房、搭棚或垫圈等。

（3）科学管理水肥和加强栽培措施

科学管理水肥需注意实行"浅—湿—干"间歇灌溉技术，做到浅水勤灌，适时晒田；不要偏施、迟施过量的氮肥，应注意氮、磷、钾的配合，同时多施有机肥。农户最好能做到：基肥要施足，追肥尽量早施，中后期则需看苗、看天、看田进行酌情施肥。加强栽培措施方面可以选择大棚旱育壮秧和稀植栽培，从而促进水稻生长发育而不利于病害发生，增强水稻植株自身的抗病力来抑制病菌的侵染、蔓延、流行。

（4）化学防治

按照 GB/T 15790 的规定，当稻瘟病出现中心病团时，每亩可施用三环唑 20~25 g 或稻瘟灵 28~40 g 喷雾来防治病害；参考 NY/T 2156 的规定，每公顷选用 75% 三环唑可湿性粉剂 300 g，或 2% 井冈·8 亿芽孢/g 蜡芽菌悬浮剂 1 500~2 250 g，或 25% 咪鲜胺乳油 750~1125 mL，或 1 000 亿芽孢/g 枯草芽孢杆菌可湿性粉 150~180 g，或 6% 春雷霉素水剂 900 g。这些药剂按剂量每 667 m^2 兑水 45~60 L，均匀周到喷细雾，药后保持 3~5 cm 水层 2~3 d。化学防治还可参考我国防治稻瘟病的登记农药，经中国农药信息网查询，水稻上稻瘟病防治共有 995 条农药登记记录，主要有稻瘟灵、异稻瘟净、三环唑、多菌灵、百菌清、苯醚甲环唑、嘧菌酯、吡唑醚菌酯、丙环唑、春雷霉素、戊唑醇、春雷霉素、代森铵、己唑醇、稻瘟酰胺、福美双、甲基硫菌灵、井冈霉素等。详细的农药登记及制剂用药量信息见附表 A。

施药注意事项：药后 1 d 内如遇下雨则须补施；当遇到连续阴雨天气时，需第二次施药，第二次施药时间为第一次施药后 5~7 d，剂量可以相同。孕穗期剑叶发病的田块为重点施药区域；施药的第一次最佳时期，约在 5% 破口抽穗期，第二次则在齐穗期，可喷洒登记的内吸性杀菌剂于穗部和叶片表面来防治。

加强病害的实时监测，准确及时发布预报：在相关植保站建立有效的稻瘟病预测预报体系，在不同区域设立病害监测点，进行系统调查和监测。在水稻的分蘖期、孕穗期、破口期等敏感生育期，加大普查的力度，及时准确预报病害的发生，指导种植户及时用药来提高防治的效果。同时，政府需加大宣传力度，提高种植户对稻瘟病预防的自主意识。

6.2　细菌性条斑病

细菌性条斑病为一种检疫性病害，又名红叶病，发病严重时叶片会变红黄色且卷曲，造成叶枯，影响叶片的光合作用，水稻籽粒灌浆受阻，结实率下降，对水稻产量、品质影响较大，轻则减产一两成，重则减产一半。

6.2.1　危害症状

此病害在水稻叶片的任何部位都可发生，一般不在叶鞘上发病。发病初期，病斑上出现暗绿色、半透明小点，其在叶脉间扩展很快，常为暗绿至黄褐色的细条斑；后期，病斑会从黄褐转为橙褐色，但其两端仍呈现浸润型的暗绿色，同时感病的叶片顶部至半片叶上均为枯白色。当拿起来对光观察叶片时，条斑呈现半透明，且布满大量黄色至黄褐色、小珠状的流胶，即为菌脓，正常情况下在叶背面的菌浓多于叶正面。当发病严重时，其叶片会发生卷曲，田间一眼望去，会观察到一片红黄色。这不仅会导致水稻植株的早期死亡或者植株不抽穗；有时即便抽穗结实，其秕谷会大幅增多，降低千粒重。

6.2.2　发生条件

病菌一般在有病的稻种、稻草和自生稻上越冬后，通过风、雨、露等从气孔或伤口侵入植株传病。高温高湿、暴雨、台风的气候、施肥过迟、施用氮肥过多水稻贪青、灌水过深等，均有利于病害的发生。一般情况下晚稻会比早稻更易染病，在孕穗、抽穗阶段晚稻常发病严重。

（1）品种的抗病性

常规稻较杂交稻抗病；粳稻较籼稻、糯稻抗病；叶片窄而直立的品种较叶片宽而平展的品种抗病；小叶型品种较大叶型品种抗病。一般在苗期会比较易感病，成株期抗病性会强于苗期。在不同地区，同一品种的抗病性表现也会存在很大的差异。

（2）气候因素

合适的气候条件：温度在 25~30 ℃，相对湿度接近饱和，将有利于病害的流行。暴雨、台风或洪涝来袭，更适合病菌的侵染和传播，易引发病害的流行。

（3）不当的栽培管理

施用不合适的氮、磷、钾肥比例，或偏施、迟施氮肥都会利于病害发生。当病田水发生漫灌、串灌或长期失水、灌水、干旱也有利于病害的流行。

6.3.4　防治措施

防治措施以严格检疫为基础，选用抗病品种为前提，科学管理水肥和加强栽培措施为关键，生物、化学药剂为辅助。

（1）严格种子检疫

将水稻细菌性条斑病的病菌列为检疫对象，按 GB 8371 的要求，开展种子产地检疫；杜绝从病区引种或采种，并对市场流通各环节种子进行抽样检测和监管，具体可参考 GB 15569 和 GB/T 28078 中的相关规定执行。无病区不从病区调种，防止出现调运带菌种子进行远距离的传播。对制种田实施产地检疫，在其孕穗期做一次认真的田间检查，确保种子不带病菌。

（2）选用抗病品种以期减少菌源

因地制宜地种植优质、高产、抗（耐）病品种，并进行合理轮换种植。各稻区抗（耐）病品种的选择可咨询当地植保部门或种子管理部门。及时清理、销毁田间病稻草，不用病稻草作催芽和秧畦覆盖物，不用病稻草捆扎秧把。可疑稻种可采用种子消毒处理办法：①三氯异氰脲酸（强氯精）浸种先将稻种用清水预浸 12~24 h，再使用 36% 强氯精可湿性粉剂 500 倍液浸种，药液高出种子 3~5 cm，浸泡 12 h 后捞出，用清水浸泡冲洗 2~3 次，之后用清水浸泡 12~24 h，最后催芽，浸种药液中不宜添加其他药剂；②温汤浸种稻种在 50 ℃ 的温水中预热 3 min，再用 55 ℃ 温水浸泡 10 min，期间至少搅拌或翻动 3 次，最后马上取出放入冷水中降温，这样可有效地杀死种子上的病菌；③石灰水浸种 1 kg 新鲜的熟石灰加入 100 kg 清水中，均匀搅拌，之后倒入稻种，水面高出种子 3~5 cm，浸泡 48~72 h，期间不应搅拌，用清水洗净浸好的种子，最后催芽，注意不宜在石灰水中加入其他的药剂；④噻唑锌拌种先将稻种用清水预浸 48 h，捞出晾至种子不滴水，然后使用 20%噻唑锌悬浮剂进行拌种包衣，每公斤稻种用药剂 10 g，拌种包衣后直接播种。

（3）科学管理水肥和加强栽培措施

加强水肥管理，适时晒田，避免深水灌溉、漫灌，禁止串灌，防止涝渍。收获后，为消灭病菌，可集中烧毁收割后的稻草、田边杂草等。避免迟施、偏施氮肥，配合施用钾、磷肥，采用成熟的施肥技术，适时晒田，增强植株抗病能力。切忌对水田进行串灌和深灌。

（4）化学、生物防治

化学防治可参照 NYT 2156 的规定，每公顷可选用 20%噻菌铜悬浮剂 1 500~2 250 g，或 20%叶枯唑可湿性粉剂 1 500~1 875 g，或 72%农用硫酸链霉素可溶性粉剂 225~450 g。这些药剂按剂量每亩兑水 45~60 L 均匀喷施于植株，施药后应保持 2~3 d 时间的水层在 3~5 cm。施药后 1 天内如遇雨则须补施。化学防治还可参考我国防治细菌性条斑病的登记农药，经中国农药信息网查询，水稻上细菌性条斑病防治共有 22 条农药登记记录，主要有噻霉酮、四霉素、噻唑锌、氯溴异氰尿酸、丙硫唑、辛菌胺醋酸盐等。

重点注意事项：科学灌溉，防止串灌和深水灌溉。防治水稻细菌性条斑病，喷药时一般需先喷未发病的区块，之后逐渐包围发病中心，相对重喷发病中心。在防治策略上，早发现早防治和用药保护的原则，发现一点就打一块，发现一块就打一片。已发病田块，必须防止漫灌、串灌和使用循环水，阻止病害的蔓延扩展，首次防治后 5~7 d 再防治一次，确保防效。在暴雨、台风过后加强田间的调查，如发现感病株，及时施药，对发病中心进行封锁，尽量将病害控制在点发的阶段，连续喷药 2~3 次，间隔期为 7 d。

生物防治参考 TJAASS 4-2020 的规定，发病初期可选用生物农药"叶斑宁"60 亿活芽胞/mL 解淀粉芽胞杆菌 Lx-11 水剂 7 500~10 000 mL/hm^2 进行喷雾防控，连续施药 2~3 次，每次间隔 7 d 左右。

6.3　纹枯病

水稻纹枯病是一种真菌病害，又名云纹病、烂脚瘟、花足秆、眉目斑，病原菌主要是立枯丝核菌，海南稻区纹枯病危害严重。

6.3.1　危害症状

水稻纹枯病的病斑，初期呈暗绿色，边缘不清晰的斑点，以后扩大成椭圆斑，边缘呈淡褐色，多块小病斑连在一起发展成不规则云纹状大斑，俗称尿炕斑。病斑中部一般为灰绿色或褐色，当出现湿度低时，中部变为灰白色或淡黄色，边缘暗褐色。在水稻整个生长期水稻纹枯病均可发生，其主要危害叶片、叶鞘，当发病严重时，也会入侵茎秆且蔓延至穗部。

（1）叶鞘染病

在近水面处病株会产生暗绿色水浸状且边缘模糊的小斑，后逐渐扩大形为云纹形或椭圆形，中间部位会变为灰褐色或灰绿色，当湿度足够低时，间部位则为灰白色或淡黄色，中部组织被病菌破坏而出现半透明状，边缘为暗褐色。发病严重时，多个病斑可以发生融合从而形成一个大病斑，这个大病斑常为不规则状云纹斑，可引起叶片发黄枯死。

叶片染病斑呈云纹状，边缘褪黄，发病太快时，病斑会出现污绿色，叶片易腐烂，茎秆受害后的症状与叶片相似，后期为黄褐色，易折。

（2）穗颈部染病

初期呈现污绿色，之后转为灰褐色，常常导致不能抽穗，即使抽穗其秕谷较多，千粒重降低。当湿度大时，病部会长出白色网状的菌丝，一定量后聚合为白色的菌丝团，形成菌核，菌核呈现深褐色，易脱落。当高温气候条件下，病斑上会产生病菌的担子和担孢子，形成一层白色粉霉层。

6.3.2　发生条件

纹枯病的病菌在田埂的土壤和水稻残茬上越冬，其病斑主要在水稻的叶鞘和叶片上被发现，严重时病菌会侵染茎秆，也会蔓延到穗部。纹枯病很容易导致水稻早衰和倒伏，形成较多的瘪粒，造成水稻减产。

（1）气候因素

水稻纹枯病在高温、高湿的气候条件下容易发生并流行，是。温、湿度对纹枯病的发生发展影响较大。温度决定纹枯病每年在水稻上发生迟早的主要因素，而湿度对病情的流行起着主导作用。一般在气温 22 ℃ 以上，相对湿度 97% 时，水稻纹枯病开始发生病害；气温在 25~31 ℃、饱和湿度均有利于水稻纹枯病的流行。尤其是阴雨连绵的气候条件更利于纹枯病的发展，特别是在孕穗期遇到高温，水平扩展速度相当迅速，可导致病株率的增加，之后连续的的高温、高湿更加速病害的垂直发展，使得加重病情。病菌可通过水孔、植物气孔感病。稻株在暴雨或大风气候条件下，植株有伤口，感病就重。

（2）栽培管理不当

氮肥过量，长期灌深水没有及时晒田，直播稻田密度大，通风透光能力差，稻子长势过旺，茎秆软弱，氮肥施用量大，当钾、磷肥不足时，植株的抗病性差等均有利于病害发展。

（3）侵染菌源

水稻纹枯病的初侵染来源主要是在土壤中越冬的菌核，病草、病兜上和田边、沟边杂草上的菌丝，其稻田中越冬的菌源数量是决定发病的重要因素。一般新开垦的稻田，没有菌核的存在就不会发病；而越冬病菌存活在田埂上或田埂上面的上年残茬中，在高温和大雨后，植株容易受伤，在残茬上繁殖的内立枯丝核菌，会被雨水溅到水田中，先感染靠近田埂边稻株的下部叶鞘和叶片。逐渐向池中和稻株上部叶片、叶鞘及茎秆扩展侵染。一般情况下，病菌残留量大，初期发病就重，但后期病情的轻重取决于田间的水肥管理、稻株的长势以及气候条件等因素。

6.3.3　防治措施

防治措施以种植抗病、高产品种为基础，减少菌源为先决，科学管理水肥和加强栽培措施为关键、生物、化学药剂为辅助。

（1）选用抗病品种

尽管目前尚未发现免疫和高抗的品种，但品种间存在抗性差异，在病情相对严重的区域可以种植中抗品种，适合选种株型紧凑、分蘖能力适中、叶型较窄的水稻品种；以降低田间荫蔽作用、降低空气相对湿度及增加通透性、提高植株的抗病能力。此外，可积极选择现代分子生物学手段，创造抗病品种，将外源抗病基因导入形成新的抗病品种。

（2）减少菌源

水稻纹枯病是土传来病害，病菌残存在田埂上，风雨过后，田埂边儿的水稻苗，容易先侵染病菌，发生纹枯病。因此，以在田埂上撒施石灰粉，控制池梗上的病原菌繁殖，再加上杀菌药物进行综合防治，才会有明显的防治效果。稻田翻耕后，耙田时灌 10 cm 以上深水，可使大量菌核浮于水面，用网子等工具打捞田角、田边浪渣，带出稻田晒干后烧毁，减少田间病源菌数量，预防纹枯病发生。不直接用病稻草和未腐熟的病草还田，同时铲除田边的杂草，可减少菌源，促进前期发病降低。

（3）科学管理水肥和加强栽培措施

依照水稻的土壤性质、稻田水位高低、生育时期、气候、水利条件等情况，合理的排灌，以水控病，从而有效地减轻病害发生及防止倒伏的发生。做到浅水发根、薄水养胎、湿润长穗，特别是在分蘖末期至拔节前可以进行合适的晒（搁）田、后期干干湿湿的排灌管理，降低稻株的湿度，促进其健壮生长，以此有效地防控纹枯病的发展。对肥田、深泥田和冷浸田适合重搁，对沙性田则需轻晒，对封行早、稻苗旺的稻田宜分次晒。要配合施用氮、磷、钾，与菌肥、化肥相结合，速效肥与长效肥相连合，切忌中、后期大量施用氮肥和偏施氮肥。

（4）化学、生物防治

水稻苗一旦发生纹枯病，很难防治。因为触杀药物，很难喷到水稻的下部叶鞘上，很难消灭病菌。最好用内吸杀菌剂，或者是内吸药剂加保护药剂，协同治疗水稻纹枯病，并采取多种措施进行综合防控，才会收到明显的防治效果。依照 GB/T 15791 的规定，在水稻分蘖至孕穗期、抽穗期，当分蘖期丛发病率在 15%～20%、孕穗期在 30% 以上时，每亩用井岗霉素 10～12.5 g 加水50 kg 喷雾 1～2 次，低于此指标可以不施药。或参照 NY/T 2156 的规定，每公顷选用 5% 井冈霉素水剂 4 500～5 250 mL，或 12.5% 井冈·蜡芽菌水剂1 800 mL，或 20% 井冈霉素可溶粉剂 750～1 050 g，或 24% 噻呋酰胺悬浮剂225～300 mL，或 25% 丙环唑乳油 300～375 mL。这些药剂按剂量每亩兑水 45～60 L，均匀周到喷细雾，施药后保持水层在 3～5 cm 2～3 d。施药后 1 d 内如遇下雨须补施；如遇连续阴雨天气，则应同剂量在第一次施药后 5～7 d 进行第二次施药。化学防治还可参考我国防治水稻纹枯病的登记农药，经中国农药信息网查询，水稻上纹枯病防治共有 1 238 条农药登记记录，主要有嘧菌酯、咪鲜胺、吡唑醚菌酯、井冈霉素、粉唑醇、噻呋酰胺、己唑醇、苯醚甲环唑、戊唑醇、多菌灵、氟环唑等。

重点注意事项：用药时间一般应该在水平扩展阶段，即纹枯病的最佳防治时期在 10 叶期到 10.5 叶期（十一片叶品种），水稻破口前 5~7 d 用药。水稻纹枯病发重的地区要早防，在水稻拔节初期就应该使用药剂防护。纹枯病是从水稻田埂边先开始发病的，要注意提前先在防治池梗边用药，省工效宏。

6.4　稻纵卷叶螟

稻纵卷叶螟是海南水稻上的主要虫害之一，又称卷叶虫，入侵方式为迁飞，幼虫吐丝纵卷叶片可结成虫苞，其躲在苞内取食叶肉组织及上表皮，留下表皮，造成白叶。受害严重的稻田会呈现一片枯白，千粒重降低，瘪谷率增加，从而严重减产。

6.4.1　危害症状

苗期受害会使水稻无法正常生长，甚至枯死；分蘖期至拔节期受害，推迟生育期，减少分蘖，缩短植株；孕穗后特别是抽穗到齐穗期剑叶被害时，开花结实受到影响，增加空壳率，降低千粒重。大部分初孵幼虫会钻入心叶危害，2 龄幼虫则在叶上结苞，在孕穗后期钻入穗苞取食。每头幼虫能食害 5~9 叶，其食量会随虫龄增加而增大，1~3 龄幼虫食叶量仅在 10% 以内，幼虫老熟后多数会离开老虫苞到稻丛基部黄叶及无效分蘖嫩叶上结茧化蛹。4、5 龄幼虫食叶量占总取食叶量的 95%，危害更严重。

6.4.2　发生规律

稻纵卷叶螟在海南一年发生 10~11 代，一般以第 6~8 代在晚稻穗期危害较重。成虫有趋光性，白天在稻田里栖息，夜晚交配、活动，在稻叶的正面或背面产卵，合适的温度、高湿气候，其产卵量大，每雌产卵一般为 40~70 粒；单产卵多，偶有 2~5 粒产在一起，气温为 22~28 ℃、相对湿度在 80% 以上，可达 80% 以上的卵孵化率。稻纵卷叶螟发生轻重与气候条件密切相关，合适的温度、高湿气候，有利于成虫产卵、孵化和幼虫的成活，故多露水及多雨日的高湿气候，有利于病害流行发生。

6.4.3 防治措施

（1）农业防治

选种抗（耐）虫水稻品种，合理施肥灌溉，促进水稻的健康生长发育，忌前期猛发旺长，后期恋青迟熟。科学管理水，适当调节晒田时间，降低幼虫孵化期的田间湿度，或在化蛹高峰期进行灌深水 2~3 d，杀死虫蛹。合理施肥，避免偏施氮肥使稻叶嫩绿、生长旺盛，后期贪青晚熟，加重稻纵卷叶螟的危害，宜增施钾肥，叶面喷施磷酸二氢钾，提高植株的抗病虫能力。

（2）物理、生物防治

物理防治可采用黑光灯、震频式杀虫灯、色光板等物理装置诱杀鳞翅目、同翅目害虫。生物防治可通过保护天敌，提高自然控制能力：我国稻纵卷叶螟天敌种类多达 80 多种，各虫期均有天敌捕食或寄生，合理保护和利用天敌资源，可进一步提升天敌对稻纵卷叶螟的自然控制能力。如拟澳洲赤眼蜂、稻螟赤眼蜂，是稻纵卷叶螟的卵期寄生天敌，有条件的地方可在其成虫产卵盛期投放卵期寄生天敌，一般可达 70% 以上的卵寄生率。捕食性天敌如蜘蛛、青蛙等，幼虫期如稻纵卷叶螟绒茧蜂，对稻纵卷叶螟都有很强的自然控制作用。

（3）化学防治

依据 GBT 15793 的规定，掌握在主害代 1、2 岭幼虫盛发期（稻叶初卷期）。当分蘖期百丛幼虫 65~85 头、孕穗期 40~60 头以上时，进行药剂防治，防治参照 NYT 5117，可用毒死蜱 32~40 g 兑水 50 kg 喷雾稻株中、上部。化学防治还可参考我国防治稻纵卷叶螟的登记农药，经中国农药信息网查询，水稻上稻纵卷叶螟防治共有 1 077 条农药登记记录，主要有阿维菌素、杀虫双、氯虫苯甲酰胺、茚虫威、丙溴磷、杀螟丹、抑食肼、毒死蜱、环虫酰肼、四氯虫酰胺等。详细的农药登记及制剂用药量信息见附表 B。

重要注意事项：依照水稻分蘖期、穗期容易受到危害，特别是穗期危害更重的特点，化学防治的措施，应加强治理穗期的受害代，分蘖期危害严重代别也不放松的原则。化学防治稻纵卷叶螟施药时期应按照不同农药其残留有效期长短不一而有所变化，残留有效期较长的在孵化高峰前或高峰后 1~3 d 施药，击倒力强而残留有效期较短的农药可在孵化高峰后 1~3 d 进行施药，但在实际生产中，应依照实际情况，用药时期要准，治虫要治小，而且要合理轮换用药。由于卷叶虫是食叶性害虫，稻叶上附着的药液越多，防治效果越好，尤其是施用触杀性药剂，喷雾时要均匀、全面。在用药防治时常会遇到阴雨天气，宜掌握在雨后叶片无水珠或早上露水干后喷雾，以免药液滚落而降低药效。

6.5　稻飞虱

稻飞虱，以刺吸植株汁液危害水稻等作物，属同翅目飞虱科，常被称为火蠓虫、蠓子虫、响虫。危害我国水稻的飞虱主要有三种：褐飞虱［Nilaparvata lugens（Stál）］、白背飞虱［Sogatella furcifera（Horváth）］和灰飞虱［Laodelphax striatellus（Fallén）］，其中海南岛以褐飞虱发生和危害最严重，白背飞虱、灰飞虱次之。

6.5.1　危害症状

三种飞虱的成虫与若虫都可以造成危害，都是以刺吸式口器刺入稻株的茎、叶及穗等部位，吸收其内的汁液，当稻株的养分被消耗，将直接影响稻株的生长。从外观看，叶发黄变褐色，抑制生长，倒伏植株，影响其抽穗结实，产量明显受到影响下降。田间受到危害的稻丛经由点、片开始，严重时，稻丛下部会呈现黑色，全株逐渐枯萎，被害稻田优先在稻田中间出现，"黄塘"，暂至"冒穿"，甚至全田荒枯，引起严重的减产或导致颗粒无收。雌虫产卵危害时，排泄物常引起霉菌滋生，影响水稻的呼吸和光合作用。褐飞虱能传播水稻丛矮缩病等；白背飞虱能传播水稻黑条矮缩病等；灰飞虱能传播水稻条纹叶枯病等。

6.5.2　发生规律

如今全球气候变暖，太平洋副高在旱季增强明显，南北气流频繁对流，为稻飞虱的迁移创造了极有利的条件，从而导致了近年来稻飞虱流行频率越来越高。

（1）褐飞虱

在海南褐飞虱每年可发生12~13代，常年繁殖世代重叠，没有越冬现象。

褐飞虱成虫对嫩绿水稻趋性明显，雄虫可以多次交配，当温度为24~27 ℃时，成虫在羽化后2~3 d后就可以交配，在叶鞘、叶片等处产卵，平均产卵200~700 粒/雌，在水稻生长期间，其各世代的平均寿命在10~18 d，田间增殖倍数每代为10~40倍。成虫和若虫均密集刺吸稻丛下部组织，分泌唾液，吸吮汁液。2龄前褐飞虱幼虫食量小，抗逆力差。3龄后食量猛增、抗逆力明显增强。成虫和若虫都喜欢阴湿的环境，喜栖于距水面10 cm以内的稻株上，当田间虫口出现每丛高于0.4头时，会出现田间出现不均匀分布，后期会出现塌圈枯死的现象。

（2）白背飞虱

白背飞虱在海南可周年生长、发育和繁殖。白背飞虱是一种温暖性害虫，主要在水稻孕穗期危害，成虫有明显的趋绿性、趋光性和迁飞特性。一般叶色浓绿，生长茂密、较为阴暗潮湿的稻田虫量多。成虫大多生活在稻丛基部的叶鞘上，栖息部位较褐飞虱高。成虫多产卵在叶鞘肥厚的组织中，特别是以下部第2叶鞘内最多。3龄前的若虫食量较小，危害不太大，第4、5龄若虫的食量增大，危害加重。

（3）灰飞虱

灰飞虱在海南无越冬现象。以第3、4龄的若虫寄居在基部、枯叶下及土缝内等处越冬，主要危害秧田期和分蘖期的稻苗。灰飞虱成虫存在趋嫩绿性和茂密习性，长翅型成虫有明显受到趋光性。成虫多在下午产卵，卵一般产在叶鞘及叶片基部的中脉两侧。灰飞虱生长发育合适温度为25 ℃左右，不耐高温，较耐低温。当平均温度高于28 ℃时，成虫寿命明显缩短，当平均气温高于30 ℃，若虫发育受到抑制，甚至可能滞育和死亡，当田间阴湿，田间管理上偏施、过施氮肥，稻苗密度大，浓绿及长期深灌，利于稻飞虱的繁殖，危害严重。

6.5.3 防治措施

（1）农业防治

选育及推广抗虫或耐虫的水稻品种，推广合理的水稻栽培技术，适量降低种植密度和田间湿度，改善田间通风和透光性，使水稻的种植结构合理，稻株生长健壮，减轻稻飞虱危害。加强田间肥水管理，忌后期贪青徒长，适当晒田以降低田间湿度。在稻飞虱发生期内，当采用干干湿湿的灌水方法时，会比长期保持水田，其虫量发生明显减少。

（2）物理、生物防治

保护利用天敌，提高自然控制能力：在稻田中，设置可引诱天敌的杂草，促进增加稻飞虱的天敌数量，以此有效地抑制其繁殖。同时，可结合稻田的实际地理位置以稻田养鸭吃虫的措施来防治稻飞虱，当稻飞虱进行迁移时，在稻田中投放合适数量的鸭子，而当水稻生长到一定程度后，再将鸭群赶出稻田，防止鸭群对稻株造成伤害。另外，农户在种植水稻时，可以充分利用自然条件，实现生物链的良性循环，这不但能有效地对稻飞虱进行防治，还可实现生态平衡。此外，还可通过减少化学药剂的使用，为天敌青蛙创造舒适的生存环境，利用青蛙吃虫来防治稻飞虱的繁殖。

（3）加强预测预报

加强监测，及时并准确预报，不但要注意虫源地的虫量和本地虫量，还要注意灯下的虫量和田间初始虫量。由于稻飞虱前期的虫量非常低，调查时应及时增加样本数，确保调查数据的准确性和可靠性。依据可靠的资料，综合主要环境因素，才能做出及时且准确的预报。稻飞虱前期虫量主要为本地虫源，但是，当有台风来袭而形成迁入虫量急剧增加，就有暴发成灾的隐患。故，在前期一定要尽可能做好准确地预测预报。

（4）化学防治

参照 GB/T 15794 的规定，当稻飞虱百丛虫量达到 1 500~2 000 头，依据 NY/T 5117 的规定，每亩用吡虫啉 1.5~2 g 或噻嗪酮 7~10 g 兑水 50 kg，针对稻株中下部喷雾，药剂按剂量每亩兑水 45~60 L，均匀喷施，施药后需保持水层在 3~5 cm 2~3 d。施药后 1 d 内若遇下雨须补施；若遇连续阴雨天气，应同剂量第二次施药，第二次施药时间为第一次施药后 5~7 d。还可参考我国防治稻飞虱的登记农药，经中国农药信息网查询，水稻上稻飞虱防治共有 1 624 条农药登记记录，主要有吡虫啉、杀虫单、杀虫双、噻嗪酮、异丙威、毒死蜱、仲丁威、醚菊酯、呋虫胺等。

重要注意事项：稻飞虱低龄时期是最佳防治时期，低龄虫抗药性差，用药量也较省。防治爆发性飞虱，需要根据时期来配药，如果水稻还没有到达成熟季节，也就是茎叶还具有一定的吸收能力时，这时候可以使用内吸性药剂来防治，如果进入黄熟期，茎叶吸收能力衰退，建议以速效性药剂来防治。有条件的农田，可以进行分垄后再喷施，有利于提高防控效果。如果有双喷头，可以一个喷头喷细雾，另一个喷头粗水喷施。

6.6 三化螟

三化螟（scirpophaga incertulas）是海南稻区主要害虫之一，属鳞翅目螟蛾科。三化螟食性单一，专食水稻，以幼虫蛀茎为害，分蘖期可形成枯心，孕穗到抽穗期则会形成枯孕穗和白穗，当转株为害时还可形成虫伤株。种植生产上，当单初、双季稻混合栽培或中稻、一季稻混合栽培时，三化螟危害加重。

6.6.1 危害症状

三化螟的幼虫常钻入稻茎蛀食从而造成枯心苗。苗期、分蘖期时，幼虫啃食心叶，心叶受到危害将失水纵卷，稍褪绿或出现青白色，外形似葱管，称为假枯心，把卷缩的心叶抽出，可见整齐的断面，常可发现幼虫在内，生长点遭破坏后，假枯心变黄死去成枯心苗，这时其他叶片仍是青绿色。受害稻株的蛀入虫孔小，孔外无虫粪，茎内有白色细粒虫粪。在水稻苗期到分蘖期，三化螟初孵幼虫从水稻茎基部蛀入，取食叶鞘组织，危害成枯心苗。孕穗末期到抽穗期，初孵幼虫从包裹稻穗的叶鞘或稻穗破口处驻入，引起白穗。三化螟危害后稻株主要症状为"枯心苗"和"白穗"。

6.6.2 发生规律

三化螟以老熟幼虫在稻茬内越冬，海南岛一年6代，可终年繁殖。三化螟成虫有明显的趋光性，但其扑灯活动受气温、月光影响很大，气温在20℃以上，风力在3级以上，闷热无月光的黑夜趋光最盛。三化螟发生期的迟早，常受气候因素的影响。春季温度回升早，化蛹期间温度高，越冬代蛾始见期即早，反之则迟。第二年春天气温高于16℃时，越冬的幼虫陆续化蛹和羽化。白天，成虫潜伏在稻株下部，黄昏，飞出活动。成虫同一卵块孵出的幼虫可造成30~40株稻株的白穗，从而形成白穗团。初孵的幼虫叫作"蚁螟"，在分蘖期蚁螟爬至叶尖后吐丝下垂，可随风飘荡到相近的稻株上，可咬孔钻入距水面2 cm左右的稻茎下部的叶鞘，后蛀食稻茎而形成枯心苗。在孕穗期或即将抽穗的稻田，蚁螟会在包裹稻穗的叶鞘上咬孔或从叶鞘破口处侵入蛀害稻花，经

4~5 d 成长为 2 龄幼虫，这时稻穗已抽出，幼虫逐渐转移至穗茎处开始咬孔向下蛀入，再经 3~5 d 可把茎节蛀穿，或把稻穗咬断，从而形成白穗。老熟幼虫转移到健康稻株上，在茎内或茎壁咬一羽化孔，仅留一层表皮，后化蛹。

6.6.3　防治措施

当以预防为主，绿色控害为辅，肥药减施增效，种植抗（耐）病虫的品种，以生态调控为基础，可选用合适的农艺措施、昆虫信息素、生物防治等非化学防治方法，增强稻田生态系统的自然控害作用，降低病虫的发生基数。应用低毒、低残留、高效、生态环保友好型农药防治，注重专业化统防统治和绿色防控措施相结合，促进水稻重大病虫害可持续防治，保障水稻生产绿色高质量发展。

（1）农业防治

对水稻布局进行适当调整，减少桥梁田，避免混栽；选用生长期适中的抗虫品种；处理好稻茬，及时春耕沤田，减少越冬虫口基数；留种绿肥田应选用无虫害或虫害轻的稻田或旱地，但实际生产中，由于春耕较晚，绝大部分幼虫在翻耕前已化蛹、羽化，故不在生产上要灭虫源；对冬作田、绿肥田进行灌水，不仅可以杀死大部分越冬螟虫，还有利于作物生长；同时仍应对春耕田进行及时的灌水，一般需要淹没稻茬 7~10 d，这样将越冬幼虫和蛹淹死；还可以采用栽培治螟措施，包括调节栽秧期、采用抛秧法等，使易遭蚁螟危害的生育阶段与蚁螟盛孵期错开，可减轻或避免受到危害。

（2）物理、生物防治

在三化螟越冬幼虫化蛹期，可以对春耕田进行及时灌水，将稻根淹没 7~10 d，这样可将虫和蛹淹死。当螟蛾大爆发时，可大范围地进行点灯诱蛾，或推广人工拾毁外露稻根、拔除枯心和白穗、采卵等措施，这样可以压低三化螟的危害能力。此外，三化螟的天敌有很多种类，寄生性的天敌有黑卵蜂、啮小蜂和稻螟赤眼蜂等，捕食性的天敌有青蛙、蜘蛛、隐翅虫等；另外，还有病原微生物如白僵菌等可在早春造成幼虫的死亡。为了充分利用这些天敌，种植户需对这些天敌进行保护。

（3）化学防治

参照 NY/T 59 和 GB/T 15792 规定的虫情预报，对螟卵孵化初盛期进行充分掌握，化学防治每亩卵块发生量在 50 块以上的田块，具体防治方法可依据

NY/T 5117 的规定，在稻苗枯鞘高峰期，每亩用杀虫单 45~55 g 或三唑磷 20 g 或杀虫双 36~45 g 兑水 50 kg 喷雾，但杀虫双、杀虫单对蚕桑有影响，因此蚕桑养殖地区不宜使用这些农药，施药后应保持 2~3 d 的 3~5 cm 水层。施药后 1 d 内若遇下雨须补施；如遇续阴雨气候，需同剂量第二次施药，施药时间为在第一次施药后 5~7 d。还可参考我国防治水稻三化螟的登记农药，经中国农药信息网查询，水稻上三化螟防治共有 253 条农药登记记录，主要有杀虫单、杀虫双、乙酰甲胺磷、吡虫啉、噻虫嗪、毒死蜱、溴氰虫酰胺、阿维菌素、三唑磷、氯虫苯甲酰啊、辛硫磷、乐果等。

重要注意事项：对秧田期、分蘖期、大胎破口至抽穗始期进行重点防治，其中最佳用药防治时期为蚁螟盛孵期。切忌在圆杆拔节和齐穗灌浆后防治，其效果不明显。在秧田和分蘖期对枯心苗进行防治，优先混合施用农药和肥料，或将农药稀释后直接泼浇；在大胎破口期对白穗进行防治，则优先选用泼浇或喷雾的施药方式。如果虫口密度较大，需在水稻易于受到危害的生育期（大胎破口至抽穗始期），进行连续重复施药 2~3 次，间隔期一般为 5~7 d。

7 海南水稻的加工、包装、贮运与追溯

7.1 海南稻谷下游产业构建的必要性

7.1.1 海南稻谷下游产业构建的机遇

一方面中央高度重视粮食产业高质量发展，国家大力推进乡村振兴战略和农业供给侧结构性改革，为稻谷产业高质量发展创造了良好的契机和优越的政策环境；另一方面随着时代的进步，人们对产品品质要求逐渐提高，不同市场对产品的需求不同，稻谷产业链的构建将以客户需求为导向，推进技术进步，有利于产业整体提升。

7.1.2 海南大部分稻米加工还处于初级阶段

近年来，我国大力推进"一带一路"倡议，海南与沿线国家和地区投资合作和贸易往来稳步增长，东南亚地区的进口大米量明显上升，同时进口大米也面临着重大挑战：一是东北粳米产业发展很快，"五常大米""吉林大米"等一批大米公用品牌迅速打响，抢占海南等南方城市口粮市场份额；二是我国南方其他籼米主产区如湖北、湖南和安徽等加快优质稻米品种调整、品牌整合，基本形成了各具特色的品牌稻谷。而海南稻米加工大部分还处于初级阶段，资源的综合利用效率较低，稻谷有效利用率不足60%。加快海南调整大米产品结构，提高产品质量，增强技术创新能力和企业组合实力，推进稻谷加工

产业链的构建，引领产业链，形成产业领导力与产业优势是提高海南稻源品质的稳定性成为未来发展的一个方向。

7.2 海南稻谷加工业现状

对于稻米加工企业来说，真正创造价值给企业带来收益的环节就是稻米加工环节，稻米加工完整的过程应该是初加工、初步深加工和精深加工，目前来说初加工已经不具备竞争力，具体表现如下。

7.2.1 规模化、产业化程度较低

目前，海南省水稻产业的规模化、产业化程度较低，加工企业力量单薄、缺乏竞争力，优质稻谷精深加工能力不足，加工水平层次较低，致使产品附加值低。例如，定安县的富硒大米具有良好的市场前景和产业价值，但目前定安县的水稻种植都是单家独户种植，缺乏龙头企业参与富硒水稻的种植和加工，且现有的本地稻米加工企业较少、规模较小，无法保证富硒大米产品的包装推广、稳定供应和市场开拓，这严重制约了定安县富硒大米的产品开发和市场扩大。

7.2.2 稻谷加工企业生产力薄弱

稻谷产业发展至今已经实现大规模现代化生产，不仅生产效率大大提高，而且市场需求规模也在不断扩大。仅从相关企业数和稻谷加工产量来说属于稻谷加工大国，据相关研究数据，我国稻谷加工企业有 5 666 个，年产大米 9 463 万吨，但是我国稻谷加工企业于世界企业明显处于劣势，稻谷的加工品质未得到显著提高，大部分也仅仅维持在其基本属性的范畴，具体为：深加工程度不高、产品附加值不高和技术含量不高，除此之外差距最明显的是产品的总体质量和档次不够，数量多、产量小、规模小、利润低，经济效益较差。

目前海南少有大型加工企业，海南的深加工水平低于国内平均水平，更低于国际水平。相比大型企业，一些中小型稻谷加工企业无论是市场占有率、工业化产品产量，还是原料供应以及技术加工水平和运营管理水平等环节都处于劣势，造成了产品品种未能形成多元化、专用化、系列化、稻谷加工企业重复

建设、开工率较低、生产管理水平落后、企业发展前景较差。

7.2.3 稻米加工仍处在初级阶段

海南省加工行业现属于粗放型，大部分企业还停留在初步深加工生产线，且深加工比例仅为10%，部分企业已经涉及副产品加工生产线。稻米加工业整体上呈现精米质量参差不齐、副产物资源利用率低、过度追求精度和表面光亮、加工设备和提取分离技术低和污染浪费严重等深加工的问题。典型的表现就是稻壳、糠灰、碎米的低价出卖甚而是直接烧毁处理，这不仅污染了环境，而且造成了巨大的资源浪费，无形中增加了企业的生产成本。事实上，这些看似是企业负担的废弃物完全可以循环利用，用以提升企业的附加价值。研究表明，用稻谷加工出精米、淀粉糖、蛋白粉、米糠油及饲料、稻壳等产品，提升价值约71%，碎米是淀粉糖原料的有效补充，碎米可补充产出约1 000万吨淀粉糖，大米淀粉糖颗粒小、脂肪性口感好且不易过敏，适用面广，具有很广市场前景，而这些价值到目前为止都被忽视而造成了巨大的浪费，综合利用率太低。

7.2.4 产品销售渠道少，销售方式单一

农业产业升级转型中在稻米深加工产业链的末端还存在产品的销售问题，农产品的营销策略明显缺乏，主要就是销售渠道少，销售方式单一。海南省稻米加工产品以直销为主的营销渠道、以多层中间商销售为主的营销渠道两种典型形式（直销和间销），以及直接销售与间接销售相接相结合的销售渠道，直销即生产者→消费者的模式，较少地采取生产者→零售商→消费者、生产者→代理商或者批发商→零售商→消费者和生产者→代理商→批发商→零售商→消费者这三种间接的销售渠道，各稻米深加工企业缺少与之合作的经销商，并且企业之间缺乏良性竞争和合作，信息不流通，没有形成健全完善的商业产业圈。在销售方式上，也是以零售实体和网络销售为主，缺乏新型如"农家乐"模式、"农展会"模式、"电子商务"模式等多样化的销售方式，广告策略、公关策略、销售政策和市场进入策略都未采用或很少采用。

7.3　大米加工产品质量的关键因素

稻谷按照加工环节的先后主要可分为两部分，即稻谷的加工和大米的加工。其中，稻谷的加工按照加工的精细程度又可分为一般精米加工和稻米的深加工，其加工工序包括：①稻谷清理。本工序的主要目的是清除收获过程中混入的杂质，方法有风选、筛选和磁选。②垄谷及垄下物分离。本工序的目的主要是对稻谷进行脱壳，分离出纯净的糙米，供后续碾米环节进一步加工。③碾米及制成品整理。本工序主要是去除糙米皮层，制成白米。

大米的加工则是在白米的基础上进一步精深加工成大米制品，提高产品附加值。常见的产品包括米粉、米糕、米饼干、锅巴、黄酒和食醋等。

7.3.1　原料品质

生产大米的主要原料是水稻，水稻原料的质量是影响大米质量的根本，水稻的产地、品种、等级、水分和收获年份等是把关原料品质的主要指标。水稻的产地与品种决定着大米的食味值和营养成分，是重要的质量指标，因此也是首选的条件。大米所含水分、爆腰率、饱满度、出糙率、杂质含量等多方面的影响，水稻水分决定着大米的食味值，一般水分在15%~16%为宜，最低不小于14.5%，水分过低或过高在加工过程中容易产生碎米；水稻的等级也影响着大米的质量和出米率，等级低的水稻，杂质含量高，其出米率低，砻谷机在运行过程中很难掌握，很容易产生爆腰或碎米增多，并且在大米在碾白过程中碾削力很难调整，导致大米出现碎率高、碾白不均等现象，等级越高出米率越高，而且碎米也少，籽粒饱满，整体感观良好。若米质未熟，则抗压强度很差且糠粉较多，会严重影响到大米的外观。对于大米中存在的异色粒一般通过色选机来进行清除，但在原粮中异色粒超过2%，便很难保证大米产品加工的质量。因此，影响大米产品加工质量中原粮品质是首要的因素。

7.3.2　仓储管理

仓储的主要质量要求是防潮、防湿、防冻害、防高温、防虫，防止原粮自热变质和异物混入。若在仓储管理中，谷粒水分大和杂质较多，谷粒很容易发生霉变，须及时进行晾晒烘干工作和清理工作。加强入库稻谷管理是稻谷储藏得到质量保证的关键，对于稻谷水分安全标准应根据其地区、气候、品种等多方面确定，一方面是要保持大米的食味值，另一方面保证在仓储过程不出现问题。在仓储管理中杂质多，水稻保管有危险，反之杂质少，对生产车间加工有利，可以减少车间清理设备的负荷，大杂和尘土清理净为最好，杂质不超过0.5%为最佳。通常情况下，水分大、杂质较多的稻谷入库后应分类储存，及时晒干水分，清除杂质。因秋冬季节昼夜温差较大，仓内与仓外温差较大，可能会导致稻谷产生"水黄"的现象，所以，仓储管理对大米品质来说很重要。

7.3.3　加工设备与工艺

产品质量在生产过程中的控制也是一个重要的工作，只有生产工艺过程半成品的质量稳定，才能生产合格的终端产品，大米加工一般要经过清理、谷糙分离、碾米及成品包装这四道工序。清理设备由清理筛、磁选、除石机、除尘设备及风网等组成。去石机与磁选器是第一道工序，去石机主要功能是清理水稻里的并肩石和并肩泥块，比重大的异物如玻璃等，磁选与去石机的工作效果直接影响下道设备的工作质量。去石去磁效果差，容易损坏下道工序的设备，比如去石机风网管道被封住，直接影响去石效果。谷糙分离机的功能，主要是把砻谷机生产出来的糙米中所含的未脱壳的水稻分离出来后返回砻谷机进行二次脱壳，其受到砻谷机流量及稻谷流量大小在辊长度上均匀程度的影响，该设备的主要技术指标是糙米含稻粒的多少。为确保碎米率低，控制好砂辊碾米机是很重要的，碾米设备由两部分组成，一是碾米机，二是抛光机。碾米过程最重要的是控制米机的压力，过大、过小都不行，压力过大，碎米率升高，影响出米率，同时压力过大使米机内的温度过高，影响了大米的食味值，要根据糙米的不同调整适当的压力，大米精度及光亮度也要适度，适度抛光以保护大米的表层，在大米经过抛光和白米分级之后，对大米异色粒进行色选是提高大米质量的关键。最后是成品包装的质量控制：首先是标签包装袋如外包标识、标签、包装容器、外包设计等要符合国家标准，其次是包装过程质量控制，如计量准确、分装是晾干后入封口袋、房网不同地区的大米应控制相应水分、出厂前多次抽检和反复检查批次编号标注等。所以说，大米加工产品质量将会受到加工设备与工艺的影响。

7.3.4　加工前准备

（1）库存原粮分析为使大米加工产品质量得到保证，水稻质量的好坏直接影响大米的质量，做好加工前的原粮分析，分析稻谷的加工特性及食用品质及加工特性，如谷糙率、品种、水分、杂质、等级、未熟率、糙米白度、新鲜度和收获年份等多项指标至关重要，对于加工后大米质量是否能达标要做科学的判断，以此为大米加工时选择工艺及设备参数提供充分的依据。

（2）加工前设备的清理与调整为确保大米加工质量达到一定要求，为确保加工产品质量达到要求，应根据加工原粮的实际情况，在进行加工前对加工设备进行调整和清理，若存在破损现象需进行及时更换和维修，并检查设备的进、出口有没被堵塞的现象，设备转动的皮带、轴承是否牢固、润滑。同时，还要准备好检查产品加工中一些必需的物料及备品，做好谷糙分离、碾米、抛光等设备的检查及参数，确定操作方法。

7.3.5　产品加工过程中的监管及成品检验

控制点监管稻谷在加工过程中的有效管理是保证大米高品质关键所在。一是根据稻谷含杂质情况，做好稻谷清理与分级，进行多次筛选、去石，以确保净谷品质，在清理之后，并按谷粒大小进行分级；二是糙米调质及回砻谷加工，大量减少糙碎米，控制点中爆腰粒是最主要的任务，运行一台砻谷机对回砻谷进行单独加工是最适当的方法，若糙米水分偏低，为降低碾白压力，可以采用糙米雾化以提高出米率；三是进行多道碾米，多道碾米可有效减少碎米，可在很大程度上减少大米色白不均匀现象，也能提高出米率；四是大米抛光，为生产优质大米对大米进行抛光是必不可少的程序，对大米保鲜也有一定作用；五是设计碾白与抛光道数，这就必须根据对大米所要求的等级、特性及质量来设定。生产优质大米正常情况下应设计 3 道碾白过程，1 道抛光过程；六是大米色选，为保证大米质量，必须除去米粒中存在的异色粒。

7.3.6　成品储存

储存也是保障大米质量也是关键的因素，大米储存应根据实际情况来制定储存方案，确保大米储存在防雨、防潮、干燥、清洁、防虫、整洁无污染的仓库内。同时，也要根据大米水分进行分开储存，防止大米因水分不均或入库温差而造成的质量问题。总之，保障大米加工产品质量是一项复杂、环环相扣的过程，大米加工企业需提高认识，高度重视，对大米加工过程进行多方面考虑，对各工序中产生的质量安全问题采取有力的解决措施，此外，推进"产学研用"深度融合，实施"科技兴粮工程"，搭建粮食产业协同创新网络平台，并在实践中做到改进和创新，使大米产品加工质量得到保障。

7.4   海南水稻下产业链的构成

7.4.1   稻谷储运

粮食储运是指为确保粮食商品的正常供应和保证粮食安全所进行的一定的商品粮储存和储备。随着大物流和大市场概念的逐渐形成，粮食流通业被作为一个独立的产业分离出来。粮食储运包括储藏和流通等环节。其中粮食储藏主要是满足"高质量、高营养"和"低损耗、低污染、低成本"的目标，并保持不同地域不同时间段对粮食供应的需求。稻谷加工厂和稻谷产地在不同区域，使得稻谷的采购和运输成为稻谷产业链中的主要问题。

长期以来，为了保证水稻种子具有较强的生活力和保持稻米原有的食味品质，人们基本上都是采用降低温度、湿度和使用化学药剂等手段来延长稻谷的贮藏时间和提高种子发芽率，但这种方法的成本高且化学药剂易污染稻米，水稻耐储性是由仓储害虫、微生物浸染、种子含水量、环境温度和湿度、加工处理过程等外部因素与籼粳粒型、脂肪酸和淀粉的构成、谷壳及米糠抗氧化物等品种内在因素综合作用的结果。

7.4.2   稻谷加工

稻谷的利用主要是砻谷脱壳后生产糙米，或者进一步精深加工产生精制大米。大米是稻谷加工生产的主要产品，也是后续米制品生产的前提，因此稻谷加工和生产是稻谷加工产业链中承前启后的阶段。它不仅对上游的稻谷种植业具有指导意义，而且是下游米制品产业和精深加工提供稳定质量和品质的保证。虽然稻谷加工利润较低，但是可以预见随着技术革新和产品深化的逐步开展，大米加工将会在稻谷加工产业链中占据着其不可忽略的位置。

稻谷经过清理、砻谷、碾米和后处理过程，矿物质和维生素的流失不可避免。我国大米的加工主要注重色泽、口感等外在品质，适口性良好的大米需求也越来越大。对稻米进行加工开发利用，提高稻米资源加工转化率和生物利用程度：一是在食用稻米上，研究改进稻谷干燥、分级加工、着水调质、大米精碾、大米抛光与色选及包装等工艺水平，研究贮藏条件对品质的影响，完善贮藏设施，消除贮藏、加工、运输和销售中的次级污染，加强质量检测，为创造名牌打好基础；二是推广大米配米、调质技术，开发精米加工新产品，发展免淘米、营养强化米的产业

7.4.3 大米精深加工产品生产

稻谷全身皆是宝。稻谷通过科学合理的综合利用，除可提供人们主食大米之外，还可转化为营养丰富、生理功能卓越的健康食品原料，为现代文明病的预防和治疗提供新资源，也可转化为优质廉价的医药、化工等工业原料。目前世界上开展的稻米深度开发与利用研究主要集中在以下一些方面。

（1）传统米制品

包括米酒、米饼、米粉、米糕、速煮米、方便米饭、冷冻米饭、调味品等。日本人喜喝米酒，在日本大约有5%的大米被加工成米酒。冷冻餐盒也是日本近年来开发出的产品。类似的产品国内也有不少品种，但似乎未能形成一定的市场规模。

（2）大米淀粉和大米蛋白

大米的两大主要成分为淀粉和蛋白质，其含量分别约为80%和8%。碎米、陈籼米、早籼米等不宜食用的大米原料是提取大米淀粉和蛋白质的理想原料。

（3）米制糖浆

美国天然制品公司以精白米、糙米或有机米为原料，用酶水解方法制成了米制糖浆系列产品。其中各种糖浆制品的糖化值（DE 值）在 26～70 中变化，从而形成了不同等级和性能的产品。广泛应用于可应用于挤压加工食品、冷冻甜食的制作，大豆饮料、糕点类、早餐谷物和焙烤类制品、沙司、调味料和大豆制品等产品中。

（4）发芽糙米与米胚芽开发

日本研究开发成功世界首创发芽糙米，并已在市场销售。糙米发芽使人体

原不能消化的糙米营养成分也能被有效消化吸收，特别是含有 γ-氨基丁酸的发芽糙米具有改善脑血流通、调整血压、镇静神经、减少中性脂肪等作用。米胚芽包括具有抑制脂肪酶作用的米胚芽提取物、具有降血压功能的 γ-氨基丁酸富集米胚芽和乳酸发酵米胚芽制品等。能抑制脂肪酶活性的米胚芽水溶性提取物是日本的一项发明专利，其抑酶活性成分经证实是米胚芽中的水溶性蛋白质。日本稻谷油化公司于 1996 年开发了富含 γ-氨基丁酸的米胚芽（400 mg/100 g）。利用米胚芽生产口感良好的乳酸菌发酵饮料也是日本的一项发明专利，该食品利用了米胚芽丰富的营养成分和乳酸菌的营养功能，产品不仅口感好，还能够改善身体机能、延年益寿、营养皮肤、增进健康及医治某些疾病。

（5）米糠和米胚的深加工利用

米糠是稻谷加工中的副产品，全国每年拥有 1 000 万吨以上的丰富资源，米糠油是深受人们喜爱的保健食用油；以米糠为原料开发的稻米营养素有降血脂、降胆固醇、降血糖等生理功能；开发的稻米营养纤维有降血脂、降胆固醇、减肥等功能。日本学者研究证明，米糠和米胚是一种清除体内"二恶英"的有效物质。国外最新研究进展证明，米糠和米胚集含有丰富和优质的蛋白质、脂肪、多糖、维生素、矿物质等营养素和生育酚、生育三烯酚、γ-谷维醇、α-硫辛酸等生理功能卓越的活性物质。米糠和米胚不含胆固醇，其蛋白质的氨基酸种类齐全，营养品质可与鸡蛋蛋白媲美，而且米糠和米胚所含脂肪主要为不饱和脂肪酸，必需脂肪酸含量达 47%，还含有 70 多种抗氧化剂。米糠和米胚在国内外被誉为"天赐营养源"的美称。联合国工业发展组织（UNIDO）把米糠和米胚称之为一种未充分利用的资源。国外研究证明，米糠作为健康食品的原料加以深度开发利用，可增值 60 倍左右。美国是目前世界上研究开发米糠资源最发达的国家之一，美国利普曼公司、美国稻谷创新公司在米糠稳定化技术、米糠营养素、米糠营养纤维、米糠蛋白、米糠多糖方面的提取、分离、纯化等技术在世界上处于领先水平。以全脂米糠或脱脂米糠为原料生产的各种米糠健康食品，如可溶性米糠营养素、米糠纤维、米糠蛋白、米糠多糖等产品具有明确功能因子和确切保健作用，以它们为原料生产的降血脂、降血糖及具有明显免疫功能的健康食品已经上市，深受消费者的青睐。我国米糠和米胚资源的开发和利用可以说尚属于处女地的状态。

7.4.4 稻壳的加工利用

稻壳的深度开发应用领域相当广泛。它的初级产品不仅可作为食用菌的培养基料、用作能源发电、生产纤维板和糠醛等，而且深加工后还可生产出利于环保和健康的快餐盒、美容化妆品等诸多食品、化工用品。

稻壳含有丰富的木质素、戊聚糖和二氧化硅等成分，是制备白炭黑、活性炭和高模数硅酸钾的良好原料。以稻壳为原料生产的活性炭，不仅成本低，而且含杂质少，特别适用于食品工业。稻壳中的硅在一定条件下煅烧，可以形成多孔性的无定型二氧化硅微粒，具有很大的吸收表面和活性，可作为多种载体或高级复合材料的原料。如高模数硅酸钾，可用于电视荧光屏粉、高温涂料粘合剂、洗涤剂、还原染料、防火剂、高级陶瓷涂料的生产。此外，由于稻壳中不含使单晶硅中毒的元素如砷、氟等，稻壳可能是制造太阳能电池的最佳原材料。此外，稻壳中还含有多种维生素、酶及膳食纤维，对促进皮肤的新陈代谢有重要作用。日本一些企业利用稻壳制造出的香波、香皂、化妆水及化妆品，也受到了女性消费者的欢迎。稻壳中还有许多未知的成分，它的开发尚有很大的潜力，其利用前景十分广阔。

7.4.5 包装

做好产品包装的控制，是为了确保大米包装要符合国家相关的安全卫生标准，要能体现出包标识别的准确性，控制好包装上对产品的规格、型号、生产日期、计量等其他说明。目前，市场上销售的大米一般用 5 kg 或 10 kg 的编织袋、塑料袋进行包装。

在标签标识、包装袋上注意：①标签标识应符合 GB 7718-2011 的规定。②外包装标识应符合 GB/T 191-2008 的规定。③包装容器和材料应符合 GB/T 17109-2008 等国家有关规定和要求。④外包装设计图案清新明亮，有时代感，具备广告效应。⑤包装材料符合安全卫生标准；在包装过程注意控制：①计量准确，并根据包装规格大小适当加量，留有水分挥发量。②塑料袋小包装时，大米应晾凉后入袋封口。③箱米应与集装箱相配，发往不同地区应相应控制大米水分。④出厂前应按出厂标准多次抽检，批次编号标注清楚，以便质量追踪。

7.4.6 追溯

追溯就是消费者只需在终端机上扫描一下大米的条码，即可查询大米的品种、产地、农药施用量，大米加工、大米的包装、运输等从田地到餐桌的所有信息。贴上条码就相当于给大米配上了"身份证"，可以使大米的"来龙去脉"一清二楚，让消费者放心消费。追溯包括了追踪和追溯两大块，追踪是从供应链的上游至下游，跟踪一个特定单元或一批产品运行路径的能力，追溯是从供应链的下游至上游识别一个特定单元或一批产品来源的能力。

大米农产品追溯主要包括生产记录、产品标识、信息系统和责任追究四大要点，生产记录是追溯系统中的基础信息，全程追溯必须覆盖农产品生产、加工、流通、消费等全过程，每个环节都必须高度重视追溯系统的数据采集，产品标识是全过程信息的重要载体。建立认证产品及产地环境、投入品使用等数据库，创建农产品生产档案、产品标识卷标信息等质量安全信息录入与查询系统，形成互联互通、产销一体化的农产品质量安全追溯信息平台，这样消费者可以直接通过追溯信息平台查询大米的所有信息。同时追溯的建立有助于政府建立产地农户、生产企业、流通企业的质量安全信用警示系统，适时公布有关生产者、流通者的诚信状况，并实行失信惩罚机制。

总体来说，通过提高大米的追溯能力，不仅可以快速实现信息流和实物流快速准确地无缝链接，而且有助于企业能及时找到问题的根源和关键控制点，提升企业的管理和业务水平，并且有追溯系统的大米产品，更加容易获得消费者的信任，打响品牌。从农田到餐桌的全程追溯，是新时代农产品质量追溯的总体要求，也是食品安全民生保障的基础工程，因此海南大米企业可以逐步开展追溯工作提升大米品质和品牌质量。

7.5 加快发展海南大米下游产业链的对策

"十四五"时期，是乘势而上开启全面建设社会主义现代化国家新征程、向第二个百年目标进军的第一个五年。要实现民族复兴，乡村振兴、解决"三农"问题，保障国家粮食安全，始终是我们党和政府的中心工作。

7.5.1 产业融合，创新模式

稻米服务业作为现代农业的重要内容，不仅在推动现代稻米产业发展中担当着重要的角色，而且是建设现代农业的一个重要切入点。积极寻找稻米产业与第三产业的融合，谋求以服务业带动稻米产业，加快实施"五优联动"，推进优粮优产、优粮优储、优粮优购、优粮优加、优粮优销；整合搭建稻谷产业品牌体系，形成大品牌带小品牌、小品牌促大品牌的良性发展格局；用信息技术提升传统稻米产业，促进稻米产业升级换代；深入挖掘稻谷产品价值，引导组建产业联盟，创新开发衍生产品。

7.5.2 建立机制，培养人才

发展离不开人才，建立开放流动和竞争的机制，加强国际、国内的技术交流与合作，凝聚粮食深加工方面的工程技术创新和管理人才；实施"人才兴粮工程"，搭建粮食技术技能人才创新创业平台，培育一批粮食深加工领域的学术带头人，培养和造就一支熟悉业务、懂技术的研发、转化、推广专业队伍。整合产业创新资源，通过技术集成、创新，形成具有我国特色的粮食深加工工程技术体系；通过引进、消化国外最新研究成果和技术，强化粮食深加工产业供给技术保障。

7.5.3 构建平台，发展龙头企业

产业化是确保水稻产业持续健康发展的有效保障，而龙头企业在水稻产业化经营中居于中枢和领导地位，具有引导生产、开拓市场、加工转化、销售服务的作用，其生产能力、组织能力的高低，直接决定水稻产业化经营水平。完善管理体制和运行机制，促进成果转化和产业化，提高粮食深加工能力，能显著提高粮食生产效益，有力地促进粮食种植业、加工业的持续健康发展。同时，培育壮大骨干企业，鼓励和支持龙头企业抓住长江经济带建设、"一带一路"建设等发展机遇，建立新工艺新技术研发、转化、产业化示范平台，拓展企业发展空间，全面提升加工产品的品质和竞争力，延伸水稻产业链，增加产品附加值。此外，鼓励企业与农民发展订单农业，不断完善"公司+基地+农户"的水稻产业化经营模式，推动产业集聚集群发展，打造稻谷全产业链标准体系，促进水稻生产规模化经营，提高水稻生产经济效益，确保水稻产业稳定发展。

7.6 海南稻谷加工产业未来展望

7.6.1 培养长期优势品牌效应

借助海南绿色生态的独特优势，实现差异化的品牌发展。海南稻谷加工业应该打破地域限制，实现技术、人才的无缝对接，以培育优良品牌。一方面稻谷加工企业更加注重稻谷加工的创新化、有机化，寻找出一条用精品包装的品牌化发展路线，另一方面海南稻谷加工业应重视副产品的二次利用，以提高自身产业的集中度，拓宽自身产业的空间，并利用品牌战略，扩张自己的规模，以树立自身的特色品牌，吸引广大的消费者和赞助商。

7.6.2 坚持集约化的发展路径

目前，为增强企业实力，降低生产成本和赢得市场竞争优势，稻谷加工业集约化的发展是稻谷加工企业发展的方向。这就要求我国稻谷加工企业摒弃粗犷式的加工模式，采取科学化集约化的管理模式，合理利用我国的稻谷资源。我国要完善大型加工企业与中小企业之间的发展体系，在产业政策、金融政策和财税政策等引导下，根据地域特色进行整合重组，以规模型的发展方式带动不同规模的企业共同发展；引导扶持龙头企业发展，建立全产业链经营模式；积极推进稻谷加工产业聚集，产品结构互补的企业以产业集群方式集聚，形成上下游紧密相连的产品链企业集群和打造稻谷加工产业工业园区，推动稻谷加工业的产业化、集约化发展。

7.6.3 提高自主创新能力和技术水平

自主创新能力和技术水平，是稻谷企业做大做强的关键因素。这就要求我国稻谷加工企业：一方面要引进先进的技术和优秀的人才，以提升整体的经营水平；另一方面要不断地对技术进行革新，对技术人员进行培养，使其适应快速发展的大环境。此外，稻谷加工业还要加强与产业链相关企业的协作，找准市场定位，尊重市场发展规律，塑造现代化加工企业，具有差异化市场竞争力。通过提高自主创新和技术水平，建立符合中国社会主义特色的稻谷加工企业，这不但是市场的需求，也是中国经济发展的必然趋势。

7.6.4 产品安全化、营养化、方便化

安全、营养、方便已成为粮食食品的发展方向和主流，工业化主食的生产已是食品工业中重要的分支。随着我国各地逐步进入小康社会，人民对生活质量的要求将日益提高，使得食品（包括主食品）的安全和营养成为影响国计民生的、与保证粮食供应同等重要的根本问题。我国既要满足14多亿人口温饱的需求，同时还需要解决全社会的营养、保健和医疗问题。目前，我国稻谷加工产品品种很少，为适应社会的发展，稻谷加工产品应由目前的同质化向多样化（家用、餐厅用和食品企业用等）、专用化（生产各种米制食品的专用米）、功能化（低血糖指数米饭等功能性米制食品）、营养化（营养素含量显著高于普通大米的富营养产品）等方向发展。重点发展营养米制主食品及其工业化生产用原料，同时改良餐厅用米和家庭用米。

7.6.5 设备信息化、智能化、机电一体化

"工欲善其事，必先利其器"。砻谷机、碾米机、色选机等关键设备的信息化，有利于优化设备的运行，实时掌握生产动态。发展远程诊断、远程调试和远程控制，可以保持生产稳定并提高生产效率。设备的智能化，将使生产过程中资源、能源得到最大化的利用。这些都是稻谷加工业发展的关键。稻谷加工机械无论是初加工涉及的砻谷机、碾米机、色选机，还是米饭、米粉（米线）工业化生产装备，都应向机电一体化、智能化和信息化方向发展。

回眸过去，展望未来。笔者认为：要紧密结合海南省稻谷加工业面临的形势，借海南省自由贸易区贸易港建设新局面乘势而上，以市场发展规律为导向，以提高人民身体健康、丰富稻谷加工产品、提高稻谷资源利用率为宗旨，发展我国稻谷加工业。

8 海南优质大米品牌的构建

8.1 海南优质品牌大米构建的必要性

8.1.1 发展优质稻米生产是海南水稻生产客观实际所决定

稻米品质是大米品牌建设的核心和物质基础，水稻生产基地有良好土壤、大气和水分等生态条件是保障。海南虽然具有独特的热带气候资源，和全国其他省份相比，水稻不具有优势竞争地位，再加上宜稻田面积总量少，产量低，海南在国家水稻产区布局上只占有极轻的比重，不具有维持粮食安全的战略功能（南繁功能除外）。所以说，海南不能靠增加水稻种植面积来增加稻谷产量以维系水稻种植业的生存和发展。此外，长期以来，海南省内水稻育种单位的育种策略和农民的栽种习惯，都把产量放在首要位置，对品质要求较低，生产的稻谷整体米质较差。因此，如何改善和提高稻米品质是海南水稻生产面临的重要问题。

8.1.2 发展优质稻米生产是海南水稻自身发展的必然要求

海南稻米比较优势不足和地域品牌特质性不强，而国际市场米价又强劲下跌，所以稻米的国际市场供给状况宽松，稻米生产带来严重的挑战。此外，高产一直是我国水稻育种和栽培的主要方向。目前，我国稻谷产量基本上可以满足人们需要，随着生活水平的提高，人们对稻米品质提出了更高要求。所以，水稻生产已经由过去单纯追求产量转变为产量和品质并重，而且和产量相比，似乎更侧重于稻米品质和多样化供给。

8.1.3　发展优质稻米生产是市场需求所决定

海南水稻生产方式仍为传统的一家一户生产模式，种植大户、龙头企业、农民合作社、大米加工企业所占比重很小。海南又是一个旅游大省，来海南旅游的人数逐年增多，大多数都是较高端的消费者，对稻米品质要求较高。如果加上本岛常住高端消费人群，保守估计，优质稻米在全省市场需求量可达到45 000 000 kg。随着国际旅游岛建设的推进，来海南旅游的人数将不断攀升，本岛高端消费人群也将不断壮大，优质稻米需求量必将越来越大。而目前，海南优质大米基本上全从岛外进来，这对于生态环境一流、又具有较好水稻生产条件的海南是一种遗憾。旅游业是海南发展的既定战略，如果海南能拥有自己的优质米品牌，必将成为海南旅游业一张新的名片。

8.1.4　发展优质稻米生产是农民利益的诉求

海南稻谷价格低，种植成本逐年提高，净利润波动较大，农民种粮积极性不高，不愿投入。目前市场上普通稻米的价格一般是3.6~4.4 元/kg，而优质大米市场价格一般在8.0~40.0 元/kg，是普通大米的2~10 倍，甚至更高，经济效益远远高于一般水稻。

8.2　海南稻作文化对大米品牌的作用

海南有和泰国相似的生产优质稻米的气候环境，但海南大米品牌却远没有泰国大米的知名度高，大米加工尚处于一种初级加工或者粗放加工的水平，增值效益低，借鉴泰国大米种植以及农业品牌建设的经验基础上融合海南特有的稻作文化元素，延伸海南水稻产业链，对我国农业品牌的建设发展和全面提升海南大米竞争力具有重要意义。

8.2.1　海南山兰米文化

山兰稻的种植是海南岛黎族人的农耕智慧的结晶。山兰米营养丰富，含有丰富的矿物质和微量元素。山兰米酒风格独特，口味香醇，有的米酒度数不高，口感香甜，妇女儿童也可以享用。山兰稻在海南大米品种中一枝独秀，也是最有文化底蕴和知名度最高的一个品种。山兰稻的种植培育方法是黎族人民在长期生产实践的结晶，也是海南弥足珍贵的农业文化遗产。

8.2.2　南繁文化

几十年来，"南繁"为国家农业发展做出了巨大贡献，是中国农业飞速发展的一个重要因素，被称为中国种业"绿色硅谷""种子硅谷"。"崇尚科学、求实创新、不畏艰辛、无私奉献"是中国南繁人秉持的南繁精神，鼓励着一代又一代的南繁工作者将南繁事业发扬光大。南繁育种给海南带来了品种、技术、资金、人才和先进的管理、前沿的信息、开放的理念，拉动了地方消费需求。南繁文化传承了中国5 000多年农耕文化，南繁文化中的稻作文化是其重要的一支，"杂交水稻之父"袁隆平院士高度评价三亚南繁基地为"中国农业科学城"。正是在三亚崖县发现了不育系"野败"，成功育制了高产杂交水稻，为中国的粮食增产做出了巨大贡献。目前，由三亚市南繁科学技术研究院牵头的南繁稻米科技成果转化项目也取得了一些成果，主要以"农家妹"的品牌进行推广。

8.2.3　海南地理标文化

海南有着丰富多彩的地理标文化，如沙滩阳光、海风椰韵，而海南的农业地理标文化，更具有着独特的热带风情，让人印象深刻。以海南定安县为例，它位于中部区域，土壤肥沃，自然资源丰富。定安县出产的农作物含有微量元素硒元素，能够提高人体的免疫能力。这是由于定安南部地区有很多火山岩，火山岩石中含有丰富的硒元素，种出的农作物也有其独特营养含量。享誉盛名的定安富硒大米就是通过得天独厚的农作环境而来。充分利用海南特有的大自然优势和地理标志，生产富硒大米即是定安的一张美丽的名片，也是提高水稻附加值，更有利于增加农民收入的重要手段。

海南的稻作文化多元化，包含了价值观、风俗习惯、农业生产习惯、语言、审美等。海南人民通过独特的生产生活方式创造了独具一格的稻作文化。海南的大米品牌需要注入稻作文化，塑造品牌文化内涵，才会有品牌建设的方向。有文化内涵的大米品牌不仅能满足消费者内心的需求，还能增加大米的附加值。尤其是具有民族性的山兰稻文化、体现育种文化的南繁文化和大自然赋予的富硒文化，更能打动消费者。稻作文化对大米品牌的影响和作用具体表现在：①增加消费者的认同感。通过文化在包装上的表现，搭建产品与消费者的"桥梁"，促成和增加消费者的认同感。②增强文化内涵。稻作文化内涵帮助消费者建立对大米品牌的忠诚度。③提升品牌品位。文化的需求意在品位的改进，而品牌的档次和水准等内在因素通过文化内涵来进行提升。④引发消费者共鸣。通过消费者对文化的熟悉感，可以巧妙地引发消费者情绪，对品牌产品产生快速的回复和相应。⑤减少营销投入。文化作为一种软实力，成功地应用于产品的营销领域，可以减少企业在营销和推广方面的投入。⑥易于接受。文化是舒适、轻松、令人愉悦的存在，品牌农产品具有文化属性是被消费者接受的第一步。

我国稻作文化影响大米品牌的最佳案例是五常大米。五常大米品牌是我国最优秀的大米品牌，最大的特色就是结合了朝鲜族文化。朝鲜族农民可以称为东北水稻种植的先驱，为中国北方的水稻农业种植做出了贡献。朝鲜族是典型的农耕民族，3 000多年前就开始了农耕和水稻种植。由于有着悠久历史传承和影响，稻作文化已经渗入了朝鲜族文化中。东北五常大米在国内外市场上有口皆碑，离不开稻作文化的影响和作用，朝鲜族稻作文化在大米品牌的包装、创意和营销等方面都有体现。

8.3　海南品牌大米的构建对策

海南具备与泰国一样生产优质香米的热带自然条件，还具有丰富硒资源，但像湖南金健米业这样的大米龙头企业海南没有一家，就连深受海南百姓喜爱的琼海"大陆米"仍然是大编织袋包装，其他优质稻米生产企业规模都很小。随着国际旅游岛建设不断发展，国内外游客数量不断上升，对海南大米要求会更高、更多元化。海南要大力发展优质品牌水稻生产水平和提高水稻产业化，才能满足海南人民和国内外游客对海南稻米品质日益提高的要求，使其成为海南国际旅游岛发展新的增长点。

8.3.1　调整水稻品种结构

20世纪80年代以前，海南种植的水稻品种主要是地方常规稻，代表品种有特青旱、矮脚南特等，主要特征是：适应性好，但是株型松散，剑叶宽而披。20 世纪 80 年代后期至 90 年代，三系杂交水稻得到迅猛发展，甚至占到海南水稻种植面积的 80%，代表品种有"广优 4 号""汕优 63"等。这个时期水稻生产的主要特征是：水稻产量明显提高，但提供生产用的品种数量很有限，米质较差的问题日趋凸显，21 世纪以来，海南水稻生产进入以三系杂交水稻为主、两系杂交水稻为辅的新阶段。这个阶段水稻生产的主要特征是：供给生产用的品种数量增多，产量高，稻米品质得到明显提高，特别是两系杂交水稻的应用与推广，甚至出现了一些达到国标《优质稻谷》，1、2 级标准的水稻品种，如杂交水稻"培杂 629""博优 729"和"常规稻""海秀占 9 号"等。这个时期的代表品种是"Ⅱ优 128""博优 225""特优 524""两优 389""Y 两优 1 号""准两优 527"等，这些水稻品种很好地解决了多年来水稻高产不优质的问题。

从海南水稻生产发展趋势来看，今后人们对稻米品质的要求会越来越高，创建优质大米品牌的关键以市场为导向，依靠科技力量，提高稻谷品质，发展绿色、有机、品牌农业，通过种植差异化、高附加值的水稻品种，增强市场竞争力。

8.3.2　转变水稻育种观念

把过去以产量为主的育种目标转变为产量和品质并重。海南本地稻米很难进入当地的高档酒店，其中最重要的原因就是稻米品质差。长此以往，在土地资源本来就比较紧张的海南，农民种植水稻积极性将越来越低。因此，海南水稻种植要走精品道路，努力提高稻米品质和商品价值，要让农民增产的同时还要增加收入。大力发展香米和富硒米，适度发展黑米、红米和糯米等其他特种稻米。香米由于有独特的味觉和嗅觉品质，深受消费者喜爱；富硒米由于具有独特的保健功能，正逐渐成为优质米的新贵，其商品价值要远远高于普通大米，甚至高于一般优质大米；黑米、红米和糯米，由于其特殊的品质，市场前景较广。

8.3.3　充分发挥海南稻作文化优势

品牌大米的生产是人民日益增长的美好生活需要，属自然发展的结果，同时品牌大米也是文化作用的结果，海南丰富的稻作文化对大米品牌的建设具有深远的影响，在大米的品牌建设中应注重文化传播、自然条件、生产技术、市场营销和产品品质等方面融合海南特有的稻作文化。在文化传播上，积极学习西方先进国家文化发展的成功经验，通过文化的认识影响社会的运转，对于海南品牌大米的建设来说，一方面可通过政府带头进行地理标志认证，另一方面要加强产品的宣传，通过稻作文化的传播使得带品牌获得更广泛的影响；在自然条件上，自然环境是稻米生长的外在条件，也离不开人的影响和活动，稻米本身也是通过人们对自然作物的选择和改造而来的。无论是育种还是种植都包含了人类的智慧与活动，这些劳动经验通过自然和历史的积累形成了稻作文化，传承至今；在生产技术上，生产技术的发展对于农作物产量至关重要，是实现效率和成果的重要手段。在农耕劳动人民经验积累中，生产技术也随着科技的发展而进步，粮食生产的产量越来越高，稻米的育种和种植技术也越来越好。然而万变不离其宗，生产技术的进步一定要结合历史稻作文化的思想和经验；在市场营销层面，消费者的偏好与价值本身就属于文化构成成分，以消费者为中心的营销理念说明了文化因素的重要性。大米品牌建设要把消费者关心的问题放在首位，才能做好市场销售和推广。在大米产品的开发、价格定制、广告策划等环节，都要注意稻作文化的重要影响和作用；在产品质量上，产品质量的状况和产品文化理念有着必然的关系。在产品经营中要重视产品的质量，大米品牌建设中要对大米的生产质量把好关。只有产品的质量有保证，才能确保产品的销售量。

建设自由贸易区贸易港是海南发展的战略定位，也是海南热带现代农业发展的良机，它虽然给海南水稻种植业提出了新的挑战，但同时也给水稻产业结构调整提供了机会，抓住机遇。它一为挖掘文化优势。山兰米文化、南繁文化、海南地理标志文化都是海南的文化优势，都应该得到进一步的挖掘和保护。文化是品牌的灵魂，通过挖掘稻作文化来促进大米品牌的建设是提升大米品牌内涵的有效捷径。二为因地制宜。海南是南繁文化的发源地，可以充分利用南繁文化来打造大米品牌。位于三亚海棠湾的国家水稻公园是南繁稻作文化的景观体现，水稻公园建成以来受到了社会各界的关注，为我国农业景观文化添加了精彩的一笔。海南还有着许多优秀的地理标志产品文化，大米品牌的打造更应该结合海南本地的产业特色及产业发展需求。三为政府支持。在我国农产品品牌建设中，政府起着牵头和支持的重要作用。海南农业品牌的建设更离不开政府的管理和支持，政府应履行品牌建设导向和社会监督职能。在海南农产品品牌的公信力建设方面，政府应更加重视，通过公信力的提升促进海南农产品品牌的快速发展和成功。四为走精品化路线。海南虽然自然环境适合稻米种植，育种快速和生长快速，但是土地资源面积少，所以海南大米品牌适合走精品化路线。海南稻米种植要珍惜土地资源，选育优质稻米，可以借鉴泰国大米的成功经验，制定更高的大米品质鉴定标准，好品牌源于好品质，对大米生产质量严格要求和把关，打造顶级的精品大米品牌。

8.3.4 健全产品质量体系和标准化的质量管理

产品质量是品牌的生命，严格的产品质量体系可以规范行业秩序，从根本上保证海水稻大米的品质，提高企业生产质量和生产效率，促进产业健康发展，而标准化的质量管理则是保证企业生产效率的前提。完善的产品质量体系和标准化的质量管理对于建设海水稻大米绿色品牌具有重要的经济意义和极大的促进作用，是建设过程中必不可少的环节。

9 海南水稻产业经济研究

海南省位于东经 108°37′ 至 111°03′，北纬 18°10′ 至 20°10′，年平均气温为 24 ℃ 左右，降雨量为 2 400 mm 左右，属热带季风气候。湿热的气候条件为海南省的农业发展提供了得天独厚的条件：植期长一年四季都能进行农业生产；适宜多种作物的生长，种植业结构多样化。并且由于海南省特殊的气候资源，许多农业科研机构在此聚集。海南省农业科研力量除了常规的海南省农业科学院、政府农技推广部门和地方高校之外，还包括中国热带农业科学院、海南农垦农业科学研究所、三亚南繁科学院，以及各大省外农业类高校的科研基地。

自然和社会环境的双重优势，使得海南省的农业较为发达。2019 年海南省第一产业占社会总产值的比重为 20.3%，高于全国平均水平 8 个百分点。在第一产业的产业结构中，2019 年海南省农林渔牧的比重分别为 49%、6%、18% 和 17%。可见种植业在海南省第一产业构成中占据绝对的比重。而作为种植业中的优势产业水稻又是海南省种植业发展的重中之重。本书对海南省的水稻产业发展情况开展具体分析、研究，以期为"十四五"期间海南省水稻产业进一步发展提供参考。

9.1 海南水稻产业发展的基本概况

9.1.1 水稻品种推广与研发情况

美国著名经济学家舒尔茨认为：农业并不一定是一个弱势产业，农业之所以发展缓慢是因为现代生产要素的投入缺乏。这意味着如果现代生产要素能够源源不断地涌入农业领域，农业可以达到和制造业、服务业一样的生产效率。从世界经验来看，发达国家在 1965—1995 年 30 年间农业劳动生产率水平就要高于制造业劳动生产率水平，其中法国的差距最大，高出 1.7 个百分点；相反发展中国家在此期间农业劳动生产率水平就要明显低于发达国家，这主要是因为发达国家向农业生产领域投入了大量的现代生产要素，尤其是现代育种技术的发展和新品种的推广。20 世纪 60 年代以来在南亚次大陆、菲律宾、墨西哥等地掀起的农业绿色革命也是由于新品种在这些地方的推广，日本农业生产率发展远高于东南亚诸国同样是日本具有发达的种业推广体系。

海南省由于温湿条件合宜，拥有较为丰富的水稻种子资源，中国现有的三种野生稻即普通野生稻、药用野生稻和疣粒野生稻在海南省均有分布。但是海南省的现代育种技术起步较晚，2000 年之前海南省水稻品种主要从外省引进，而农业生产的地域性较强，"橘生淮南则为橘，生于淮北则为枳"，因而外省品种虽然也在一定程度上推动了海南省水稻产量的提升，但是提升效果受限。

2000 年之后，海南省开始自主研发水稻品种，当前已经冒尖一部分种子企业。其中海南神农基因科技股份有限公司是全国种业信用骨干企业，在全国农作物育种行业排名第 13 位。近年来海南省水稻单产水平的不断提高与本土化研发的水稻新品种推广有直接关系。但是，总体而言海南省种业的发展情况在全国依然属于末端水平，2016 年海南省种业企业数量仅 7 家，种子管理机构获财政支持仅 1 225.47 万元，两项排名双双位居全国最后。目前海南省的水稻品种主要依靠的还是外省或进口品种，因而海南省水稻单产水平较低，仅为全国平均水平的 69%。

9.1.2　海南水稻种植面积

近年来受种植收入的影响在海南省农业种植结构中粮食作物的种植面积在不断下降，2000 年海南省粮食作物播种面积占总播种面积的 60%，但是到 2019 年这一比例已将下降到 39.2%。并且受城市化和工业化的影响，海南省总播种面积也在不断下降，已由 2000 年的 90.1 万公顷下降到 2019 年的 69.49 万公顷。但总体而言，水稻作为海南省的重要农作物，依然是当前海南种植面积最大的粮食作物。2019 年海南省水稻种植面积为 23 万公顷，占粮食作物种植面积的 78.49%，远高于全国平均水平的 25.91%，当然这与海南省的季候资源密切相关。图 9-1 显示了 2010—2019 年，海南省粮食作物和水稻播种面积。

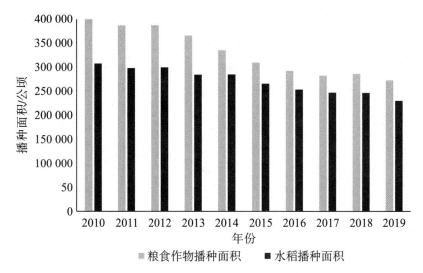

图 9-1　2010—2019 年海南省粮食作物与水稻播种面积

（数据来源：国家统计局网站，https://data.stats.gov.cn/easyquery.htm?cn＝E0103）

此外，从水稻在海南省各市县的种植分布情况来看，主要包括海口市、文昌市、琼海市、澄迈县、乐东县等地。图 9-2 显示了 2019 年海南省各县市的水稻种植面积。

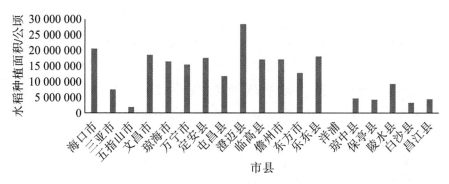

图 9-2　2019 年海南省各地区水稻种植面积

（数据来源：《海南省统计年鉴（2020）》）

9.1.3　海南水稻产量

从纵向来看，受益于育种技术、农药、化肥投入量的增加，近年来海南省的水稻单产有所增加，从 2001 年的 4 253 千克/公顷上升到 2019 年的 5 507 千克/公顷，增产幅度达到29.48%。而由于受工业化城镇化发展，以及经济作物比较收益高的双重挤压水稻播种面积不断下降，海南省水稻总产量近年来有所下跌，从2001年的150.82万吨下降到2019年的126.50万吨。图9-3显示了2001—2019年海南省的水稻单产和总产情况。

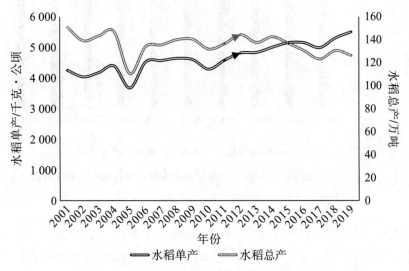

图9-3　2001—2019年海南省水稻单产和总产变化情况

（数据来源：国家统计局网站，https://data.stats.gov.cn/easyquery.htm?cn=E0103）

从横向来看海南省的水稻单位面积产量要远低于全国平均水平，除了种业发展缓慢之外，其他多种因素也导致了海南省水稻的单位面积偏低。例如由于海南省受台风影响明显，该地区容易受气象因素的影响，农业灾害发生率较内陆的许多省份要更加频繁；海南地区一年种植业制度是一年三季，而其他地区，尤其是东北地区水稻种植是一年一季，生长季的时间周期显然也会影响水稻的单产。此外，还有诸如经营规模、机械化程度等都是影响因素。但是，总体而言海南省水稻单产水平偏低是不争的事实，这意味着加大现代农业生产要素的投入和农业基础设施建设，这一区域的水稻单产还存在较大的提升空间。以当前正在改良推广的超级稻为例，从测产来看试验田的超级稻亩产达到1149千克，而海南省2019年的水稻亩产为367千克，也就是说即便达到超级稻水平的50%，海南省水稻单产还有56.54%的提升水平。如果海南省亩产达到575千克，那么以2019年的水稻种植面积计海南省水稻总产可达194.22万吨，这对保障中国的粮食安全也是一股不可忽视的力量。图9-4显示了2001—

2019 年海南省的水稻单产与全国水稻单产变化情况比较。

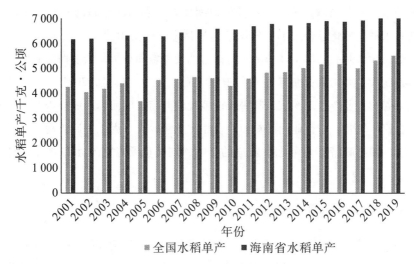

图 9-4 2001—2019 年海南省与全国水稻单产变化情况比较

（数据来源：国家统计局网站，https://data.stats.gov.cn/easyquery.htm?cn＝C01）

9.1.4　海南水稻加工情况

从农户角度而言，现代农业发展产值比产量更重要，当前发达国家的育种方向就已经从单纯的提高单位面积产量转向提高粮食作物的品质、口感等。而从产业链价值分布的微笑曲线拟合经验来看，加工越精深、分工越细致，产品的价值就越大，也越能激发农户的生产热情，因而在分析海南省水稻产业的过程中除了从国家粮食安全的角度出发需要关注水稻单位面积产量之外还需要关注水稻的产值提升路径，即水稻的加工情况。

海南省当前的稻谷产业的加工情况依旧以产业链低端的稻谷加工为主，即以稻谷清理、垄谷及垄下物分离及碾米为主。即便在这一环节，海南省也落后于全国平均水平。依据《海南统计年鉴（2020）》，2019 年，海南省拥有机动脱粒机 47 434 台，折合为每 45 位第一产业从业人员拥有一辆脱粒机，远低于全国平均水平的每 19 位第一产业从业人员拥有一辆脱粒机，这可能与海南省的地形复杂度影响机械化的开展有关。关于农业机械化程度更详细的资料是《全国农业机械化统计资料汇编（2005—2013）》，由于后续没有更新因此这一资料的最新年份是 2013 年，但是也能从中略见一斑。依据这一资料，2013

年海南省农产品初加工机械拥有量仅 2.52 万台，位居全国倒数第八；粮食加工机械也位列全国倒数第八。而按照海南省农业农村厅公布的数据，2018 年海南省水稻机械化综合水平不到 62%，至少低于全国 10 个百分点。

而在大米制品的加工环节上，海南省的发展空间更大。当前海南省没有规模特别庞大的大米制品加工企业，根据天眼查的相关信息，2021 年海南省共有大米谷类行业企业 125 家，其中规模最大的海南恒丰河套米业有限公司注册资金也仅 1 亿元，与行业内的规模企业相比差距较大。因此，后续海南省对水稻产业的扶持政策既要考虑对农户的补贴，同时也要考虑对水稻加工企业的扶持。

9.1.5 海南水稻生产方式

现代农业生产方式通常意味着生产的规模化、机械化和产业化。随着中国社会的工业化、城市化发展，农业生产装备不断提升，农民市民化的进程加快，这客观上为农业生产向规模化、机械化和产业化的发展提供了契机。近年来，海南省在水稻生产方式上呈现出经营主体多样化的趋势，种植大户、农民合作社、龙头企业和家庭农场不断涌现，截至 2018 年 7 月，海南省已有新型经营主体 19 074 家，这些新型经营主体的涌现是推动海南省农业生产向现代生产方式转变的重要力量。

而从总体生产方式上来看：首先，从生产规模上，受限于地理因素、城市化进程、土地流转等诸多要素的影响，总体而言，当前海南省的水稻生产还是以一家一户的传统生产方式为主，小农户占据水稻生产的绝大多数。虽然，2005 年以来海南省的耕地面积略有增加，从 2015 年的 416 178 公顷增加到 2019 年的 438 000 公顷，但是同期乡村产业人口增加更快，从 256 万增加到 324 万，这就导致了海南省的人均耕地面积不升反降，2019 年海南省农业从业人员人均耕地面积仅为 3 亩左右，低于全国平均水平。因此，海南省水稻生产要从小规模生产向规模生产转变，依然任重道远，需要进一步推动农村劳动力向城市流转和改善、简化土地流转程序，使农民在享受国家经济发展红利中促进水稻规模生产。

从机械化程度上看，海南省综合机械化程度低于全国 10%，许多农业机械设备海南省严重缺少，图 9-5 显示了 2019 年海南省与同为华南热带农业区的广东省主要农业机械设备拥有量。

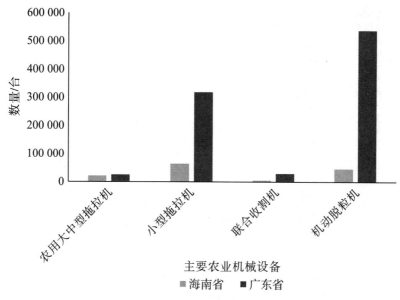

图9-5　2019年海南省与广东省主要农业机械设备拥有数量比较

（数据来源：国家统计局网站，https://data.stats.gov.cn/easyquery.htm?cn=C01）

从图9-5中可知农用大中型拖拉机海南省和广东省相差无几，但是在机动性较强的小型脱粒机和机动脱粒机上两者相差较大，这表明虽然地形因素会影响农业农业机械的应用，但是加大对机动性较强的小型拖拉机、机动脱粒机的投入，海南省的农业机械化水平会更上一个台阶。

9.1.6　海南农业科技进展

农业的发展离不开现代科学要素的投入，新中国成立以来中国水稻亩产的不断跃升就与现代科学育种的发展密不可分。近年来海南省农业科技水平有所提升，已成为促进农业增长的主要因素，据相关学者的测算，2008—2017年，海南省农业的科技进步贡献率达56.8%。

海南省农业科技的不断进步与海南省对农业科技的投入密切相关。2019年海南省有农业技术人员1 035人；理工农医类研究机构54个；理工农医类R&D人员264人，其中博士学历占比为47%；理工农医类R&D经费支出7 777万元，理工农医类科研用仪器设备原价85 517万元；开展理工农医类科研项目2 459项。在这些投入下海南省的科学研究取得了丰硕的成果，图9-6展示了2019年海南省各项科技产出情况。

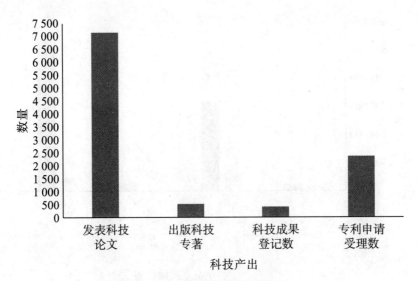

图 9-6　2019 年海南省各项科技产出

（数据来源：《海南省统计年鉴（2020）》）

这些科技产出具体到对水稻生产领域的影响：第一，在水稻育种方面，海南省继续开展超级杂交稻百亩连片技术攻关，实施"良种＋良田＋良法＋良态"的"四良"配套技术，有效地提升了水稻单产；第二，稻米的质量有显著提升，海南省的籼稻优质品率在全国居于领先地位，在食用稻品种、品质品鉴指标上，海南省在糙米率、透明度、胶稠度上达标率超过80%；第三，农业科技进步贡献率有所提升，2018—2020 年海南省农业科技进步贡献率为 60.24%，与 2008—2017 年相比提高 3.4%，提升幅度较为明显。

9.1.7　海南各县市水稻生产概况

由于海南省不同县市城市化水平、气候地理资源存在差异，各地的水稻生产存在一些差异，从图 9-2 中可知海南省的水稻主要分布在海口市、文昌市、琼海市、澄迈县、乐东县等地，而五指山市、洋浦等地则水稻种植面积较少。图 9-7 显示了海南省各县市的水稻总产量和人均稻谷占有量。

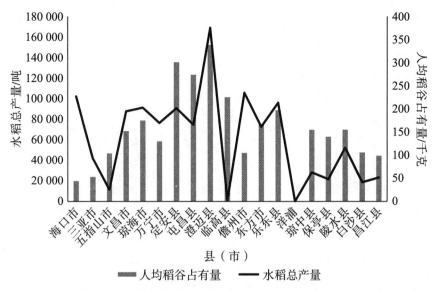

图 9-7　2019 年海南省各县市水稻总产量和人均稻谷占有量

（数据来源：《海南省统计年鉴（2020）》）

从图 9-7 中可知，海南省各县市稻谷总产和人均稻谷产量并不完全一致，这应该和各县市的面积和人口密切相关，如海口市的水稻总产量较大，但人均稻谷占有量却较小。因此海南省的水稻生产布局应该从全省着眼，优化各县市的余缺调剂，而不能实行单纯强调各县市总产的生产布局。

海南省各县市的水稻生产情况存在差异，除了地理因素外，农业生产要素的投入差异也是重要原因，图 9-8 显示了海南省各县市亩均亩均化学品和机械总动力投入量。

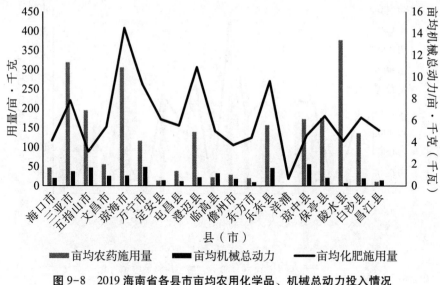

图 9-8　2019 海南省各县市亩均农用化学品、机械总动力投入情况

（数据来源：《海南省统计年鉴（2020）》）

从图 9-8 中可知海南省各县市农用化学品投入和机械总动力投入差距较大，部分县市亩均机械总动力较低，这意味着这些地区农业生产以劳动力投入为主，在农业劳动力不断转移、农业生产机会成本不断上升的背景下，科研机构需要研发更多机动性强的农业机械，提高这些地区的农业机械化程度。从农用化学品投入的数量来看，海南省各县市的农药投入量基本处于正常范围，但是部分县市的化肥投入量却远高于国际公认警戒线 225 千克/亩，例如琼海市、澄迈县和乐东市，在农业绿色转型的大背景下这些地区需要降低化肥的投入量，依靠科技进步实现农业增产。

9.1.8　海南水稻价格情况

由于粮食作物的价格弹性较低，农业生产常常面临"增产不增收"，甚至"谷贱伤农"的局面，而政府部门为了保证粮食安全又需要农民源源不断地提供粮食，这意味着粮食生产存在一定程度的外部性。因此，实践中各国政府常常通过价格政策来保障农民的收益，中国政府也不例外。以早籼稻为例，表 9-1 显示了在没有价格支持政策下，海南省 2018 年早籼稻的成本收益情况。

表 9-1　海南省 2018 年早籼稻成本收益 　　　　　　単位：元

产值	物质与服务费用	人工成本	土地成本	净利润
999.72	513.77	438.38	108.03	-60.49

数据来源：《全国农产品成本收益资料汇编（2019）》。

从表 9-1 可知，在没有价格支持政策的情况下，农户生产早籼稻处于亏损状态，因此，中国政府自 2005 年开始实施稻谷最低收购价政策，从 2008 年开始国家连续七次上调稻谷最低收购价，2020 年早籼稻（三等，下同）、中晚籼稻和粳稻最低收购价分别为每千克 2.42 元、2.54 元和 2.6 元。总体而言，水稻最低收购价政策的出台极大地保障了农民收入，调动了农民水稻生产的积极性。

受新冠疫情的影响，海南省的水稻生产有所波及，但是由于中国政府抗击新冠疫情快速且有效，海南省的水稻生产所受影响有限，当前海南省的稻谷价格整体保持平稳，与人们生活息息相关的大米价格并未出现大幅上涨。2020年 12 月在海口市龙华区各地的价格采点显示：一级粳稻米为 1.64 元/kg 左右；二级粳糯稻米为 2.5 元/kg 左右；二级籼糯稻米为 2 元/kg 左右，海南省大米市场价格总体平稳。

9.2　海南水稻成本收益

9.2.1　早籼稻

从总成本与总收益看，2018 年海南早籼稻每亩主产品产量 413.82 千克，每亩产值 999.72 元，每亩总成本 1 060.18 元，其中，生产成本 952.15 元。占总成本的 89.81%，包括物质与服务费用 513.77 元，占生产成本的 48.46%，人工成本 438.38 元，占生产成本的 41.35%，每亩用工数量 5.15 日，家庭用工折价 431.67 元，雇工费用 6.71 元，土地成本 108.03 元，占总成本的10.12%，土地成本主要为自营地折租，净利润为每亩-60.6 元，每亩现金成本 520.46 元，每亩现金收益 479.24 元，每亩成本利润率-5.7%。

从每 50 千克主产品成本收益看，2018 年海南早籼稻每 50 千克主产品平均出售价格 120.05 元，总成本 127.31 元，其中生产成本 114.34 元，净利润 -7.26 元，现金成本 62.5 元，现金收益 57.55 元。

从费用和用工情况来看，2018 年海南早籼稻每亩物质与服务费用 513.77 元，直接费用 507.9 元，占总费用的 98.86%，包括种子费 84.87 元，占直接费用的 16.71%。化肥费 148.8 元，占直接费用的 29.3%，农家肥费 3.67 元，农药费 28.39 元，占直接费用的 5.6%，租赁作业费 231.49 元，占直接费用的 45.57%，燃料动力费 2.37 元，工具材料费 6.94 元，修理维护费 1.29 元，间接费用固定资产折旧 5.98 元。每亩人工成本 438.38 元，其中，家庭用工折价 431.67 元，家庭用工天数 5.09 日，劳动日工价 84.89 元。雇工费用 6.71 元，雇工天数 0.06 日，雇工工价 111.88 元。

从化肥投入情况来看，2018 年海南早籼稻每亩化肥费用 148.8 元。其中氮肥尿素 41.79 元，磷肥过磷酸钙 20.37 元，钾肥氯化钾 12.32 元，复混肥 74.01 元，主要为复合肥 53.09 元，混配肥 20.92 元，其他肥料 0.31 元。每亩化肥折纯用量 22.69 千克，其中氮肥 7.82 千克，磷肥 3.19 千克，钾肥 2.5 千克，复混肥 9.19 千克，主要为复合肥 6.19 千克，混配肥 3 千克。

9.2.2 晚籼稻

从总成本与总收益来看，2018 年海南中籼稻每亩主产品产量 286.52 千克，每亩产值 742.14 元，每亩总成本 1 074.05 元，其中，生产成本 955.97 元。占总成本的 89%，包括物质与服务费用 521.72 元，占生产成本的 54.57%，人工成本 434.25 元，占生产成本的 45.26%，每亩用工数量 5.11 日，家庭用工折价 432.01 元，雇工费用 2.25 元，土地成本 118.08 元，占总成本的 11%，土地成本主要为自营地折租，净利润为每亩 -331.91 元，每亩现金成本 532.97 元，每亩现金收益 218.17 元，每亩成本利润率 -30.9%。

从每 50 千克主产品成本收益来看，2018 年海南早籼稻每 50 千克主产品平均出售价格 128.31 元，总成本 185.7 元，其中生产成本 165.28 元，净利润 -57.39 元，现金成本 90.59 元，现金收益 37.72 元。

从费用和用工情况来看，2018 年海南晚籼稻每亩物质与服务费用 521.72 元，直接费用 516.06 元，占总费用的 98.92%，包括种子费 92.04 元，占直接费用的 17.84%，化肥费 152.99 元，占直接费用的 29.65%，农家肥费 6.08 元，农药费 24.93 元，占直接费用的 4.83%，租赁作业费 229.57 元，占直接费用的 44.49%，燃料动力费 1.45 元，工具材料费 6.39 元，修理维护费 1.39 元，间接费用固定资产折旧 5.66 元。每亩人工成本 434.25 元，其中，家庭用工折价 432.01 元，家庭用工天数 5.09 日，劳动日工价 84.89 元。雇工费用 2.25 元，雇工天数 0.02 日，雇工工价 112.4 元。

从化肥投入情况来看，2018 年海南早籼稻每亩化肥费用 152.99 元。其中氮肥尿素 48.2 元，磷肥过磷酸钙 21.6 元，钾肥氯化钾 11.24 元，复混肥 68.88 元，主要为复合肥 53.27 元，混配肥 19.84 元，其他肥料 2.16 元。每亩化肥折纯用量 23.21 千克，其中氮肥 8.93 千克，磷肥 3.36 千克，钾肥 2.35 公斤，复混肥 8.47 千克，主要为复合肥 5.87 千克，混配肥 2.6 千克。

2014—2018 年，海南早籼稻平均主产品产量 410.54 千克，最高为 2018 年 413.82 千克，最低为 2015 年 397.78 千克；平均总产值 1 063 元，最高为 2017 年 1 102.23 元，最低为 2018 年 999.72 元；平均总成本 1 059.84 元，最高为 2017 年 1 098.93 元，最低为 2014 年 1 022.48 元；平均净利润 3.16 元，最高为 2014 年 55.21 元，最低为 2018 年 -60.46 元；平均现金成本 497.7 元；平均现金收益 565.3 元。

2014—2018 年，海南早籼稻每亩物质与服务费用呈上升趋势，从 2014 年 463.59 元增加到 2018 年 513.77 元，增加了 10.82%，其中，直接费用增加了 11.07%，种子费增加了 7.3%，化肥费减少了 10.14%，农家肥减少了 58.67%，农药费增加了 15.17%，租赁作业费增加了 14.79%，间接费用减少了 7%，如表 9-2 所示。从化肥使用量看，复混肥使用量最高，占总化肥使用量的 35.68%，其次是尿素、氯化钾、过磷酸钙。

表 9-2　2014—2018 年海南早籼稻每亩物质与服务费用　　　单位：元

年份	2014	2015	2016	2017	2018
每亩物质与服务费用	463.59	469.69	481.98	532.16	513.77
直接费用	457.16	464.06	475.03	527.06	507.79
种子费	79.1	81.14	80.19	83.19	84.87
化肥费	135.1	139.92	139.52	167.52	148.8
农家肥	8.88	8.17	8.59	5.1	3.67
农药费	24.65	25.61	27.35	28.28	28.39

表9-2（续）

年份	2014	2015	2016	2017	2018
租赁作业费	201.66	198.83	210.03	232.94	231.49
间接费用	6.43	5.63	6.95	5.55	5.98

数据来源：《全国农产品成本收益资料汇编》。

2014—2018 年，海南晚籼稻平均主产品产量277.43 千克，最高为 2015 年 308.26 千克，最低为 2017 年 260.94 千克；平均总产值 734.12 元，最高为 2015 年 811.4 元，最低为 2016 年 665.09 元；平均总成本 1 033.76 元，最高为 2017 年 1 098.93 元，最低为 2014 年 1 022.48 元；平均净利润−303.64 元，最高为 2015 年−202.03 元，最低为 2016 年 394.01 元；平均现金成本 495.26 元；平均现金收益 238.86 元。

2014—2018 年，海南晚籼稻每亩物质与服务费用呈上升趋势，从 2014 年 452.81 元增加到 2018 年 521.72 元，增加了 13.48%，其中，直接费用增加了 13.97%，种子费增加了 25.61%，化肥费增加了 13.21%，农家肥减少了 33.17%，农药费减少了 5.14%，租赁作业费增加了 14.86%，间接费用减少了 18.56%，如表 9-3 所示。从化肥使用量看，复混肥使用量最高，占总化肥使用量的 35.68%，其次是尿素、氯化钾、过磷酸钙。

表 9-3　2014—2018 年海南晚籼稻每亩物质与服务费用　　　单位：元

年份	2014	2015	2016	2017	2018
每亩物质与服务费用	459.76	471	495.13	510.9	521.2
直接费用	452.1	464.48	488.41	503.65	516.06
种子费	73.27	77.92	84.38	87.82	92.04
化肥费	135.14	132.11	134.17	140.38	152.99
农家肥	10.17	7.94	9.52	4.13	6.8
农药费	26.28	25.92	27.54	27.52	24.93
租赁作业费	199.86	210.88	222.85	231.43	29.57
间接费用	6.95	6.52	6.72	6.44	5.66

数据来源：《全国农产品成本收益资料汇编》。

9.3 海南水稻产业生产及销售的预测

9.3.1 海南水稻种植及生产预测

海南省的水稻生产与农村劳动力情况、城市化建设、科技进步等诸要素息息相关，因此未来海南省的水稻生产情况需要考虑以上因素对水稻生产的影响。根据《中共海南省委关于制定国民经济和社会发展第十四个五年规划和二〇三五年远景目标的建议》，在"十四五"期间海南省在农业生产方面将促进农村一二三产业融合发展，推动农业规模化、产业化、品牌化，提高农业质量效益和竞争力；进一步深入实施藏粮于地、藏粮于技战略，加强高标准农田建设，提升耕地地力水平；建立重大水利项目综合评价机制，推动现代化灌区建设，提升水利基础设施服务农业发展的水平。这意味着在"十四五"期间水稻生产的基础设施将进一步改善、农业的生产性服务业有较大程度的发展，并且农业科技水平将进一步提升，这些都是未来水稻生产的积极方面。

当然同时我们也应该看到对水稻生产而言还存在一些不利的因素：首先，随着海南省城市化的进一步推进，城市建设挤占农业生产用地的现象不可避免，因此未来水稻生产的规模可能会有所缩减；其次，随着居民消费结构的转型，水果、花卉、蔬菜等的需求量将进一步增加，这些产品的生产与水稻生产相比具有更高的附加值，由于农户更注重农业生产的收益，从农户的生产意愿来看，未来即便存在稻谷的最低收购价政策，水稻的生产意愿也可能进一步减弱；最后，在全球气候变暖的大环境下，气象灾害可能也是未来影响海南省水稻生产的重要因素，极端天气、台风、洪涝等因素是未来海南省水稻生产不可回避的现实。

但是总体而言，在"十四五"期间海南省的水稻生产应该还是延续"十三五"期间的趋势保持不变，从图9-3可知，在2001—2019年海南省的水稻生产基本维持在较小的幅度内波动，维持在120~150万吨波动，因此可以预期未来海南省的水稻总产也是在120~150万吨。

而从水稻单产情况来看，在图9-4中我们发现"十三五"期间海南省的水稻单产水平逐步和全国的平均水平靠拢，我们预计在"十四五"期间这一趋势不会改变，在"十四五"末海南省的水稻单产有可能与全国平均水平持平，以2019年的数据为基准，达到每公顷7 000千克左右，而这一预测也基本与《海南省现代农作物种业发展规划（2016—2025）》的预测接近。

此外，围绕中国农业的绿色转型，当前亩均农用化学品的投入量成为社会各界关注的焦点。我们预期随着农业农村部发布的《到2020年化肥使用量零增长行动方案》和《到2020年农药使用量零增长行动方案》的顺利实现，在"十四五"期间海南省农药和化肥的投入量将会有一定程度的减少，尤其是部分县市化肥超高投入的现象可能得到逆转。

总而言之，未来海南省水稻的增产主要依靠单位面积的产量提升，并且这种提升越来越依靠科技进步而非农用化学品的过量使用。

9.3.2　海南水稻市场前景分析

由于粮食作物的需求弹性较低，估计未来海南省的普通稻米市场将保持平稳状态，水稻市场的发展将主要集中在高端稻米市场和稻米的深加工市场。因此，对海南省的水稻市场前景进行分析将主要聚焦于海南省的水稻加工业发展。虽然海南省当前的水稻加工业发展处于较低水平，但是可以预期，在"十四五"期间海南省的水稻加工行业将会有一定程度的提升。这些提升主要体现在以下几个方面：

第一，在稻谷产后加工环节，预期未来工艺将更加先进，进而提升后续原材料加工的品质。例如在稻谷干燥环节，未来可能采用工艺更加先进的红外线热辐射、逆混流引风、多场协同干燥等工艺，这些工艺能够实现闪蒸降温干燥，改善谷物干燥效果；在碾米环节采取稻米碾磨精加工，进而提升稻米的品质。

第二，未来稻谷副产品的综合利用程度将进一步提高。当前海南省稻谷副产品的综合利用程度较低，未来随着加工工艺的进步，稻谷副产品如米糠、稻壳、碎米等的利用程度将大大提高。例如利用浓缩诱导型凝胶过程，可以提高对碎米的淀粉综合利用程度；利用先进的发酵工艺对米糠进行综合加工，可以有效提取米糠中的天冬氨酸和谷氨酸等人体必需的氨基酸；对稻壳在900 ℃和氮气氛围下煅烧，可以备制出碳、二氧化硅复合颗粒物，这些副产品可以作为金属基复合材料及橡塑材料的功能添加剂，大大提升了产品的附加值。

第三，整合部分家庭作坊，做大、做强部分大米深加工企业。当前海南省在粽子、米酒、米粉等大米深加工行业以家庭作坊为主，规模小，效益差。目前已有人大代表建议海南省未来要加大对大米深加工企业的扶持和产品的研发，按照当前的设想，"十四五"期间海南省在做大做强大米深加工企业方面至少将打造绿色富硒优质香米品牌1个；加强对粽子、米酒、传统地方特色即食米粉等产品工业化技术研究，研发出优质稻米传统地方特色产品2个以上；高端优质功能性米酒产品1个；申请国家专利3个以上。

第四，利用海南省特殊的农业资源和政策优势，培育农业产业园，提高农产品加工的产业集聚度。"十四五"期间预期海南省将加快建设儋州市国家现代农业产业园、三亚市崖州区国家现代农业产业园、海口市琼山区创建国家现代农业产业园、湾岭农产品加工物流园等，通过农业加工企业的集聚实现农产品加工的企业的深度整合。

综上所述，在海南省稻米加工业不断发展的前提下预计海南省的水稻市场前景如下：第一，精加工大米、高端大米市场将会有较大的发展，大米市场的分层现象将更加明显；第二，水稻副产品加工后作为基质、添加剂、保健品等相关产品将成为水稻市场的重要组成部分；第三，一些传统的大米加工食品如粽子、米酒、米粉等将不仅仅局限于特定地域的产销，而是将以标准化的形式在更大市场范围内行销，提升水稻市场的产品附加值；第四，随着部分地区国家现代农业产业园、物流园的发展，许多地域特色的产品将被深度挖掘，水稻市场的产品多样化将大大提升。

9.4　海南水稻产业发展存在的主要问题

第一，水稻价格较低，严重影响农户种植意愿。水稻作为重要粮食作物，国家出台了最低收购价政策进行兜底保护，海南省各级农业农村部门也高度重视水稻生产，通过各种手段，鼓励农户进行种植，保护粮食安全。然而，即使有最低收购价保底，目前水稻价格仍旧相对较低，约2.5元/千克，种植收入远远低于芒果、火龙果、冬季瓜菜等作物，严重影响了农户种植积极性，农户种植意愿出现明显下降。同时，目前海口、文昌、定安、东方等地的年轻农民外出务工工资每日约100元，打工收入远远超过种植水稻，导致"弃耕务工"现象大量出现，而继续种植的农户大多为老年人，种植水稻仅为口粮需要，没有增加种植面积的需求和意愿。

第二，水稻种植成本较高，生产资料费用涨幅明显。由于海南地形地貌的特点，水稻种植存在地块分散、单块面积小等问题，决定其机械化程度较低，种植成本较国内其他水稻产区偏高。同时，近年来机械租赁、种子、化肥、农药等生产资料价格连年上浮，且上涨的幅度远超水稻价格和农业补贴的涨幅，水稻生产成本涨幅超过三成，导致农户种植水稻收入锐减，如果将自身劳动力折算进去，甚至可能出现负收益。

第三，水稻品种和种植技术更新较慢，推广率较低。尽管近年来海南省相关农业科研院所加大研发力度，一批优质品种水稻也通过了省级审定，但是总体优质性状表现仍存在不稳定、不同年份差异大等问题，与东北、湖广、江浙等优势产区的水稻品种相比，在产量、外观和口感等方面，仍存在一定差距，目前难以做到大面积推广种植。此外，海南水稻种植技术更新较慢，且轻简化程度不足，部分农户不愿采用，例如软盘育秧、抛秧、平衡施肥等配套种植技术，即使有较好的实际效果，也未被农户广泛采用，新技术采纳率不高。

第四，农田标准建设程度低，水利设施较差。水稻作为生产过程中耗水最多的作物之一，对水资源消耗极大。海南省水资源约束日趋紧张，降雨总量较多但时空分布不均，水稻生产中"看天吃饭"的现象仍旧普遍存在。海南省农田水利设施大多在 20 世纪修建，已出现年久失修、堵塞严重、灌溉效率低下等问题，目前海南省灌溉水利用率在 50% 左右，部分地区仅为 40% 左右，且农田标准化建设程度低，水利设施不配套导致部分农田难以得到充分灌溉，农户被迫改种其他作物甚至直接撂荒，水稻种植面积减少。

第五，土地流转意愿不强，产业化程度较低。海南省农户大多具有较强的宗族意识，认为农田是"祖宗田"，是私产，参与土地流转意愿不强，导致水稻适度规模经营发展十分缓慢。同时，当前海南土地流转价格不高，这也导致部分进城务工农户选择弃耕，没有流转。此外，海南省水稻加工企业较少，且现有加工企业多进行粗加工，精深加工能力不足，加工产品附加值低。缺少龙头企业带动，产业化程度低，难以形成规模效应，严重制约了海南省水稻产业全产业链发展。

9.5 海南水稻产业发展建议

第一，探索补贴机制，提高农户种植积极性。在继续严格执行最低收购价政策的前提下，探索实行新的惠农补贴机制，通过建立给予农户种子、农资、农机租赁等多种形式的新补贴机制来提振种植信心，破除种稻"不挣钱"甚至"赔钱"的局面，提升农户种植信心，保障海南省水稻生产稳产高产，确保粮食安全。

第二，优化水稻种植品种，研发推广新技术。依托海南省内科研院所、联合优势主产区相关科研单位等进行水稻品种的研发，利用优质种质资源，选育或引入一批在产量、品质、抗性等各方面均有较大提升的品种，推广种植。同时，鼓励研发育秧、播种、管理、收割、烘干等水稻生产环节农机装备和应用技术研究新技术，以轻简化为目标，针对现有水稻配套栽培技术进行升级，切实便于农户采用，降低水稻种植中劳动强度，提高生产效率。

第三，推进高标准农田建设，补强农田水利设施。结合海南自由贸易港建设中大力发展热带高效农业的要求，大力推进高标准农田建设，加快补齐农业基础设施短板特别是农田水利设施短板，设立专项经费修缮老旧设施，提高经费使用效率，在有条件的水稻种植市县，新建一批高效节水灌溉设施，切实加强水稻种植防灾抗灾能力，保障水稻生产。

第四，促进土地流转，加强培育规模化种植主体。加快推动海南农村耕地承包经营权的确权登记颁证，促进农村土地承包经营权流转。通过政策宣讲、村干部宣传等形式，破除部分农户"祖宗地"的错误观念，减少撂荒等闲置情况发生。制定相关流转政策，引导具有强烈水稻种植意愿的家庭农场、农民合作社、龙头企业、种植大户等新型经营主体参与土地流转，加强对规模化种植主体的技术培训，提升其警用能力，健全水稻生产社会化服务项目，带动小农户增产增收，实现水稻规模化生产。

第五，培育现代水稻加工企业，实现全产业链发展。产业兴旺是确保海南省水稻种植健康有序发展的有效保障，依托现代加工企业，做好精深加工，延伸产业链条，直接影响水稻产业化发展水平。通过培育海南现代水稻加工企业，引入优势主产区科技水平高，加工能力强的先进企业，提升海南水稻产品的加工技术和工艺水平，增加产品附加值。此外，鼓励加工企业与小农户合作，以订单农业等形式，建立"公司+基地+农户"经营模式，提高种植水稻的经济收益，确保水稻产业高质量发展。

第六，加强稻米品牌建设和推广，在产业链前端尽量减少化肥农药的使用，选择生态型种植模式，提高种植技术水平，争取打造绿色食品，推动农产品质量安全，在产业链下游水稻加工企业加强包装和追溯平台建设，促进稻米品牌的建设与推广，增加宣传力度，不断增强海南稻米品牌影响力。

参考文献

[1] 郑甲成, 刘婷, 张百忍, 等. 几种微量元素作用及对水稻发育的影响 [J]. 吉林农业大学学报, 2010, 32 (S1): 5-8.

[2] 王祖力, 肖海峰. 化肥施用对粮食产量增长的作用分析 [J]. 农业经济问题, 2008 (8): 65-68.

[3] 胡霭堂. 植物营养学 (下册) [M]. 2 版. 北京: 中国农业大学出版社, 2003.

[4] 王秀芬. 矿质元素在植物体内的生理作用 [J]. 河北农业科技, 1989 (2): 9-10.

[5] 李成, 杨晓新, 李施杨. 水稻缺素症状的研究 [J]. 农业与技术, 2003 (5): 85-90.

[6] 高辉. 不同施肥方式与配比对水稻产量性状和肥料利用率的影响 [D]. 合肥: 安徽农业大学, 2018.

[7] 唐清杰, 徐靖, 严小微, 等. 海南双季稻种植模式及关键配套栽培技术 [J]. 杂交水稻, 2015, 30 (4): 28-32.

[8] 唐清杰, 严小微, 孟卫东, 等. 2010—2016 年海南水稻生产情况调研及分析 [J]. 上海农业科技, 2018 (5): 38-39.

[9] 岑新杰, 严小微, 唐清杰, 等. 近年来海南水稻生产情况调研及发展建议 [J]. 上海农业科技, 2020 (6): 18-19, 22.

[10] 莫雄. 海南水稻种植管理技术要点 [J]. 农业工程, 2020, 10 (11): 107-109.

[11] 石元亮, 王玲莉, 刘世彬, 等. 中国化学肥料发展及其对农业的作用 [J]. 土壤学报, 2008, 45 (5): 852-864.

［12］谢佳贵，王立春，尹彩侠，等. 我国缓、控肥料发展现状及对策［J］. 吉林农业科学，2006，31（4）：50-52.

［13］王伟妮，鲁剑巍，鲁明星，等. 湖北省早、中、晚稻施磷增产效应及磷肥利用率研究［J］. 植物营养与肥料学报，2011，17（4）：795-802.

［14］鲁剑巍，李荣. 水稻常见缺素症状图谱及校正技术［M］. 北京：中国农业出版社，2010.

［15］彭少兵，黄见良，钟旭华，等. 提高中国稻田氮肥利用率的研究策略［J］. 中国农业科学，2002，35（9）：1095-1103.

［16］王伟妮，鲁剑巍，鲁明星，等. 湖北省早、中、晚稻施钾增产效应及钾肥利用率研究［J］. 植物营养与肥料学报，2011，17（5）：1058-1065.

［17］倪四良. 当前水稻施肥中存在的问题及解决对策［J］. 作物研究，2008（2）：124-126.

［18］孙浩燕. 施肥方式对水稻根系生长、养分吸收及土壤养分分布的影响［D］. 武汉：华中农业大学，2015.

［19］舒时富，唐湘如，罗锡文，等. 机械深施缓释肥对精量穴直播超级稻生理特性的影响［J］. 农业工程学报，2011，27（3）：89-92.

［20］龚艳，丁素明，傅锡敏. 我国施肥机械化发展现状及对策分析［J］. 农业开发研究，2009（9）：6-8.

［21］ZHANG Q C, LMRAN HAIDER SHAMSI, WANG J W, et al. Surface runoff and nitrogen（N）loss in a bamboo（Phyllostachys pubescens）forest under different fertilization regimes［J］. Environ Sci Pollut Res, 2013（20）：4681-4688.

附

录

附表 A　水稻稻瘟病农药登记数据及防控方法

登记证号	农药名称	农药类别	剂型	总含量	有效期限	登记证持有人	作物/场所	防治对象	用药量（制剂量/亩）	施用方法
PD20151389	60%三环·稻瘟灵可湿性粉剂	杀菌剂	可湿性粉剂	60%	2025 年 7 月 30 日	广西鑫金泰化工有限公司	水稻	稻瘟病	60～70 克/亩	喷雾
PD20200403	氨基寡糖素	植物诱抗剂	可溶液剂	5%	2025 年 6 月 8 日	辽宁海佳农化有限公司	水稻	稻瘟病	75～100 毫升/亩	喷雾
PD20121446	氨基寡糖素	植物诱抗剂	水剂	5%	2022 年 10 月 8 日	海南正业中农高科股份有限公司	水稻	稻瘟病	75～100 毫升/亩	喷雾
PD20097891	氨基寡糖素	杀菌剂	水剂	2%	2024 年 11 月 30 日	辽宁省大连凯飞化学股份有限公司	水稻	稻瘟病	190～250 毫升/亩	喷雾
PD20092728	百菌清	杀菌剂	可湿性粉剂	75%	2024 年 3 月 4 日	山西省芮城华农生物化学有限公司	水稻	稻瘟病	100～130 克/亩	喷雾
PD20091318	百菌清	杀菌剂	可湿性粉剂	75%	2024 年 2 月 1 日	郑州先利达化工有限公司	水稻	稻瘟病	100～127 克/亩	喷雾
PD86180-9	百菌清	杀菌剂	可湿性粉剂	75%	2021 年 11 月 6 日	江苏龙灯化学有限公司	水稻	稻瘟病	100～127 克/亩	喷雾
PD86180-8	百菌清	杀菌剂	可湿性粉剂	75%	2021 年 10 月 23 日	江阴苏利化学股份有限公司	水稻	稻瘟病	100～127 克/亩	喷雾
PD86180-6	百菌清	杀菌剂	可湿性粉剂	75%	2021 年 10 月 16 日	山东华阳农药化工集团有限公司	水稻	稻瘟病	100～126.67 克/亩	喷雾

登记证号	农药名称	农药类别	剂型	总含量	有效期限	登记证持有人	作物/场所	防治对象	用药量（制剂量/亩）	施用方法
PD86180-5	百菌清	杀菌剂	可湿性粉剂	75%	2021年11月22日	利民化学有限责任公司	水稻	稻瘟病	100~127克/亩	喷雾
PD86180-4	百菌清	杀菌剂	可湿性粉剂	75%	2021年11月22日	岳阳市宇恒化工有限公司	水稻	稻瘟病	100~126.7克/亩	喷雾
PD86180-14	百菌清	杀菌剂	可湿性粉剂	75%	2025年7月6日	山东大成生物化工有限公司	水稻	稻瘟病	100~126.67克/亩	喷雾
PD86180-13	百菌清	杀菌剂	可湿性粉剂	75%	2021年11月15日	四川省川东农药化工有限公司	水稻	稻瘟病	100~126.67克/亩	喷雾
PD86180-12	百菌清	杀菌剂	可湿性粉剂	75%	2021年12月13日	允发化工（上海）有限公司	水稻	稻瘟病	100~126.7克/亩	喷雾
PD86180-11	百菌清	杀菌剂	可湿性粉剂	75%	2021年12月31日	陕西华发凯威生物有限公司	水稻	稻瘟病	100~126.7克/亩	喷雾
PD20102179	苯甲·丙环唑	杀菌剂	乳油	300克/升	2025年12月15日	济南仕邦农化有限公司	水稻	稻瘟病	20~25毫升/亩	喷雾
PD20183623	苯甲·嘧菌酯	杀菌剂	悬浮剂	32.50%	2023年8月20日	湖南泽丰农化有限公司	水稻	稻瘟病	35~40毫升/亩	喷雾
PD20183220	苯甲·嘧菌酯	杀菌剂	悬浮剂	35%	2023年7月23日	山东东合生物科技有限公司	水稻	稻瘟病	20~30毫升/亩	喷雾
PD20182802	苯甲·嘧菌酯	杀菌剂	悬浮剂	32.50%	2023年7月23日	河南世诚生物科技有限公司	水稻	稻瘟病	30~40毫升/亩	喷雾

登记证号	农药名称	农药类别	剂型	总含量	有效期限	登记证持有人	作物/场所	防治对象	用药量（制剂量/亩）	施用方法
PD20181085	苯甲·嘧菌酯	杀菌剂	悬浮剂	35%	2023 年 3 月 15 日	江苏莱科化学有限公司	水稻	稻瘟病	28~48 毫升/亩	喷雾
PD20172823	苯甲·嘧菌酯	杀菌剂	悬浮剂	325 克/升	2022 年 11 月 20 日	浙江天丰生物科学有限公司	水稻	稻瘟病	30~50 毫升/亩	喷雾
PD20172187	苯甲·嘧菌酯	杀菌剂	悬浮剂	32.50%	2022 年 10 月 17 日	青岛恒丰作物科学有限公司	水稻	稻瘟病	30~40 毫升/亩	喷雾
PD20171930	苯甲·嘧菌酯	杀菌剂	悬浮剂	32.50%	2022 年 9 月 18 日	山东潍坊润丰化工股份有限公司	水稻	稻瘟病	30~40 毫升/亩	喷雾
PD20171034	苯甲·嘧菌酯	杀菌剂	悬浮剂	48%	2022 年 5 月 31 日	江苏七洲绿色化工股份有限公司	水稻	稻瘟病	20~30 毫升/亩	喷雾
PD20170263	苯甲·嘧菌酯	杀菌剂	悬浮剂	30%	2022 年 2 月 13 日	浙江泰达作物科技有限公司	水稻	稻瘟病	30~45 克/亩	喷雾
PD20160125	苯甲·嘧菌酯	杀菌剂	悬浮剂	32.50%	2026 年 1 月 28 日	湖南长青润海宝农化有限公司	水稻	稻瘟病	30~40 克/亩	喷雾
PD20152396	苯甲·嘧菌酯	杀菌剂	悬浮剂	32.50%	2025 年 10 月 23 日	湖南万家丰科技有限公司	水稻	稻瘟病	30~40 毫升/亩	喷雾
PD20150861	苯甲·嘧菌酯	杀菌剂	悬浮剂	325 克/升	2025 年 5 月 18 日	兴农药业（中国）有限公司	水稻	稻瘟病	40~50 毫升/亩	喷雾
PD20150707	苯甲·嘧菌酯	杀菌剂	悬浮剂	325 克/升	2025 年 4 月 20 日	先正达南通作物保护有限公司	水稻	稻瘟病	30~50 毫升/亩	喷雾

登记证号	农药名称	农药类别	剂型	总含量	有效期限	登记证持有人	作物/场所	防治对象	用药量（制剂量/亩）	施用方法
PD20142598	苯甲·嘧菌酯	杀菌剂	悬浮剂	32.50%	2024 年 12 月 15 日	江西正邦作物保护股份有限公司	水稻	稻瘟病	30~40 克/亩	喷雾
PD20141584	苯甲·嘧菌酯	杀菌剂	悬浮剂	40%	2024 年 6 月 17 日	山东省青岛瀚生物科技股份有限公司	水稻	稻瘟病	24~32 毫升/亩	喷雾
PD20140817	苯甲·嘧菌酯	杀菌剂	悬浮剂	325 克/升	2024 年 3 月 31 日	宁波三江益农化学有限公司	水稻	稻瘟病	30~50 毫升/亩	喷雾
PD20140460	苯甲·嘧菌酯	杀菌剂	悬浮剂	32.50%	2024 年 2 月 25 日	山东新势立生物科技有限公司	水稻	稻瘟病	30~40 毫升/亩	喷雾
PD20140363	苯甲·嘧菌酯	杀菌剂	悬浮剂	3C%	2024 年 2 月 19 日	陕西标正作物科学有限公司	水稻	稻瘟病	40~50 毫升/亩	喷雾
PD20131546	苯甲·嘧菌酯	杀菌剂	悬浮剂	48%	2023 年 7 月 18 日	惠州市银农科技股份有限公司	水稻	稻瘟病	30~40 毫升/亩	喷雾
PD20131495	苯甲·嘧菌酯	杀菌剂	悬浮剂	32.50%	2023 年 7 月 5 日	江苏克胜集团股份有限公司	水稻	稻瘟病	80~100 克/亩	喷雾
PD20130420	苯甲·嘧菌酯	杀菌剂	悬浮剂	325 克/升	2023 年 3 月 18 日	浙江省杭州宇龙化工有限公司	水稻	稻瘟病	30~50 毫升/亩	喷雾
PD20110357	苯甲·嘧菌酯	杀菌剂	悬浮剂	325 克/升	2026 年 4 月 11 日	瑞士先正达作物保护有限公司	水稻	稻瘟病	30~50 毫升/亩	喷雾
PD20160624	苯醚·咪鲜胺	杀菌剂	可湿性粉剂	75%	2021 年 4 月 27 日	浙江天一生物科技有限公司	水稻	稻瘟病	40~50 克/亩	喷雾

登记证号	农药名称	农药类别	剂型	总含量	有效期限	登记证持有人	作物/场所	防治对象	用药量（制剂量/亩）	施用方法
PD20172564	吡唑醚菌酯	杀菌剂	微囊悬浮剂	9%	2022 年 10 月 17 日	巴斯夫欧洲公司	水稻	稻瘟病	56~73 毫升/亩	喷雾
PD20160209	丙环·稻瘟灵	杀菌剂	水乳剂	35%	2026 年 2 月 24 日	江苏禾本科化有限公司	水稻	稻瘟病	30~40 毫升/亩	喷雾
PD20171844	丙环·咪鲜胺	杀菌剂	水乳剂	30%	2022 年 9 月 18 日	浙江禾本科技股份有限公司	水稻	稻瘟病	60~80 毫升/亩	喷雾
PD20170984	丙环·咪鲜胺	杀菌剂	水乳剂	28%	2022 年 5 月 31 日	江苏省科农化有限责任公司	水稻	稻瘟病	40~50 克/亩	喷雾
PD20150734	丙环·咪鲜胺	杀菌剂	水乳剂	30%	2025 年 4 月 20 日	江苏省高邮市丰田农药有限公司	水稻	稻瘟病	60~80 克	喷雾
PD20132210	丙环·咪鲜胺	杀菌剂	悬浮剂	36%	2023 年 10 月 29 日	江苏省扬州市苏灵农药化工有限公司	水稻	稻瘟病	40~50 毫升/亩	喷雾
PD20094930	丙环·咪鲜胺	杀菌剂	乳油	490 克/升	2024 年 4 月 13 日	安道麦马克西姆有限公司	水稻	稻瘟病	30~40 毫升/亩	喷雾
PD20170142	丙环唑	杀菌剂	水乳剂	45%	2022 年 1 月 7 日	南通联佳田作物科技有限公司	水稻	稻瘟病	15~20 毫升/亩	喷雾
PD20131362	丙环唑	杀菌剂	水乳剂	45%	2023 年 6 月 20 日	江苏省南通沈植保科技开发有限公司	水稻	稻瘟病	18~22 毫升/亩	喷雾
PD20131317	丙环唑	杀菌剂	悬浮剂	40%	2023 年 6 月 8 日	陕西亿田丰作物科技有限公司	水稻	稻瘟病	20~30 毫升/亩	喷雾

登记证号	农药名称	农药类别	剂型	总含量	有效期限	登记证持有人	作物/场所	防治对象	用药量（制剂量/亩）	施用方法
PD20200921	丙环唑·稻瘟灵	杀菌剂	水乳剂	35%	2025 年 10 月 27 日	河北省农药化工有限公司	水稻	稻瘟病	30～40 毫升/亩	喷雾
PD20120238	丙硫唑	杀菌剂	悬浮剂	10%	2022 年 2 月 13 日	贵州道元生物技术有限公司	水稻	稻瘟病	70～80 毫升/亩	喷雾
PD20120238	丙硫唑	杀菌剂	悬浮剂	10%	2022 年 2 月 13 日	贵州道元生物技术有限公司	水稻	稻瘟病	70～80 毫升/亩	喷雾
PD20160182	丙唑·多菌灵	杀菌剂	水分散粒剂	6%	2026 年 2 月 24 日	贵州道元生物技术有限公司	水稻	稻瘟病	100～150 克/亩	喷雾
PD20121368	丙唑·多菌灵	杀菌剂	悬浮剂	6%	2022 年 9 月 13 日	贵州道元生物技术有限公司	水稻	稻瘟病	167～250 毫升/亩	喷雾
PD20190020	朴骨脂种子提取物	杀菌剂	微乳剂	0.20%	2024 年 1 月 29 日	沈阳同祥生物农药有限公司	水稻	稻瘟病	45～60 毫升/亩	喷雾
PD20183636	春雷·稻瘟灵	杀菌剂	可湿性粉剂	32%	2023 年 8 月 20 日	德强生物股份有限公司	水稻	稻瘟病	50～80 克/亩	喷雾
PD20182104	春雷·稻瘟灵	杀菌剂	可湿性粉剂	42%	2023 年 6 月 27 日	浙江省桐庐汇丰生物科技有限公司	水稻	稻瘟病	40～50 克/亩	喷雾
PD20180394	春雷·糖素	杀菌剂	水剂	4%	2023 年 1 月 14 日	安徽省锦江农化有限公司	水稻	稻瘟病	80～120 毫升/亩	喷雾
PD20183540	春雷·井冈	杀菌剂	水剂	7%	2023 年 8 月 20 日	广东茂名绿银农化有限公司	水稻	稻瘟病	90～100 毫升/亩	喷雾

登记证号	农药名称	农药类别	剂型	总含量	有效期限	登记证持有人	作物/场所	防治对象	用药量（制剂量/亩）	施用方法
PD20086157	春雷·硫磺	杀菌剂	可湿性粉剂	50.50%	2023 年 12 月 30 日	广西田园生化股份有限公司	水稻	稻瘟病	140～160 克/亩	喷雾
PD20151135	春雷·氯尿	杀菌剂	可湿性粉剂	22%	2025 年 6 月 25 日	陕西美邦药业集团股份有限公司	水稻	稻瘟病	70～90 克/亩	喷雾
PD20152654	春雷·噻唑锌	杀菌剂	悬浮剂	40%	2025 年 12 月 19 日	浙江新农化工股份有限公司	水稻	稻瘟病	40～50 毫升/亩	喷雾
PD20184236	春雷·三环唑	杀菌剂	可湿性粉剂	10%	2023 年 9 月 25 日	山东曹达化工有限公司	水稻	稻瘟病	115～130 克/亩	喷雾
PD20184158	春雷·三环唑	杀菌剂	可湿性粉剂	22%	2023 年 9 月 25 日	江西巴姆博生物科技有限公司	水稻	稻瘟病	55～60 克/亩	喷雾
PD20183610	春雷·三环唑	杀菌剂	可湿性粉剂	28%	2023 年 8 月 20 日	河北博嘉农业有限公司	水稻	稻瘟病	48～57 克/亩	喷雾
PD20181146	春雷·三环唑	杀菌剂	悬浮剂	22%	2023 年 3 月 15 日	江门市植保有限公司	水稻	稻瘟病	50～60 毫升/亩	喷雾
PD20180834	春雷·三环唑	杀菌剂	水分散粒剂	39%	2023 年 3 月 15 日	陕西华戎凯威生物有限公司	水稻	稻瘟病	20～30 克/亩	喷雾
PD20171509	春雷·三环唑	杀菌剂	悬浮剂	22%	2022 年 8 月 21 日	福阿母韩农（黑龙江）化工有限公司	水稻	稻瘟病	53～60 毫升/亩	喷雾
PD20161601	春雷·三环唑	杀菌剂	可湿性粉剂	13%	2021 年 12 月 16 日	广东蓝珠科技实业有限公司	水稻	稻瘟病	100～140 克/亩	喷雾

登记证号	农药名称	农药类别	剂型	总含量	有效期限	登记证持有人	作物/场所	防治对象	用药量（制剂量/亩）	施用方法
PD20161292	春雷·三环唑	杀菌剂	可湿性粉剂	13%	2021年10月14日	广西威牛农化有限公司	水稻	稻瘟病	80~120克/亩	喷雾
PD20151128	春雷·三环唑	杀菌剂	可湿性粉剂	22%	2025年6月25日	江门市植保有限公司	水稻	稻瘟病	50~60克/亩	喷雾
PD20150768	春雷·三环唑	杀菌剂	可湿性粉剂	13%	2025年5月12日	广东省佛山市盈辉作物科学有限公司	水稻	稻瘟病	80~120克/亩	喷雾
PD20092745	春雷·三环唑	杀菌剂	可湿性粉剂	13%	2024年3月3日	山西新源华康化工股份有限公司	水稻	稻瘟病	60~100克/亩	喷雾
PD20086188	春雷·三环唑	杀菌剂	可湿性粉剂	10%	2023年12月30日	广西田园生化股份有限公司	水稻	稻瘟病	100~130克/亩	喷雾
PD20161627	春雷·戊唑醇	杀菌剂	可湿性粉剂	20%	2021年12月16日	江苏省盐城利民农化有限公司	水稻	稻瘟病	30~40克/亩	喷雾
PD20200146	春雷霉素	杀菌剂	可溶液剂	6%	2025年3月22日	武汉科诺生物科技股份有限公司	水稻	稻瘟病	40~50毫升/亩	喷雾
PD20184142	春雷霉素	杀菌剂	可湿性粉剂	6%	2023年9月25日	山西绿海农药科技有限公司	水稻	稻瘟病	34~37克/亩	喷雾
PD20183218	春雷霉素	杀菌剂	可溶液剂	4%	2023年7月23日	山东东合生物科技有限公司	水稻	稻瘟病	40~50毫升/亩	喷雾
PD20183181	春雷霉素	杀菌剂	水剂	6%	2023年7月23日	浙江省桐庐汇丰生物科技有限公司	水稻	稻瘟病	33~40毫升/亩	喷雾

登记证号	农药名称	农药类别	剂型	总含量	有效期限	登记证持有人	作物/场所	防治对象	用药量（制剂量/亩）	施用方法
PD20182188	春雷霉素	杀菌剂	水剂	4%	2023年6月27日	浙江省桐庐汇丰生物科技有限公司	水稻	稻瘟病	45~50毫升/亩	喷雾
PD20181633	春雷霉素	杀菌剂	水剂	2%	2023年5月16日	山东茹亿生物科技有限公司	水稻	稻瘟病	110~140毫升/亩	喷雾
PD20181478	春雷霉素	杀菌剂	水剂	2%	2023年4月17日	江苏剑牌农化股份有限公司	水稻	稻瘟病	100~120克/亩	喷雾
PD20180952	春雷霉素	杀菌剂	水剂	2%	2023年3月15日	孟州广农汇泽生物科技有限公司	水稻	稻瘟病	100~150毫升/亩	喷雾
PD20180866	春雷霉素	杀菌剂	水分散粒剂	20%	2023年3月15日	陕西华戎凯威生物有限公司	水稻	稻瘟病	13~16克/亩	喷雾
PD20171513	春雷霉素	杀菌剂	水剂	6%	2022年8月21日	山西新源华康化工股份有限公司	水稻	稻瘟病	33.3~50毫升/亩	喷雾
PD20170600	春雷霉素	杀菌剂	水剂	6%	2022年4月10日	华北制药集团爱诺有限公司	水稻	稻瘟病	33~40毫升/亩	喷雾
PD20170167	春雷霉素	杀菌剂	可湿性粉剂	6%	2022年1月7日	河北中保绿农作物科技有限公司	水稻	稻瘟病	33~44克/亩	喷雾
PD20161354	春雷霉素	杀菌剂	水剂	2%	2021年10月14日	山东省长清农药厂有限公司	水稻	稻瘟病	100~120毫升/亩	喷雾
PD20160370	春雷霉素	杀菌剂	可湿性粉剂	6%	2026年3月1日	江门市植保有限公司	水稻	稻瘟病	40~50克/亩	喷雾

附表 A（续）

登记证号	农药名称	农药类别	剂型	总含量	有效期限	登记证持有人	作物/场所	防治对象	用药量（制剂量/亩）	施用方法
PD20151323	春雷霉素	杀菌剂	可湿性粉剂	6%	2025 年 7 月 30 日	武汉科诺生物科技股份有限公司	水稻	稻瘟病	50~65 克/亩	喷雾
PD20142613	春雷霉素	杀菌剂	可湿性粉剂	6%	2024 年 12 月 15 日	山西运城绿康实业有限公司	水稻	稻瘟病	30~40 克/亩	喷雾
PD20142110	春雷霉素	杀菌剂	水剂	2%	2024 年 9 月 2 日	山东富谦生物科技有限公司	水稻	稻瘟病	100~150 毫升/亩	喷雾
PD20141308	春雷霉素	杀菌剂	可湿性粉剂	6%	2024 年 5 月 22 日	山西新源华康化工股份有限公司	水稻	稻瘟病	1 500 倍液	喷雾
PD20141307	春雷霉素	杀菌剂	可湿性粉剂	2%	2024 年 5 月 22 日	山西新源华康化工股份有限公司	水稻	稻瘟病	500 倍液	喷雾
PD20141010	春雷霉素	杀菌剂	水剂	2%	2024 年 4 月 21 日	山东禾宜生物科技有限公司	水稻	稻瘟病	80~100 毫升/亩	喷雾
PD20140586	春雷霉素	杀菌剂	可湿性粉剂	10%	2024 年 3 月 6 日	陕西康禾立丰生物药业有限公司	水稻	稻瘟病	23~27 克/亩	喷雾
PD20140482	春雷霉素	杀菌剂	水剂	4%	2024 年 2 月 25 日	陕西麦可罗生物科技有限公司	水稻	稻瘟病	63~70 毫升/亩	喷雾
PD20120660	春雷霉素	杀菌剂	水分散粒剂	2%	2022 年 4 月 18 日	南宁市德丰富化工有限责任公司	水稻	稻瘟病	90~100 克/亩	喷雾
PD20111368	春雷霉素	杀菌剂	水剂	2%	2021 年 12 月 14 日	海南博士威农用化学有限公司	水稻	稻瘟病	100~120 毫升/亩	喷雾

登记证号	农药名称	农药类别	剂型	总含量	有效期限	登记证持有人	作物/场所	防治对象	用药量（制剂量/亩）	施用方法
PD20111260	春雷霉素	杀菌剂	可湿性粉剂	2%	2021 年 11 月 23 日	江西省高安金龙生物科技有限公司	水稻	稻瘟病	100~125 克/亩	喷雾
PD20102209	春雷霉素	杀菌剂	水剂	2%	2025 年 12 月 23 日	河南农王实业有限公司	水稻	稻瘟病	100~150 毫升/亩	喷雾
PD20101813	春雷霉素	杀菌剂	水剂	2%	2025 年 7 月 19 日	绩溪农华生物科技有限公司	水稻	稻瘟病	80~100 克/亩	喷雾
PD20101812	春雷霉素	杀菌剂	可湿性粉剂	6%	2025 年 7 月 19 日	绩溪农华生物科技有限公司	水稻	稻瘟病	31.1~36.7 克/亩	喷雾
PD20101397	春雷霉素	杀菌剂	水剂	2%	2025 年 4 月 14 日	山东省乳山韩威生物科技有限公司	水稻	稻瘟病	100~110 克/亩	喷雾
PD20101248	春雷霉素	杀菌剂	可湿性粉剂	2%	2025 年 3 月 1 日	青岛海纳生物科技有限公司	水稻	稻瘟病	666.7~400 倍液	喷雾
PD20101231	春雷霉素	杀菌剂	可溶液剂	2%	2025 年 3 月 1 日	山东澳得利化工有限公司	水稻	稻瘟病	80~100 毫升/亩	喷雾
PD20100923	春雷霉素	杀菌剂	水剂	2%	2025 年 1 月 19 日	河北国欣诺农生物技术有限公司	水稻	稻瘟病	100~120 毫升/亩	喷雾
PD20100329	春雷霉素	杀菌剂	可湿性粉剂	4%	2025 年 1 月 11 日	山东省乳山韩威生物科技有限公司	水稻	稻瘟病	800~1 000 倍液（稀释倍数）	喷雾
PD20100308	春雷霉素	杀菌剂	可湿性粉剂	2%	2025 年 1 月 11 日	山都丽化工有限公司	水稻	稻瘟病	80~120 克（500~1 000 倍液）	喷雾

登记证号	农药名称	农药类别	剂型	总含量	有效期限	登记证持有人	作物/场所	防治对象	用药量（制剂量/亩）	施用方法
PD20100213	春雷霉素	杀菌剂	可湿性粉剂	6%	2025年1月5日	山东利邦农化有限公司	水稻	稻瘟病	25.5~36.7克/亩	喷雾
PD20098008	春雷霉素	杀菌剂	可湿性粉剂	6%	2024年12月7日	陕西上格之路生物科学有限公司	水稻	稻瘟病	31~37克/亩	喷雾
PD20095262	春雷霉素	杀菌剂	可湿性粉剂	6%	2024年4月27日	陕西麦可罗生物科技有限公司	水稻	稻瘟病	40~50克/亩	喷雾
PD20091023	春雷霉素	杀菌剂	水剂	2%	2024年1月21日	江西博邦生物药业有限公司	水稻	稻瘟病	80~100毫升/亩	喷雾
PD20090945	春雷霉素	杀菌剂	可湿性粉剂	2%	2024年1月19日	海利尔药业集团股份有限公司	水稻	稻瘟病	100~120克/亩	喷雾
PD20090190	春雷霉素	杀菌剂	可湿性粉剂	2%	2024年1月8日	江西众和化工有限公司	水稻	稻瘟病	120~150克/亩	喷雾
PD20090141	春雷霉素	杀菌剂	可湿性粉剂	2%	2024年1月8日	河北安格诺农化有限公司	水稻	稻瘟病	100~120克/亩	喷雾
PD20090132	春雷霉素	杀菌剂	水剂	2%	2024年1月8日	江门市植保有限公司	水稻	稻瘟病	80~120毫升/亩	喷雾
PD20086340	春雷霉素	杀菌剂	可湿性粉剂	6%	2023年12月31日	兴农药业（中国）有限公司	水稻	稻瘟病	40~50克/亩	喷雾
PD20085636	春雷霉素	杀菌剂	水剂	2%	2023年12月26日	华北制药河北华诺有限公司	水稻	稻瘟病	80~120克/亩	喷雾

登记证号	农药名称	农药类别	剂型	总含量	有效期限	登记证持有人	作物/场所	防治对象	用药量（制剂量/亩）	施用方法
PD20085256	春雷霉素	杀菌剂	可湿性粉剂	4%	2023 年 12 月 23 日	湖南大方农化股份有限公司	水稻	稻瘟病	50~62.5 克/亩	喷雾
PD20085189	春雷霉素	杀菌剂	水剂	2%	2023 年 12 月 23 日	山东惠民中联生物科技有限公司	水稻	稻瘟病	80~100 克/亩	喷雾
PD20084084	春雷霉素	杀菌剂	水剂	2%	2023 年 12 月 16 日	华北制药集团爱诺有限公司	水稻	稻瘟病	100~110 克/亩	喷雾
PD20082595	春雷霉素	杀菌剂	可湿性粉剂	2%	2023 年 12 月 4 日	江西省赣州宇田化工有限公司	水稻	稻瘟病	100~120 克/亩 兑水 50~60 千克	喷雾
PD20081904	春雷霉素	杀菌剂	水剂	2%	2023 年 11 月 21 日	山西新源华康化工股份有限公司	水稻	稻瘟病	100~150 毫升/亩	喷雾
PD20081484	春雷霉素	杀菌剂	可湿性粉剂	6%	2023 年 11 月 5 日	华北制药河北华诺有限公司	水稻	稻瘟病	31~36.7 克/亩	喷雾
PD85164	春雷霉素	杀菌剂	可湿性粉剂	4%	2025 年 8 月 23 日	山西新源华康化工股份有限公司	水稻	稻瘟病	1 000 倍液	喷雾
PD54-87	春雷霉素	杀菌剂	水剂	2%	2022 年 7 月 24 日	日本北兴化学工业株式会社	水稻	稻瘟病	80~100 毫升/亩	喷雾
PD20201043	春雷霉素·稻瘟酰胺	杀菌剂	悬浮剂	21%	2025 年 11 月 24 日	安徽丰乐农化有限责任公司	水稻	稻瘟病	50~70 克/亩	喷雾
PD20200434	春雷霉素·稻瘟酰胺	杀菌剂	悬浮剂	16%	2025 年 6 月 8 日	江苏长青生物科技有限公司	水稻	稻瘟病	60~100 毫升/亩	喷雾

登记证号	农药名称	农药类别	剂型	总含量	有效期限	登记证持有人	作物/场所	防治对象	用药量（制剂量/亩）	施用方法
PD84119-8	代森铵	杀菌剂	水剂	45%	2023 年 12 月 2 日	丹东明珠科技有限公司	水稻	稻瘟病	80～100 毫升/亩	喷雾
PD84119-7	代森铵	杀菌剂	水剂	45%	2025 年 2 月 23 日	天津市兴光农药厂	水稻	稻瘟病	80～100 毫升/亩	喷雾
PD84119-12	代森铵	杀菌剂	水剂	45%	2025 年 4 月 21 日	利民化学有限责任公司	水稻	稻瘟病	78～100 毫升/亩	喷雾
PD84119-11	代森铵	杀菌剂	水剂	45%	2025 年 1 月 11 日	菏泽茂泰瑞农生物科技有限公司	水稻	稻瘟病	80～100 毫升/亩	喷雾
PD20080064	稻灵·异稻	杀菌剂	乳油	35%	2023 年 1 月 4 日	江西省赣州宇田化工有限公司	水稻	稻瘟病	100～120 毫升/亩	喷雾
PD20182991	稻瘟·丙环唑	杀菌剂	悬浮剂	30%	2023 年 7 月 23 日	山东一览科技有限公司	水稻	稻瘟病	40～60 毫升/亩	喷雾
PD20182360	稻瘟·丙环唑	杀菌剂	悬浮剂	30%	2023 年 6 月 27 日	河北省农药化工有限公司	水稻	稻瘟病	45～50 毫升/亩	喷雾
PD20160870	稻瘟·丙环唑	杀菌剂	悬浮剂	30%	2021 年 7 月 26 日	陕西汤普森生物科技有限公司	水稻	稻瘟病	45～50 克/亩	喷雾
PD20170082	稻瘟·冀糖	杀菌剂	悬浮剂	42%	2022 年 1 月 7 日	青岛中达农业科技有限公司	水稻	稻瘟病	35～40 毫升/亩	喷雾
PD20183912	稻瘟·己唑醇	杀菌剂	悬浮剂	30%	2023 年 8 月 20 日	四川省川东农药化工有限公司	水稻	稻瘟病	30～35 毫升/亩	喷雾
PD20181994	稻瘟·己唑醇	杀菌剂	悬浮剂	25%	2023 年 5 月 16 日	湖南迅超农化有限公司	水稻	稻瘟病	60～80 毫升/亩	喷雾

登记证号	农药名称	农药类别	剂型	总含量	有效期限	登记证持有人	作物/场所	防治对象	用药量（制剂量/亩）	施用方法
PD20180720	稻瘟·己唑醇	杀菌剂	悬浮剂	25%	2023年2月8日	湖南长青润嫌宝农化有限公司	水稻	稻瘟病	80~90毫升/亩	喷雾
PD20171347	稻瘟·己唑醇	杀菌剂	悬浮剂	25%	2022年7月19日	广东省佛山市盈辉作物科学有限公司	水稻	稻瘟病	70~80毫升/亩	喷雾
PD20152214	稻瘟·己唑醇	杀菌剂	悬浮剂	30%	2025年9月23日	陕西汤普森生物科技有限公司	水稻	稻瘟病	25~35毫升/亩	喷雾
PD20181995	稻瘟·咪鲜胺	杀菌剂	悬浮剂	25%	2023年5月16日	湖南迅超农化有限公司	水稻	稻瘟病	60~80毫升/亩	喷雾
PD20200373	稻瘟·三环唑	杀菌剂	悬浮剂	30%	2025年5月21日	江苏生久农化有限公司	水稻	稻瘟病	83~100毫升/亩	喷雾
PD20184287	稻瘟·三环唑	杀菌剂	悬浮剂	40%	2023年9月25日	江苏省农药研究所股份有限公司	水稻	稻瘟病	65~70毫升/亩	喷雾
PD20182368	稻瘟·三环唑	杀菌剂	悬浮剂	40%	2023年6月27日	江苏省溧阳中南化工有限公司	水稻	稻瘟病	60~70毫升/亩	喷雾
PD20182264	稻瘟·三环唑	杀菌剂	悬浮剂	30%	2023年6月27日	陕西上格之路生物科学有限公司	水稻	稻瘟病	75~105毫升/亩	喷雾
PD20182200	稻瘟·三环唑	杀菌剂	悬浮剂	40%	2023年6月27日	安徽佳田森农药化工有限公司	水稻	稻瘟病	70~80毫升/亩	喷雾
PD20181564	稻瘟·三环唑	杀菌剂	悬浮剂	40%	2023年4月17日	安徽瑞然生物药肥科技有限公司	水稻	稻瘟病	60~70毫升/亩	喷雾

附表A（续）

登记证号	农药名称	农药类别	剂型	总含量	有效期限	登记证持有人	作物/场所	防治对象	用药量（制剂量/亩）	施用方法
PD20160721	稻瘟·三环唑	杀菌剂	悬浮剂	40%	2021年5月23日	陕西汤普森生物科技有限公司	水稻	稻瘟病	60~70毫升/亩	喷雾
PD20183637	稻瘟·戊唑醇	杀菌剂	悬浮剂	30%	2023年8月20日	湖南大方农化股份有限公司	水稻	稻瘟病	30~50毫升/亩	喷雾
PD20150867	稻瘟·戊唑醇	杀菌剂	悬浮剂	30%	2025年5月18日	南京南农农药科技发展有限公司	水稻	稻瘟病	30~45克/亩	喷雾
PD20142197	稻瘟·戊唑醇	杀菌剂	悬浮剂	30%	2024年9月28日	陕西亿田丰作物科技有限公司	水稻	稻瘟病	30~50毫升/亩	喷雾
PD20200925	稻瘟灵	杀菌剂	乳油	40%	2025年10月27日	连云港立本作物科技有限公司	水稻	稻瘟病	105~125毫升/亩	喷雾
PD20200370	稻瘟灵	杀菌剂	颗粒剂	30%	2025年5月21日	河北博嘉农业有限公司	水稻	稻瘟病	400~800克/亩	撒施
PD20183878	稻瘟灵	杀菌剂	乳油	40%	2023年8月20日	山东碧奥生物科技有限公司	水稻	稻瘟病	75~150毫升/亩	喷雾
PD20181883	稻瘟灵	杀菌剂	展膜油剂	30%	2023年5月16日	河北博嘉农业有限公司	水稻	稻瘟病	267~400毫升/亩	滴施
PD20181028	稻瘟灵	杀菌剂	展膜油剂	40%	2023年3月15日	河北博嘉农业有限公司	水稻	稻瘟病	200~300毫升/亩	洒滴
PD20180428	稻瘟灵	杀菌剂	乳油	40%	2023年2月8日	浙江宇龙生物科技股份有限公司	水稻	稻瘟病	102.5~110毫升/亩	喷雾
PD20180178	稻瘟灵	杀菌剂	可湿性粉剂	40%	2023年1月14日	连云港立本作物科技有限公司	水稻	稻瘟病	87.5~100克/亩	喷雾

登记证号	农药名称	农药类别	剂型	总含量	有效期限	登记证持有人	作物/场所	防治对象	用药量（制剂量/亩）	施用方法
PD20171343	稻瘟灵	杀菌剂	水乳剂	30%	2022 年 7 月 19 日	江苏剑牌农化股份有限公司	水稻	稻瘟病	100～130 毫升/亩	喷雾
PD20161464	稻瘟灵	杀菌剂	乳油	40%	2021 年 10 月 14 日	广西锦泰农化有限公司	水稻	稻瘟病	85～100 克/亩	喷雾
PD20151999	稻瘟灵	杀菌剂	乳油	40%	2025 年 8 月 31 日	吉林省长春市长双农药有限公司	水稻	稻瘟病	90～110 毫升/亩	喷雾
PD20151157	稻瘟灵	杀菌剂	可湿性粉剂	40%	2025 年 6 月 26 日	鹤壁全丰生物科技有限公司	水稻	稻瘟病	80～120 克/亩	喷雾
PD20150126	稻瘟灵	杀菌剂	可湿性粉剂	40%	2025 年 1 月 7 日	山西绿海农药科技有限公司	水稻	稻瘟病	80～100 克/亩	喷雾
PD20150106	稻瘟灵	杀菌剂	可湿性粉剂	40%	2025 年 1 月 5 日	河南锦绣之星作物保护有限公司	水稻	稻瘟病	80～100 克/亩	喷雾
PD20140794	稻瘟灵	杀菌剂	乳油	40%	2024 年 3 月 25 日	江西巴姆博生物科技有限公司	水稻	稻瘟病	80～100 克/亩	喷雾
PD20140069	稻瘟灵	杀菌剂	乳油	40%	2024 年 1 月 20 日	济南中科绿色生物工程有限公司	水稻	稻瘟病	66.7～100 毫升/亩	喷雾
PD20131879	稻瘟灵	杀菌剂	可湿性粉剂	40%	2023 年 9 月 25 日	江苏龙灯化学有限公司	水稻	稻瘟病	75～100 克/亩	喷雾
PD20131569	稻瘟灵	杀菌剂	可湿性粉剂	40%	2023 年 7 月 23 日	成都科利隆生化有限公司	水稻	稻瘟病	80～120 克/亩	喷雾

登记证号	农药名称	农药类别	剂型	总含量	有效期限	登记证持有人	作物/场所	防治对象	用药量（制剂量/亩）	施用方法
PD20131155	稻瘟灵	杀菌剂	乳油	40%	2023年5月21日	辽宁山水益农科技有限公司	水稻	稻瘟病	75~110毫升/亩	喷雾
PD20130831	稻瘟灵	杀菌剂	乳油	40%	2023年4月22日	昆明百事德生物化学科技有限公司	水稻	稻瘟病	75~100克/亩	喷雾
PD20122107	稻瘟灵	杀菌剂	乳油	40%	2022年12月26日	湖南农大海特农化有限公司	水稻	稻瘟病	75~112毫升/亩	喷雾
PD20122082	稻瘟灵	杀菌剂	可湿性粉剂	40%	2022年12月24日	四川省宜宾川安高科农药有限责任公司	水稻	稻瘟病	83~100克/亩	喷雾
PD20121863	稻瘟灵	杀菌剂	乳油	40%	2022年11月28日	大连木春农药有限公司	水稻	稻瘟病	83~100克/亩	喷雾
PD20121011	稻瘟灵	杀菌剂	可湿性粉剂	40%	2022年6月21日	江西欧美生物科技有限公司	水稻本田	稻瘟病	83~100克/亩	喷雾
PD20120037	稻瘟灵	杀菌剂	乳油	30%	2022年1月10日	广西威牛农化有限公司	水稻	稻瘟病	120~150毫升	喷雾
PD20110955	稻瘟灵	杀菌剂	乳油	40%	2021年9月8日	河北安格诺农化有限公司	水稻	稻瘟病	80~100毫升/亩	喷雾
PD20101031	稻瘟灵	杀菌剂	乳油	30%	2025年1月20日	江西中源作物保护有限公司	水稻	稻瘟病	100~150毫升/亩	喷雾
PD20100550	稻瘟灵	杀菌剂	乳油	40%	2025年1月14日	重庆树荣作物科学有限公司	水稻	稻瘟病	75~112.5毫升/亩	喷雾

登记证号	农药名称	农药类别	剂型	总含量	有效期限	登记证持有人	作物/场所	防治对象	用药剂量（制剂量/亩）	施用方法
PD20100421	稻瘟灵	杀菌剂	乳油	40%	2025 年 1 月 14 日	浙江省杭州宇龙化工有限公司	水稻	稻瘟病	93.75~112.5 克/亩	喷雾
PD20100076	稻瘟灵	杀菌剂	乳油	40%	2025 年 1 月 4 日	山东省青岛金尔农化研制开发有限公司	水稻	稻瘟病	83.3~100 克/亩	喷雾
PD20098286	稻瘟灵	杀菌剂	乳油	40%	2024 年 12 月 18 日	南通金陵农化有限公司	水稻田	稻瘟病	100~125 毫升/亩	喷雾
PD20098283	稻瘟灵	杀菌剂	乳油	40%	2024 年 12 月 18 日	济南天邦化工有限公司	水稻	稻瘟病	66.5~100 毫升/亩	喷雾
PD20098203	稻瘟灵	杀菌剂	乳油	40%	2024 年 12 月 16 日	浙江威原天盛作物科技有限公司	水稻	稻瘟病	66.7~100 克/亩	喷雾
PD20098075	稻瘟灵	杀菌剂	乳油	30%	2024 年 12 月 8 日	广西田园生化股份有限公司	水稻	稻瘟病	60~72 毫升/亩	喷雾
PD20097194	稻瘟灵	杀菌剂	可湿性粉剂	40%	2024 年 10 月 16 日	陕西上格之路生物科学有限公司	水稻	稻瘟病	83.3~100 克/亩	喷雾
PD20097153	稻瘟灵	杀菌剂	乳油	40%	2024 年 10 月 16 日	一帆生物科技集团有限公司	水稻	稻瘟病	87.5~100 毫升/亩	喷雾
PD20097021	稻瘟灵	杀菌剂	微乳剂	18%	2024 年 10 月 10 日	深圳诺普信农化股份有限公司	水稻	稻瘟病	160~240 毫升/亩	喷雾
PD20095387	稻瘟灵	杀菌剂	乳油	40%	2024 年 4 月 27 日	天津市绿亨化工有限公司	水稻	稻瘟病	100~133.33 毫升/亩	喷雾

登记证号	农药名称	农药类别	剂型	总含量	有效期限	登记证持有人	作物/场所	防治对象	用药量（制剂量/亩）	施用方法
PD20095248	稻瘟灵	杀菌剂	乳油	40%	2024年4月27日	浙江菱化实业股份有限公司	水稻	稻瘟病	75~112.5毫升/亩	喷雾
PD20094779	稻瘟灵	杀菌剂	乳油	30%	2024年4月13日	山东兆丰年生物科技有限公司	水稻	稻瘟病	100~150毫升/亩	喷雾
PD20094432	稻瘟灵	杀菌剂	乳油	40%	2024年4月1日	重庆中邦药业（集团）有限公司	水稻	稻瘟病	67~100克/亩	喷雾
PD20094137	稻瘟灵	杀菌剂	乳油	30%	2024年3月27日	科特威生物科技有限公司	水稻	稻瘟病	100~150毫升/亩	喷雾
PD20094091	稻瘟灵	杀菌剂	乳油	40%	2024年3月27日	海南正业中农高科股份有限公司	水稻	稻瘟病	75~100毫升/亩	喷雾
PD20092615	稻瘟灵	杀菌剂	乳油	30%	2024年3月2日	山东科大创业生物有限公司	水稻	稻瘟病	125~150毫升/亩	喷雾
PD20092534	稻瘟灵	杀菌剂	乳油	30%	2024年2月26日	四川年年丰生物技术有限公司	水稻	稻瘟病	100~150毫升/亩	喷雾
PD20092377	稻瘟灵	杀菌剂	可湿性粉剂	40%	2024年3月3日	四川省化学工业研究设计院广汉试验厂	水稻	稻瘟病	75~112.5克/亩	喷雾
PD20092129	稻瘟灵	杀菌剂	乳油	40%	2024年2月23日	福阿母韩农（黑龙江）化工有限公司	水稻	稻瘟病	67~100克/亩	喷雾
PD20091774	稻瘟灵	杀菌剂	乳油	40%	2024年2月4日	吉林邦农生物农药有限公司	水稻	稻瘟病	75~100毫升/亩	喷雾

登记证号	农药名称	农药类别	剂型	总含量	有效期限	登记证持有人	作物/场所	防治对象	用药量（制剂量/亩）	施用方法
PD20091647	稻瘟灵	杀菌剂	乳油	40%	2024 年 2 月 3 日	科特威生物科技有限公司	水稻	稻瘟病	100~150 毫升/亩	喷雾
PD20091478	稻瘟灵	杀菌剂	乳油	40%	2024 年 2 月 2 日	福建新农大正生物工程有限公司	水稻	稻瘟病	75~112.5 克/亩	喷雾
PD20090585	稻瘟灵	杀菌剂	可湿性粉剂	40%	2024 年 1 月 14 日	山东省青岛奥迪斯生物科技有限公司	水稻	稻瘟病	75~100 克/亩	喷雾
PD20090379	稻瘟灵	杀虫剂	乳油	30%	2024 年 1 月 12 日	广西金燕子农药有限公司	水稻	稻瘟病	100~150 毫升/亩	喷雾
PD20090351	稻瘟灵	杀菌剂	乳油	40%	2024 年 1 月 12 日	黑龙江省大地丰农业科技开发有限公司	水稻	稻瘟病	70~90 毫升/亩	喷雾
PD20090212	稻瘟灵	杀菌剂	乳油	30%	2024 年 1 月 9 日	江西绿川生物科技实业有限公司	水稻	稻瘟病	100~150 毫升/亩	喷雾
PD20090211	稻瘟灵	杀菌剂	乳油	40%	2024 年 1 月 9 日	黑龙江省哈尔滨市农丰科技化工有限公司	水稻	稻瘟病	67~100 毫升/亩	喷雾
PD20090191	稻瘟灵	杀菌剂	乳油	40%	2024 年 1 月 8 日	山西省临猗中晋化工有限公司	水稻	稻瘟病	83~117 毫升/亩	喷雾
PD20090189	稻瘟灵	杀菌剂	乳油	40%	2024 年 1 月 8 日	湖南大方农化股份有限公司	水稻	稻瘟病	70~100 毫升/亩	喷雾
PD20086118	稻瘟灵	杀菌剂	乳油	40%	2023 年 12 月 30 日	成都邦农农化学有限公司	水稻	稻瘟病	100~150 毫升/亩	喷雾

附表A（续）

登记证号	农药名称	农药类别	剂型	总含量	有效期限	登记证持有人	作物/场所	防治对象	用药量（制剂量/亩）	施用方法
PD20085746	稻瘟灵	杀菌剂	乳油	30%	2023 年 12 月 26 日	四川金珠生态农业科技有限公司	水稻	稻瘟病	100～150 毫升/亩	喷雾
PD20085641	稻瘟灵	杀菌剂	乳油	30%	2023 年 12 月 26 日	江西卫农科技发展有限公司	水稻	稻瘟病	100～150 毫升/亩	喷雾
PD20085236	稻瘟灵	杀菌剂	乳油	40%	2023 年 12 月 23 日	四川金珠生态农业科技有限公司	水稻	稻瘟病	100～115 克/亩	喷雾
PD20084789	稻瘟灵	杀菌剂	可湿性粉剂	40%	2023 年 12 月 22 日	陕西美邦药业集团股份有限公司	水稻	稻瘟病	100～120 克/亩	喷雾
PD20084775	稻瘟灵	杀菌剂	乳油	40%	2023 年 12 月 22 日	澳大利亚纽发姆有限公司	水稻	稻瘟病	70～100 毫升/亩	喷雾
PD20084769	稻瘟灵	杀菌剂	可湿性粉剂	40%	2023 年 12 月 22 日	江西巴姆博生物科技有限公司	水稻	稻瘟病	67～100 克/亩	喷雾
PD20084344	稻瘟灵	杀菌剂	乳油	40%	2023 年 12 月 17 日	四川省川东农化工有限公司	水稻	稻瘟病	83～100 毫升/亩	喷雾
PD20084310	稻瘟灵	杀菌剂	乳油	30%	2023 年 12 月 17 日	东莞市瑞德丰生物科技有限公司	水稻	稻瘟病	100～150 克/亩	喷雾
PD20084262	稻瘟灵	杀菌剂	乳油	40%	2023 年 12 月 17 日	陕西标正作物科学有限公司	水稻	稻瘟病	100～120 毫升/亩	喷雾
PD20084222	稻瘟灵	杀菌剂	乳油	40%	2023 年 12 月 17 日	天津市施普乐农药技术发展有限公司	水稻	稻瘟病	80～100 克/亩	喷雾

登记证号	农药名称	农药类别	剂型	总含量	有效期限	登记证持有人	作物/场所	防治对象	用药量（制剂量/亩）	施用方法
PD20084001	稻瘟灵	杀菌剂	乳油	30%	2023 年 12 月 16 日	江西劲农作物保护有限公司	水稻	稻瘟病	100~150 克/亩	喷雾
PD20083975	稻瘟灵	杀菌剂	乳油	40%	2024 年 3 月 3 日	四川省化学工业研究设计院广汉试验厂	水稻	稻瘟病	75~113 毫升/亩	喷雾
PD20083965	稻瘟灵	杀菌剂	乳油	30%	2023 年 12 月 16 日	河南省安阳市国丰农药有限责任公司	水稻	稻瘟病	100~150 毫升/亩	喷雾
PD20083652	稻瘟灵	杀菌剂	乳油	40%	2023 年 12 月 12 日	东莞市瑞德丰生物科技有限公司	水稻	稻瘟病	80~120 毫升/亩	喷雾
PD20083506	稻瘟灵	杀菌剂	乳油	30%	2023 年 12 月 12 日	广东省佛山市大兴生物化工有限公司	水稻	稻瘟病	100~150 克/亩	喷雾
PD20083065	稻瘟灵	杀菌剂	可湿性粉剂	40%	2023 年 12 月 10 日	江苏东宝农化股份有限公司	水稻	稻瘟病	80~100 克/亩	喷雾
PD20083060	稻瘟灵	杀菌剂	乳油	40%	2023 年 12 月 10 日	湖南惠民生物科技有限公司	水稻	稻瘟病	80~100 克/亩	喷雾
PD20082998	稻瘟灵	杀菌剂	乳油	40%	2023 年 12 月 10 日	深圳诺普信农化股份有限公司	水稻	稻瘟病	100~120 克/亩	喷雾
PD20082928	稻瘟灵	杀菌剂	乳油	40%	2023 年 12 月 9 日	四川和邦生物科技股份有限公司	水稻	稻瘟病	75~112.5 克/亩	喷雾
PD20082514	稻瘟灵	杀菌剂	可湿性粉剂	30%	2023 年 12 月 3 日	四川先易达农化有限公司	水稻	稻瘟病	—	喷雾

附表 A（续）

登记证号	农药名称	农药类别	剂型	总含量	有效期限	登记证持有人	作物/场所	防治对象	用药量（制剂量/亩）	施用方法
PD20082289	稻瘟灵	杀菌剂	可湿性粉剂	40%	2023 年 12 月 1 日	山东省青岛凯源祥化工有限公司	水稻	稻瘟病	67～100 克/亩	喷雾
PD20081923	稻瘟灵	杀菌剂	乳油	40%	2023 年 11 月 21 日	吉林省金秋农药有限公司	水稻	稻瘟病	75～125 克/亩	喷雾
PD20081687	稻瘟灵	杀菌剂	乳油	40%	2023 年 11 月 17 日	吉林省八达农药有限公司	水稻	稻瘟病	94～112.5 克/亩	喷雾
PD20081560	稻瘟灵	杀菌剂	可湿性粉剂	40%	2023 年 11 月 11 日	山东玉成生化农药有限公司	水稻	稻瘟病	80～100 克/亩	喷雾
PD20081551	稻瘟灵	杀菌剂	乳油	40%	2023 年 11 月 11 日	江西中迅农化有限公司	水稻	稻瘟病	100～150 克/亩	喷雾
PD20081474	稻瘟灵	杀菌剂	乳油	40%	2023 年 11 月 4 日	广西兄弟农药厂	水稻	稻瘟病	75～110 毫升/亩	喷雾
PD20081429	稻瘟灵	杀菌剂	乳油	40%	2023 年 10 月 31 日	广东金农达生物科技有限公司	水稻	稻瘟病	75～112.5 克/亩	喷雾
PD20081159	稻瘟灵	杀菌剂	乳油	30%	2023 年 9 月 11 日	江苏长青生物科技有限公司	水稻	稻瘟病	100～150 毫升/亩	喷雾
PD20080278	稻瘟灵	杀菌剂	乳油	40%	2023 年 2 月 22 日	中农立华（天津）农用化学品有限公司	水稻	稻瘟病	75～112.5 克/亩	喷雾
PD20080216	稻瘟灵	杀菌剂	乳油	40%	2023 年 1 月 11 日	江西田友生化有限公司	水稻	稻瘟病	100～125 毫升/亩	喷雾
PD20080215	稻瘟灵	杀菌剂	乳油	40%	2023 年 1 月 11 日	四川先易达农化有限公司	水稻	稻瘟病	75～113 克/亩	喷雾
PD20080053	稻瘟灵	杀菌剂	乳油	40%	2023 年 1 月 3 日	江苏龙灯化学有限公司	水稻	稻瘟病	94～113 克/亩	喷雾

登记证号	农药名称	农药类别	剂型	总含量	有效期限	登记证持有人	作物/场所	防治对象	用药量（制剂量/亩）	施用方法
PD20070257	稻瘟灵	杀菌剂	乳油	40%	2022 年 9 月 4 日	浙江威尔达化工有限公司	水稻	稻瘟病	100~120 毫升/亩	喷雾
PD86182-9	稻瘟灵	杀菌剂	乳油	30%	2025 年 6 月 20 日	河南省蓝天化工有限责任公司	水稻	稻瘟病	100~150 毫升/亩	喷雾
PD86182-8	稻瘟灵	杀菌剂	乳油	30%	2021 年 11 月 15 日	四川先易达农化有限公司	水稻	稻瘟病	100~150 克/亩	喷雾
PD86182-6	稻瘟灵	杀菌剂	乳油	30%	2026 年 3 月 20 日	浙江菱化实业股份有限公司	水稻	稻瘟病	100~150 毫升/亩	喷雾
PD86182-10	稻瘟灵	杀菌剂	乳油	30%	2025 年 6 月 24 日	四川省化学工业研究设计院广汉试验厂	水稻	稻瘟病	100~150 毫升/亩	喷雾
PD19-86	稻瘟灵	杀菌剂	可湿性粉剂	40%	2021 年 9 月 17 日	日本农药株式会社	水稻	稻瘟病	66.5~100 克/亩	喷雾
PD15-86	稻瘟灵	杀菌剂	乳油	40%	2021 年 4 月 9 日	日本农药株式会社	水稻	稻瘟病	66.5~100 克/亩	喷雾
PD20201045	稻瘟灵·戊唑醇	杀菌剂	水乳剂	36%	2025 年 11 月 24 日	江苏省南京惠宇农化有限公司	水稻	稻瘟病	65~75 毫升/亩	喷雾
PD20201061	稻瘟酰胺	杀菌剂	悬浮剂	40%	2025 年 12 月 24 日	江苏长青生物科技有限公司	水稻	稻瘟病	30~50 毫升/亩	喷雾
PD20182803	稻瘟酰胺	杀菌剂	悬浮剂	20%	2023 年 7 月 23 日	河南远见农业科技有限公司	水稻	稻瘟病	53~70 毫升/亩	喷雾

登记证号	农药名称	农药类别	剂型	总含量	有效期限	登记证持有人	作物/场所	防治对象	用药量（制剂量/亩）	施用方法
PD20181515	稻瘟酰胺	杀菌剂	悬浮剂	40%	2023 年 4 月 17 日	菏泽龙歌植保技术有限公司	水稻	稻瘟病	30～50 毫升/亩	喷雾
PD20180660	稻瘟酰胺	杀菌剂	悬浮剂	25%	2023 年 2 月 8 日	湖南迅超农化有限公司	水稻	稻瘟病	60～80 毫升/亩	喷雾
PD20180025	稻瘟酰胺	杀菌剂	悬浮剂	20%	2023 年 1 月 14 日	江苏剑牌农化股份有限公司	水稻	稻瘟病	60～80 毫升/亩	喷雾
PD20173079	稻瘟酰胺	杀菌剂	悬浮剂	20%	2022 年 12 月 19 日	登封市金博农药化工有限公司	水稻	稻瘟病	53～70 毫升/亩	喷雾
PD20172833	稻瘟酰胺	杀菌剂	悬浮剂	40%	2022 年 11 月 20 日	江苏省盐城利民农化有限公司	水稻	稻瘟病	40～50 毫升/亩	喷雾
PD20172621	稻瘟酰胺	杀菌剂	悬浮剂	20%	2022 年 11 月 20 日	青岛恒丰作物科学有限公司	水稻	稻瘟病	55～70 毫升/亩	喷雾
PD20172478	稻瘟酰胺	杀菌剂	悬浮剂	20%	2022 年 10 月 17 日	江苏省南京惠宇农化有限公司	水稻	稻瘟病	60～70 毫升/亩	喷雾
PD20171901	稻瘟酰胺	杀菌剂	悬浮剂	20%	2022 年 9 月 18 日	河南瀚斯作物保护有限公司	水稻	稻瘟病	60～100 毫升/亩	喷雾
PD20171182	稻瘟酰胺	杀菌剂	悬浮剂	40%	2022 年 7 月 19 日	天津市津绿宝农药制造有限公司	水稻	稻瘟病	40～50 毫升/亩	喷雾
PD20170835	稻瘟酰胺	杀菌剂	悬浮剂	20%	2022 年 5 月 9 日	吉林金秋农药有限公司	水稻	稻瘟病	70～100 毫升/亩	喷雾
PD20170128	稻瘟酰胺	杀菌剂	悬浮剂	20%	2022 年 1 月 7 日	山东惠民中联生物科技有限公司	水稻	稻瘟病	52.5～70.0 毫升/亩	喷雾

登记证号	农药名称	农药类别	剂型	总含量	有效期限	登记证持有人	作物/场所	防治对象	用药量（制剂量/亩）	施用方法
PD20161511	稻瘟酰胺	杀菌剂	悬浮剂	40%	2021 年 11 月 14 日	吉林省八达农药有限公司	水稻	稻瘟病	30~50 毫升/亩	喷雾
PD20161099	稻瘟酰胺	杀菌剂	悬浮剂	40%	2021 年 8 月 30 日	陕西恒田生物农业有限公司	水稻	稻瘟病	30~40 毫升/亩	喷雾
PD20160384	稻瘟酰胺	杀菌剂	悬浮剂	30%	2026 年 3 月 15 日	青岛海纳生物科技有限公司	水稻	稻瘟病	35~50 克/亩	喷雾
PD20160255	稻瘟酰胺	杀菌剂	悬浮剂	20%	2026 年 2 月 25 日	山东省长清农药厂有限公司	水稻	稻瘟病	50~67 毫升/亩	喷雾
PD20160136	稻瘟酰胺	杀菌剂	悬浮剂	20%	2026 年 1 月 28 日	安徽辉隆集团银山药业有限责任公司	水稻	稻瘟病	100~150 克/亩	喷雾
PD20160038	稻瘟酰胺	杀菌剂	悬浮剂	30%	2026 年 1 月 27 日	陕西汤普森生物科技有限公司	水稻	稻瘟病	50~60 克/亩	喷雾
PD20152308	稻瘟酰胺	杀菌剂	悬浮剂	40%	2025 年 10 月 21 日	湖南新长山农业发展股份有限公司	水稻	稻瘟病	40~50 毫升/亩	喷雾
PD20151750	稻瘟酰胺	杀菌剂	悬浮剂	20%	2025 年 8 月 28 日	山东省联合农药工业有限公司	水稻	稻瘟病	33.3~66.7 毫升/亩	喷雾
PD20151698	稻瘟酰胺	杀菌剂	悬浮剂	20%	2025 年 8 月 28 日	江苏东宝农化股份有限公司	水稻	稻瘟病	60~100 克/亩	喷雾
PD20151616	稻瘟酰胺	杀菌剂	悬浮剂	30%	2025 年 8 月 28 日	天津市汉邦植物保护剂有限责任公司	水稻	稻瘟病	43~50 毫升/亩	喷雾

登记证号	农药名称	农药类别	剂型	总含量	有效期限	登记证持有人	作物/场所	防治对象	用药量（制剂量/亩）	施用方法
PD20151448	稻瘟酰胺	杀菌剂	悬浮剂	40%	2025 年 7 月 31 日	江苏富田农化有限公司	水稻	稻瘟病	30～50 毫升/亩	喷雾
PD20151443	稻瘟酰胺	杀菌剂	可湿性粉剂	20%	2025 年 7 月 30 日	陕西美邦药业集团股份有限公司	水稻	稻瘟病	80～100 克/亩	喷雾
PD20150915	稻瘟酰胺	杀菌剂	悬浮剂	20%	2025 年 6 月 9 日	上海悦联化工有限公司	水稻	稻瘟病	60～80 毫升/亩	喷雾
PD20150760	稻瘟酰胺	杀菌剂	悬浮剂	30%	2025 年 5 月 12 日	江西众和化工有限公司	水稻	稻瘟病	35～50 毫升/亩	喷雾
PD20150565	稻瘟酰胺	杀菌剂	悬浮剂	20%	2025 年 3 月 24 日	黑龙江省哈尔滨富利生化科技发展有限公司	水稻	稻瘟病	60～100 毫升/亩	喷雾
PD20150314	稻瘟酰胺	杀菌剂	悬浮剂	20%	2025 年 2 月 5 日	京博农化科技有限公司	水稻	稻瘟病	52.15～70 毫升/亩	喷雾
PD20142579	稻瘟酰胺	杀菌剂	悬浮剂	40%	2024 年 12 月 15 日	陕西亿田丰作物科技有限公司	水稻	稻瘟病	30～50 毫升/亩	喷雾
PD20141311	稻瘟酰胺	杀菌剂	悬浮剂	20%	2024 年 5 月 30 日	江苏长青生物科技有限公司	水稻	稻瘟病	60～100 毫升/亩	喷雾
PD20140318	稻瘟酰胺	杀菌剂	悬浮剂	20%	2024 年 2 月 13 日	江苏丰登作物保护股份有限公司	水稻	稻瘟病	50～67 克/亩	喷雾
PD20181307	稻酰·醚菌酯	杀菌剂	悬浮剂	26%	2023 年 4 月 17 日	京博农化科技有限公司	水稻	稻瘟病	60～90 毫升/亩	喷雾
PD20121813	低聚糖素	杀菌剂	水剂	6%	2022 年 11 月 22 日	海南正业中农高科股份有限公司	水稻	稻瘟病	62～83 毫升/亩	喷雾
PD20083966	敌瘟磷	杀菌剂	乳油	30%	2023 年 12 月 16 日	广东省佛山市盈辉作物科学有限公司	水稻	稻瘟病	111～133 克/亩	喷雾

登记证号	农药名称	农药类别	剂型	总含量	有效期限	登记证持有人	作物/场所	防治对象	用药量（制剂量/亩）	施用方法
PD20097190	多·福	杀菌剂	悬浮种衣剂	20%	2024年10月16日	四川红种子高新农业有限责任公司	水稻	稻瘟病	1:40~50（药种比）	种子包衣
PD20084020	多·福	杀菌剂	可湿性粉剂	45%	2023年12月16日	山东辉嘏生物科技有限公司	水稻	稻瘟病	160~200克/亩	喷雾
PD20090963	多·福·硫磺	杀菌剂	可湿性粉剂	25%	2024年1月20日	湖南农大海特农化有限公司	水稻	稻瘟病	160~200克/亩	喷雾
PD20086338	多·福·硫磺	杀菌剂	可湿性粉剂	25%	2023年12月31日	浙江龙湾化工有限公司	水稻	稻瘟病	100~160克/亩	喷雾
PD20090327	多·硫	杀菌剂	可湿性粉剂	25%	2024年1月12日	河南力克化工有限公司	水稻	稻瘟病	320~480克/亩	喷雾
PD20084759	多·硫	杀菌剂	可湿性粉剂	25%	2023年12月22日	孟州云大高科生物科技有限公司	水稻	稻瘟病	320~480克/亩	喷雾
PD20040755	多·硫	杀菌剂	可湿性粉剂	25%	2024年12月19日	湖北省枣阳市先飞高科农药有限公司	水稻	稻瘟病	320~480克/亩	喷雾
PD20040765	多·酮	杀菌剂	可湿性粉剂	50%	2024年12月19日	江苏省扬州市苏灵药化工有限公司	水稻	稻瘟病	60~80克/亩	喷雾
PD20040378	多·酮	杀菌剂	可湿性粉剂	40%	2024年12月19日	江苏粮满仓农化有限公司	水稻	稻瘟病	80~100克/亩	喷雾
PD20040256	多·酮	杀菌剂	可湿性粉剂	30%	2024年12月19日	江苏东宝农化股份有限公司	水稻	稻瘟病	100~133克/亩	喷雾

登记证号	农药名称	农药类别	剂型	总含量	有效期限	登记证持有人	作物/场所	防治对象	用药量（制剂量/亩）	施用方法
PD20040220	多·酮	杀菌剂	可湿性粉剂	30%	2024 年 12 月 19 日	上海绿泽生物科技有限责任公司	水稻	稻瘟病	100~133 克/亩	喷雾
PD20101990	多菌灵	杀菌剂	可湿性粉剂	50%	2025 年 9 月 25 日	山东省淄博恒生农药有限公司	水稻	稻瘟病	93.3~100 克/亩	喷雾
PD20100959	多菌灵	杀菌剂	可湿性粉剂	80%	2025 年 1 月 19 日	江苏苏中农药化工厂	水稻	稻瘟病	62.5~75 克/亩	喷雾
PD20100499	多菌灵	杀菌剂	可湿性粉剂	80%	2025 年 1 月 14 日	陕西东朋开元农业科技有限公司	水稻	稻瘟病	62.5~75 克/亩	喷雾
PD20100395	多菌灵	杀菌剂	可湿性粉剂	25%	2025 年 1 月 14 日	山东中诺药业有限公司	水稻	稻瘟病	200~250 克/亩	喷雾
PD20100080	多菌灵	杀菌剂	可湿性粉剂	50%	2025 年 1 月 4 日	天津艾格福农药科技有限公司	水稻	稻瘟病	66.7~133.3 克/亩	喷雾
PD20098054	多菌灵	杀菌剂	可湿性粉剂	80%	2024 年 12 月 7 日	济南天邦化工有限公司	水稻	稻瘟病	62.5~66.7 克/亩	喷雾
PD20098049	多菌灵	杀菌剂	可湿性粉剂	25%	2024 年 12 月 7 日	河南省开封市浪潮化工有限公司	水稻	稻瘟病	200~250 克/亩	喷雾
PD20094804	多菌灵	杀菌剂	可湿性粉剂	25%	2024 年 4 月 13 日	江西大山科技有限公司	水稻	稻瘟病	200~250 克/亩	喷雾
PD20094290	多菌灵	杀菌剂	可湿性粉剂	80%	2024 年 3 月 31 日	海南正业中农高科股份有限公司	水稻	稻瘟病	58~75 克/亩	喷雾

登记证号	农药名称	农药类别	剂型	总含量	有效期限	登记证持有人	作物/场所	防治对象	用药量（制剂量/亩）	施用方法
PD20093842	多菌灵	杀菌剂	悬浮剂	50%	2024 年 3 月 25 日	安徽广信农化股份有限公司	水稻	稻瘟病	75～125 毫升/亩	喷雾
PD20092656	多菌灵	杀菌剂	可湿性粉剂	50%	2024 年 3 月 3 日	山东曹达化工有限公司	水稻	稻瘟病	100～133 克/亩	喷雾
PD20092070	多菌灵	杀菌剂	可湿性粉剂	50%	2024 年 2 月 16 日	江西龙源农药有限公司	水稻	稻瘟病	80～100 克/亩	喷雾
PD20091952	多菌灵	杀菌剂	可湿性粉剂	50%	2024 年 2 月 12 日	江西海阔利斯生物科技有限公司	水稻	稻瘟病	150～200 克/亩	喷雾
PD20091757	多菌灵	杀菌剂	可湿性粉剂	25%	2024 年 2 月 4 日	广东顺地丰生物科技有限公司	水稻	稻瘟病	200～264 克/亩	喷雾
PD20090355	多菌灵	杀菌剂	可湿性粉剂	80%	2024 年 3 月 26 日	苏农（广德）生物科技有限公司	水稻	稻瘟病	75～90 克/亩	喷雾
PD20084653	多菌灵	杀菌剂	可湿性粉剂	25%	2023 年 12 月 22 日	陕西亿田丰作物科技有限公司	水稻	稻瘟病	200～250 克/亩	喷雾
PD20084610	多菌灵	杀菌剂	可湿性粉剂	50%	2023 年 12 月 18 日	山东省淄博绿晶农药有限公司	水稻	稻瘟病	100～130 克/亩	喷雾
PD20084424	多菌灵	杀菌剂	可湿性粉剂	25%	2023 年 12 月 17 日	江西丰源生物高科有限公司	水稻	稻瘟病	—	喷雾
PD20084264	多菌灵	杀菌剂	可湿性粉剂	25%	2023 年 12 月 17 日	河南省安阳市锐普农化有限责任公司	水稻	稻瘟病	200～250 克/亩	喷雾

登记证号	农药名称	农药类别	剂型	总含量	有效期限	登记证持有人	作物/场所	防治对象	用药量（制剂量/亩）	施用方法
PD20084046	多菌灵	杀菌剂	可湿性粉剂	80%	2023 年 12 月 16 日	山东兆丰年生物科技有限公司	水稻	稻瘟病	63~75 克/亩	喷雾
PD20083822	多菌灵	杀菌剂	可湿性粉剂	25%	2023 年 12 月 15 日	江西美铭化工有限公司	水稻	稻瘟病	100~200 克/亩	喷雾
PD20083789	多菌灵	杀菌剂	可湿性粉剂	50%	2023 年 12 月 15 日	山东金农华药业有限公司	水稻	稻瘟病	—	喷雾
PD20083767	多菌灵	杀菌剂	可湿性粉剂	50%	2023 年 12 月 15 日	天津市汉邦植物保护剂有限责任公司	水稻	稻瘟病	75~125 克/亩	喷雾
PD20083747	多菌灵	杀菌剂	可湿性粉剂	80%	2023 年 12 月 15 日	陕西省蒲城美尔果农化有限责任公司	水稻	稻瘟病	62.5~75 克/亩	喷雾
PD20083645	多菌灵	杀菌剂	可湿性粉剂	50%	2023 年 12 月 12 日	河北省唐山市瑞华生物农药有限公司	水稻	稻瘟病	80~100 克/亩	喷雾
PD20080369	多菌灵	杀菌剂	可湿性粉剂	25%	2023 年 2 月 28 日	青岛中达农业科技有限公司	水稻	稻瘟病	200~267 克/亩	喷雾
PD20070556	多菌灵	杀菌剂	可湿性粉剂	80%	2022 年 12 月 3 日	江苏瑞邦农化股份有限公司	水稻	稻瘟病	62.5~75 克/亩	喷雾
PD20070286	多菌灵	杀菌剂	可湿性粉剂	50%	2022 年 9 月 5 日	安徽广信农化股份有限公司	水稻	稻瘟病	100~125 克/亩	喷雾
PD92102-2	多菌灵	杀菌剂	可湿性粉剂	80%	2022 年 1 月 15 日	江苏泰仓化有限公司	水稻	稻瘟病	62.5 克/亩	喷雾、泼浇

登记证号	农药名称	农药类别	剂型	总含量	有效期限	登记证持有人	作物/场所	防治对象	用药量（制剂量/亩）	施用方法
PD92102	多菌灵	杀菌剂	可湿性粉剂	80%	2021 年 11 月 22 日	安徽华星化工有限公司	水稻	稻瘟病	62.5 克/亩	喷雾、泼浇
PD92101-6	多菌灵	杀菌剂	可湿性粉剂	40%	2022 年 5 月 10 日	山东邹平农药有限公司	水稻	稻瘟病	125 克/亩	喷雾、泼浇
PD92101-3	多菌灵	杀菌剂	可湿性粉剂	40%	2022 年 1 月 22 日	江苏省昆山市鼎烽农药有限公司	水稻	稻瘟病	125 克/亩	喷雾、泼浇
PD92101-2	多菌灵	杀菌剂	可湿性粉剂	40%	2022 年 1 月 15 日	江苏泰仓农化有限公司	水稻	稻瘟病	125 克/亩	喷雾、泼浇
PD92101	多菌灵	杀菌剂	可湿性粉剂	40%	2021 年 11 月 22 日	安徽华星化工有限公司	水稻	稻瘟病	125 克/亩	喷雾、泼浇
PD85150-8	多菌灵	杀菌剂	可湿性粉剂	50%	2025 年 8 月 15 日	江苏蓝丰生物化工股份有限公司	水稻	稻瘟病	100 克/亩	喷雾、泼浇
PD85150-7	多菌灵	杀菌剂	可湿性粉剂	50%	2021 年 3 月 28 日	江西卫农科技发展有限公司	水稻	稻瘟病	100 克/亩	喷雾、泼浇
PD85150-6	多菌灵	杀菌剂	可湿性粉剂	50%	2025 年 8 月 15 日	上海升联化工有限公司	水稻	稻瘟病	100 克/亩	喷雾、泼浇
PD85150-42	多菌灵	杀菌剂	可湿性粉剂	50%	2026 年 1 月 18 日	江苏粮满仓农化有限公司	水稻	稻瘟病	100 克/亩	喷雾、泼浇
PD85150-41	多菌灵	杀菌剂	可湿性粉剂	50%	2025 年 8 月 15 日	山东华阳农药化工集团有限公司	水稻	稻瘟病	100 克/亩	喷雾、泼浇

登记证号	农药名称	农药类别	剂型	总含量	有效期限	登记证持有人	作物/场所	防治对象	用药量（制剂量/亩）	施用方法
PD85150-40	多菌灵	杀菌剂	可湿性粉剂	50%	2025年7月18日	江苏龙灯化学有限公司	水稻	稻瘟病	100克/亩	喷雾、泼浇
PD85150-38	多菌灵	杀菌剂	可湿性粉剂	50%	2025年8月15日	江西省海利贵溪化工农药有限公司	水稻	稻瘟病	100克/亩	喷雾、泼浇
PD85150-36	多菌灵	杀菌剂	可湿性粉剂	50%	2025年7月29日	河北冠龙农化有限公司	水稻	稻瘟病	100克/亩	喷雾、泼浇
PD85150-35	多菌灵	杀菌剂	可湿性粉剂	50%	2025年7月14日	四川润尔科技有限公司	水稻	稻瘟病	100克/亩	喷雾、泼浇
PD85150-33	多菌灵	杀菌剂	可湿性粉剂	50%	2026年1月12日	江苏百灵农化有限公司	水稻	稻瘟病	100克/亩	喷雾、泼浇
PD85150-32	多菌灵	杀菌剂	可湿性粉剂	50%	2025年7月15日	江苏苏州佳辉化工有限公司	水稻	稻瘟病	100克/亩	喷雾、泼浇
PD85150-3	多菌灵	杀菌剂	可湿性粉剂	50%	2021年9月19日	苏农（广德）生物科技有限公司	水稻	稻瘟病	100克/亩	喷雾、泼浇
PD85150-29	多菌灵	杀菌剂	可湿性粉剂	50%	2025年8月15日	江苏泰仓农化有限公司	水稻	稻瘟病	100克/亩	喷雾、泼浇
PD85150-28	多菌灵	杀菌剂	可湿性粉剂	50%	2025年8月15日	浙江省长兴第一化工有限公司	水稻	稻瘟病	100克/亩	喷雾、泼浇
PD85150-27	多菌灵	杀菌剂	可湿性粉剂	50%	2025年7月13日	江苏省昆山市鼎烽农药有限公司	水稻	稻瘟病	100克/亩	喷雾、泼浇

附表 A（续）

登记证号	农药名称	农药类别	剂型	总含量	有效期限	登记证持有人	作物/场所	防治对象	用药量（制剂量/亩）	施用方法
PD85150-26	多菌灵	杀菌剂	可湿性粉剂	50%	2022 年 4 月 4 日	辽宁省营口雷克农药有限公司	水稻	稻瘟病	100 克/亩	喷雾、泼浇
PD85150-25	多菌灵	杀菌剂	可湿性粉剂	50%	2025 年 7 月 14 日	威海韩孚生化药业有限公司	水稻	稻瘟病	100 克/亩	喷雾、泼浇
PD85150-24	多菌灵	杀菌剂	可湿性粉剂	50%	2025 年 7 月 6 日	山东邹平农药有限公司	水稻	稻瘟病	100 克/亩	喷雾、泼浇
PD85150-23	多菌灵	杀菌剂	可湿性粉剂	50%	2025 年 8 月 15 日	浙江泰达作物科技有限公司	水稻	稻瘟病	100 克/亩	喷雾、泼浇
PD85150-20	多菌灵	杀菌剂	可湿性粉剂	50%	2025 年 8 月 15 日	连云港市金囿农化有限公司	水稻	稻瘟病	100 克/亩	喷雾、泼浇
PD85150-2	多菌灵	杀菌剂	可湿性粉剂	50%	2025 年 7 月 12 日	江苏三山农药有限公司	水稻	稻瘟病	100 克/亩	喷雾、泼浇
PD85150-19	多菌灵	杀菌剂	可湿性粉剂	50%	2025 年 7 月 7 日	安徽华星化工有限公司	水稻	稻瘟病	100 克/亩	喷雾、泼浇
PD85150-18	多菌灵	杀菌剂	可湿性粉剂	50%	2025 年 8 月 15 日	山东省泗水丰田农药有限公司	水稻	稻瘟病	100 克/亩	喷雾、泼浇
PD85150-16	多菌灵	杀菌剂	可湿性粉剂	50%	2025 年 7 月 13 日	镇江建苏农药化工有限公司	水稻	稻瘟病	100 克/亩	喷雾、泼浇
PD85150-15	多菌灵	杀菌剂	可湿性粉剂	50%	2025 年 7 月 8 日	江苏健谷化工有限公司	水稻	稻瘟病	100 克/亩	喷雾、泼浇

登记证号	农药名称	农药类别	剂型	总含量	有效期限	登记证持有人	作物/场所	防治对象	用药量（制剂量/亩）	施用方法
PD85150-12	多菌灵	杀菌剂	可湿性粉剂	50%	2025 年 8 月 15 日	湖北蕲农化工有限公司	水稻	稻瘟病	100 克/亩	喷雾、泼浇
PD85150-11	多菌灵	杀菌剂	可湿性粉剂	50%	2021 年 4 月 11 日	湖北省天门易普乐农化有限公司	水稻	稻瘟病	100 克/亩	喷雾、泼浇
PD85150-10	多菌灵	杀菌剂	可湿性粉剂	50%	2025 年 7 月 12 日	苏州遍净植保科技有限公司	水稻	稻瘟病	100 克/亩	喷雾、泼浇
PD84118-9	多菌灵	杀菌剂	可湿性粉剂	25%	2025 年 1 月 21 日	湖北省天门易普乐农化有限公司	水稻	稻瘟病	200 克/亩	喷雾、泼浇
PD84118-8	多菌灵	杀菌剂	可湿性粉剂	25%	2024 年 12 月 16 日	苏州遍净植保科技有限公司	水稻	稻瘟病	200 克/亩	喷雾、泼浇
PD84118-6	多菌灵	杀菌剂	可湿性粉剂	25%	2024 年 11 月 26 日	江苏蓝丰生物化工股份有限公司	水稻	稻瘟病	200 克/亩	喷雾、泼浇
PD84118-49	多菌灵	杀菌剂	可湿性粉剂	25%	2024 年 12 月 22 日	四川省兰月科技有限公司	水稻	稻瘟病	200 克/亩	喷雾、泼浇
PD84118-48	多菌灵	杀菌剂	可湿性粉剂	25%	2024 年 11 月 2 日	湖南新长山农业发展股份有限公司	水稻	稻瘟病	200 克/亩	喷雾、泼浇
PD84118-47	多菌灵	杀虫剂	可湿性粉剂	25%	2025 年 1 月 25 日	上海农乐生物制品股份有限公司	水稻	稻瘟病	200 克/亩	喷雾、泼浇
PD84118-46	多菌灵	杀菌剂	可湿性粉剂	25%	2025 年 3 月 11 日	陕西华戎凯威生物有限公司	水稻	稻瘟病	200 克/亩	喷雾、泼浇

登记证号	农药名称	农药类别	剂型	总含量	有效期限	登记证持有人	作物/场所	防治对象	用药量（制剂量/亩）	施用方法
PD84118-45	多菌灵	杀虫剂	可湿性粉剂	25%	2024 年 12 月 15 日	江苏粮满仓农化有限公司	水稻	稻瘟病	200 克/亩	喷雾、泼浇
PD84118-44	多菌灵	杀菌剂	可湿性粉剂	25%	2025 年 4 月 27 日	河南省商丘天神农药厂	水稻	稻瘟病	200 克/亩	喷雾、泼浇
PD84118-42	多菌灵	杀菌剂	可湿性粉剂	25%	2024 年 12 月 24 日	河北冠龙农化有限公司	水稻	稻瘟病	200 克/亩	喷雾、泼浇
PD84118-41	多菌灵	杀菌剂	可湿性粉剂	25%	2024 年 12 月 20 日	四川润尔科技有限公司	水稻	稻瘟病	200 克/亩	喷雾、泼浇
PD84118-38	多菌灵	杀菌剂	可湿性粉剂	25%	2024 年 12 月 9 日	山东华阳农药化工集团有限公司	水稻	稻瘟病	200 克/亩	喷雾、泼浇
PD84118-37	多菌灵	杀菌剂	可湿性粉剂	25%	2024 年 11 月 24 日	江苏泰仓农化有限公司	水稻	稻瘟病	200 克/亩	喷雾、泼浇
PD84118-36	多菌灵	杀菌剂	可湿性粉剂	25%	2025 年 3 月 23 日	浙江龙湾化工有限公司	水稻	稻瘟病	200 克/亩	喷雾、泼浇
PD84118-35	多菌灵	杀虫剂	可湿性粉剂	25%	2024 年 12 月 15 日	江苏省昆山市鼎峰农药有限公司	水稻	稻瘟病	200 克/亩	喷雾、泼浇
PD84118-34	多菌灵	杀菌剂	可湿性粉剂	25%	2025 年 1 月 12 日	威海韩孚生化药业有限公司	水稻	稻瘟病	200 克/亩	喷雾、泼浇
PD84118-30	多菌灵	杀菌剂	可湿性粉剂	25%	2025 年 1 月 31 日	上海升联化工有限公司	水稻	稻瘟病	200 克/亩	喷雾、泼浇

登记证号	农药名称	农药类别	剂型	总含量	有效期限	登记证持有人	作物/场所	防治对象	用药量（制剂量/亩）	施用方法
PD84118-29	多菌灵	杀菌剂	可湿性粉剂	25%	2024年12月28日	江苏省泰兴市东风农药化工厂	水稻	稻瘟病	200克/亩	喷雾、泼浇
PD84118-26	多菌灵	杀菌剂	可湿性粉剂	25%	2025年3月23日	连云港市金囤农化有限公司	水稻	稻瘟病	200克/亩	喷雾、泼浇
PD84118-25	多菌灵	杀菌剂	可湿性粉剂	25%	2024年12月30日	山东省淄博市周村穗丰农药化工有限公司	水稻	稻瘟病	200克/亩	喷雾、泼浇
PD84118-24	多菌灵	杀菌剂	可湿性粉剂	25%	2024年11月16日	安徽华星化工有限公司	水稻	稻瘟病	200克/亩	喷雾、泼浇
PD84118-22	多菌灵	杀菌剂	可湿性粉剂	25%	2022年11月18日	湖北贝斯特农化有限责任公司	水稻	稻瘟病	200克/亩	喷雾、泼浇
PD84118-2	多菌灵	杀菌剂	可湿性粉剂	25%	2024年11月16日	镇江建苏农药化工有限公司	水稻	稻瘟病	200克/亩	喷雾、泼浇
PD84118-18	多菌灵	杀菌剂	可湿性粉剂	25%	2025年2月3日	南通雅本化学有限公司	水稻	稻瘟病	200克/亩	喷雾、泼浇
PD84118-15	多菌灵	杀菌剂	可湿性粉剂	25%	2024年12月22日	江苏健谷化工有限公司	水稻	稻瘟病	200克/亩	喷雾、泼浇
PD84118-13	多菌灵	杀菌剂	可湿性粉剂	25%	2024年12月20日	江苏苏中农药化工厂	水稻	稻瘟病	200克/亩	喷雾、泼浇
PD84118-12	多菌灵	杀菌剂	可湿性粉剂	25%	2025年1月10日	江苏嘉隆化工有限公司	水稻	稻瘟病	200克/亩	喷雾、泼浇

登记证号	农药名称	农药类别	剂型	总含量	有效期限	登记证持有人	作物/场所	防治对象	用药量（制剂量/亩）	施用方法
PD84118-10	多菌灵	杀菌剂	可湿性粉剂	25%	2025年1月31日	湖北蕲农农化有限公司	水稻	稻瘟病	200克/亩	喷雾、泼浇
PD84118	多菌灵	杀菌剂	可湿性粉剂	25%	2025年1月18日	江苏三山农药有限公司	水稻	稻瘟病	200克/亩	喷雾、泼浇
PD20182597	多抗霉素	杀菌剂	水剂	5%	2023年6月27日	山东省乳山韩威生物科技有限公司	水稻	稻瘟病	75~93毫升/亩	喷雾
PD20120816	多抗霉素	杀菌剂	水剂	5%	2022年5月22日	辽宁省科生生物化学制品有限公司	水稻	稻瘟病	75~93毫升/亩	喷雾
PD20200920	氟环·咪鲜胺	杀菌剂	悬浮剂	40%	2025年10月27日	河北省农药化工有限公司	水稻	稻瘟病	35~40毫升/亩	喷雾
PD20150390	氟环·稻瘟灵	杀菌剂	悬浮剂	40%	2025年3月18日	江苏省华农生物化学有限公司	水稻	稻瘟病	40~80毫升/亩	喷雾
PD20161505	氟环·咪鲜胺	杀菌剂	悬浮剂	40%	2021年11月14日	陕西亿田丰作物科技有限公司	水稻	稻瘟病	40~45克/亩	喷雾
PD20182459	氟环·嘧菌酯	杀菌剂	水分散粒剂	70%	2023年6月27日	陕西华戎凯威生物有限公司	水稻	稻瘟病	20~24克/亩	喷雾
PD20182246	氟环·肟菌酯	杀菌剂	水分散粒剂	75%	2023年6月27日	陕西华戎凯威生物有限公司	水稻	稻瘟病	9~12克/亩	喷雾
PD20140362	氟环唑	杀菌剂	水分散粒剂	70%	2024年2月19日	陕西华戎凯威生物有限公司	水稻	稻瘟病	8~12克/亩	喷雾

登记证号	农药名称	农药类别	剂型	总含量	有效期限	登记证持有人	作物/场所	防治对象	用药量（制剂量/亩）	施用方法
PD20181211	氟唑·嘧菌酯	杀菌剂	微囊悬浮-悬浮剂	35%	2023 年 3 月 15 日	南通联农佳田作物科技有限公司	水稻	稻瘟病	30～50 毫升/亩	喷雾
PD20101657	福美双	杀菌剂	可湿性粉剂	50%	2025 年 6 月 3 日	山东省济南赛普实业有限公司	水稻	稻瘟病	1:167～200（药种比）	拌种
PD20098082	福美双	杀菌剂	可湿性粉剂	50%	2024 年 12 月 8 日	山东省青岛好利特生物农药有限公司	水稻	稻瘟病	400～500 克/100 千克种子	拌种
PD85122-6	福美双	杀菌剂	可湿性粉剂	50%	2025 年 7 月 6 日	天津艾格福农药科技有限公司	水稻	稻瘟病	1:200（药种比）	拌种
PD85122-5	福美双	杀菌剂	可湿性粉剂	50%	2025 年 6 月 16 日	河北共好生物科技有限公司	水稻	稻瘟病	1:200（药种比）	拌种
PD85122-4	福美双	杀菌剂	可湿性粉剂	50%	2022 年 4 月 4 日	辽宁省营口雷克农药有限公司	水稻	稻瘟病	1:200（药种比）	拌种
PD85122-3	福美双	杀菌剂	可湿性粉剂	50%	2026 年 1 月 8 日	河北共好生物工程有限公司	水稻	稻瘟病	1:200（药种比）	拌种
PD85122-19	福美双	杀菌剂	可湿性粉剂	50%	2024 年 11 月 2 日	湖南新长山农业发展股份有限公司	水稻	稻瘟病	1:200（药种比）	拌种
PD85122-18	福美双	杀菌剂	可湿性粉剂	50%	2025 年 6 月 23 日	威海韩孚生化药业有限公司	水稻	稻瘟病	1:200（药种比）	拌种
PD85122-16	福美双	杀菌剂	可湿性粉剂	50%	2022 年 3 月 7 日	河北省石家庄市绿丰化工有限公司	水稻	稻瘟病	500 克/100 千克种子	拌种

登记证号	农药名称	农药类别	剂型	总含量	有效期限	登记证持有人	作物/场所	防治对象	用药量（制剂量/亩）	施用方法
PD85122-15	福美双	杀菌剂	可湿性粉剂	50%	2025 年 6 月 17 日	山东恒利达生物科技有限公司	水稻	稻瘟病	1:200（药种比）	拌种
PD85122-13	福美双	杀菌剂	可湿性粉剂	50%	2025 年 7 月 29 日	河北冠龙农化有限公司	水稻	稻瘟病	1:200（药种比）	拌种
PD85122-10	福美双	杀菌剂	可湿性粉剂	50%	2025 年 6 月 24 日	江苏省南通宝叶化工有限公司	水稻	稻瘟病	1:200（药种比）	拌种
PD85122-1	福美双	杀菌剂	可湿性粉剂	50%	2025 年 6 月 30 日	天津市农药研究所	水稻	稻瘟病	1:200（药种比）	拌种
PD20181445	葡糖·噻霉酮	杀菌剂	悬浮剂	5%	2023 年 4 月 17 日	陕西西大华特科技实业有限公司	水稻	稻瘟病	46~55 毫升/亩	喷雾
PD20140928	几丁聚糖	植物诱抗剂	水剂	0.50%	2024 年 4 月 11 日	河北上瑞生物科技有限公司	水稻	稻瘟病	50~90 毫升/亩	喷雾
PD20181777	已唑·稻瘟灵	杀菌剂	悬浮剂	42%	2023 年 5 月 16 日	江苏明德立达作物科技有限公司	水稻	稻瘟病	80~100 毫升/亩	喷雾
PD20160635	已唑·稻瘟灵	杀菌剂	悬浮剂	35%	2021 年 4 月 27 日	陕西美邦药业集团股份有限公司	水稻	稻瘟病	70~80 克/亩	喷雾
PD20141650	已唑·稻瘟灵	杀菌剂	悬浮剂	35%	2024 年 6 月 24 日	陕西佰田生物农业有限公司	水稻	稻瘟病	60~80 克/亩	喷雾
PD20120699	已唑·稻瘟灵	杀菌剂	乳油	30%	2022 年 4 月 18 日	浙江威尔达化工有限公司	水稻	稻瘟病	60~80 毫升/亩	喷雾

登记证号	农药名称	农药类别	剂型	总含量	有效期限	登记证持有人	作物/场所	防治对象	用药量（制剂量/亩）	施用方法
PD20140622	己唑·嘧菌酯	杀菌剂	悬浮剂	35%	2024 年 4 月 8 日	广西农喜作物科学有限公司	水稻	稻瘟病	20～25 毫升/亩	喷雾
PD20140494	己唑·三环唑	杀菌剂	悬浮剂	30%	2024 年 3 月 6 日	陕西上格之路生物科学有限公司	水稻	稻瘟病	70～90 毫升/亩	喷雾
PD20160090	甲基硫菌灵	杀菌剂	悬浮剂	50%	2026 年 1 月 28 日	江西省海利贵溪化工农药有限公司	水稻	稻瘟病	140～200 毫升/亩	喷雾
PD20150012	甲基硫菌灵	杀菌剂	水分散粒剂	70%	2025 年 1 月 4 日	浙江泰达作物科技有限公司	水稻	稻瘟病	80～140 克/亩	喷雾
PD20141761	甲基硫菌灵	杀菌剂	悬浮剂	50%	2024 年 7 月 2 日	苏州遍净植保科技有限公司	水稻	稻瘟病	100～150 毫升/亩	喷雾
PD20141342	甲基硫菌灵	杀菌剂	悬浮剂	36%	2024 年 6 月 4 日	江西中迅农化有限公司	水稻	稻瘟病	140～210 毫升/亩	喷雾
PD20140620	甲基硫菌灵	杀菌剂	悬浮剂	500 克/升	2024 年 3 月 7 日	江阴福达农化股份有限公司	水稻	稻瘟病	100～150 毫升/亩	喷雾
PD20101515	甲基硫菌灵	杀菌剂	悬浮剂	36%	2025 年 5 月 10 日	山东科大创业生物有限公司	水稻	稻瘟病	800～1 500 倍液（稀释倍数）	喷雾
PD20101045	甲基硫菌灵	杀菌剂	悬浮剂	500 克/升	2025 年 1 月 21 日	江苏泰仓农化有限公司	水稻	稻瘟病	130～160 克/亩	喷雾
PD20098366	甲基硫菌灵	杀菌剂	悬浮剂	500 克/升	2024 年 12 月 18 日	陕西省西安农诺农化有限责任公司	水稻	稻瘟病	100～150 克/亩	喷雾

登记证号	农药名称	农药类别	剂型	总含量	有效期限	登记证持有人	作物/场所	防治对象	用药量（制剂量/亩）	施用方法
PD20094908	甲基硫菌灵	杀菌剂	悬浮剂	500克/升	2024 年 4 月 16 日	山东科利大创业生物有限公司	水稻	稻瘟病	100~150 克/亩	喷雾
PD20094533	甲基硫菌灵	杀菌剂	可湿性粉剂	50%	2024 年 4 月 9 日	山西永合利丰生物科技有限公司	水稻	稻瘟病	125~167 克/亩	喷雾
PD20093613	甲基硫菌灵	杀菌剂	悬浮剂	500克/升	2024 年 3 月 25 日	山东邹平农药有限公司	水稻	稻瘟病	100~150 毫升/亩	喷雾
PD20093076	甲基硫菌灵	杀菌剂	可湿性粉剂	70%	2024 年 3 月 9 日	安徽远景作物保护有限公司	水稻	稻瘟病	100~180.95 克/亩	喷雾
PD20091322	甲基硫菌灵	杀菌剂	悬浮剂	500克/升	2024 年 2 月 1 日	深圳诺普信农化股份有限公司	水稻	稻瘟病	125~150 毫升/亩	喷雾
PD20090040	甲基硫菌灵	杀菌剂	可湿性粉剂	70%	2024 年 1 月 6 日	山东省青岛格力斯药业有限公司	水稻	稻瘟病	100~143 克/亩	喷雾
PD20085792	甲基硫菌灵	杀菌剂	悬浮剂	500克/升	2023 年 12 月 29 日	天津市汉邦植物保护剂有限责任公司	水稻	稻瘟病	100~150 毫升/亩	喷雾
PD20084866	甲基硫菌灵	杀菌剂	可湿性粉剂	70%	2023 年 12 月 22 日	江西省中源作物保护有限公司	水稻	稻瘟病	100~150 克/亩	喷雾
PD20084436	甲基硫菌灵	杀菌剂	悬浮剂	500克/升	2023 年 12 月 17 日	陕西亿农高科药业有限公司	水稻	稻瘟病	125~150 克/亩	喷雾
PD20083953	甲基硫菌灵	杀菌剂	可湿性粉剂	70%	2023 年 12 月 15 日	广东省佛山市大兴生物化工有限公司	水稻	稻瘟病	100~143 克/亩	喷雾

登记证号	农药名称	农药类别	剂型	总含量	有效期限	登记证持有人	作物/场所	防治对象	用药量（制剂量/亩）	施用方法
PD20083477	甲基硫菌灵	杀菌剂	悬浮剂	500克/升	2023年12月12日	陕西标正作物科学有限公司	水稻	稻瘟病	100~150毫升/亩	喷雾
PD20083463	甲基硫菌灵	杀菌剂	悬浮剂	500克/升	2023年12月12日	山东兆丰年生物科技有限公司	水稻	稻瘟病	125~150毫升/亩	喷雾
PD20082106	甲基硫菌灵	杀菌剂	悬浮剂	500克/升	2023年11月25日	江苏龙灯化学有限公司	水稻	稻瘟病	100~150毫升/亩	喷雾
PD20080606	甲基硫菌灵	杀菌剂	悬浮剂	500克/升	2023年5月12日	云南省玉溪市红云化工有限公司	水稻	稻瘟病	120~190毫升/亩	喷雾
PD91106-9	甲基硫菌灵	杀菌剂	可湿性粉剂	50%	2021年6月27日	陕西秦丰农有限公司	水稻	稻瘟病	140~200克/亩	喷雾
PD91106-8	甲基硫菌灵	杀菌剂	可湿性粉剂	50%	2026年4月18日	江苏蓝丰生物化工股份有限公司	水稻	稻瘟病	140~200克/亩	喷雾
PD91106-30	甲基硫菌灵	杀菌剂	可湿性粉剂	70%	2021年4月18日	浙江泰达作物科技有限公司	水稻	稻瘟病	100~143克/亩	喷雾
PD91106-3	甲基硫菌灵	杀菌剂	可湿性粉剂	50%	2022年2月25日	江苏嘉隆化工有限公司	水稻	稻瘟病	140~200克/亩	喷雾
PD91106-29	甲基硫菌灵	杀菌剂	可湿性粉剂	70%	2021年5月9日	江苏蓝丰生物化工股份有限公司	水稻	稻瘟病	100~142.86克/亩	喷雾
PD91106-28	甲基硫菌灵	杀菌剂	可湿性粉剂	50%	2026年4月5日	山东华阳农药化工集团有限公司	水稻	稻瘟病	140~200克/亩	喷雾

登记证号	农药名称	农药类别	剂型	总含量	有效期限	登记证持有人	作物/场所	防治对象	用药量（制剂量/亩）	施用方法
PD91106-27	甲基硫菌灵	杀菌剂	可湿性粉剂	50%	2026 年 3 月 26 日	威海韩孚生化药业有限公司	水稻	稻瘟病	140~200 克/亩	喷雾
PD91106-26	甲基硫菌灵	杀菌剂	可湿性粉剂	50%	2021 年 2 月 28 日	苏州遍净植保科技有限公司	水稻	稻瘟病	140~200 克/亩	喷雾
PD91106-25	甲基硫菌灵	杀菌剂	可湿性粉剂	50%	2026 年 4 月 26 日	烟台万丰生物科技有限公司	水稻	稻瘟病	140~200 克/亩	喷雾
PD91106-24	甲基硫菌灵	杀菌剂	可湿性粉剂	70%, 50%	2025 年 7 月 1 日	四川省川东农药化工有限公司	水稻	稻瘟病	①100~143 克/亩 ②140~200 克/亩	喷雾
PD91106-23	甲基硫菌灵	杀菌剂	可湿性粉剂	70%	2025 年 1 月 13 日	天津艾格福农药科技有限公司	水稻	稻瘟病	100~143 克/亩	喷雾
PD91106-22	甲基硫菌灵	杀菌剂	可湿性粉剂	70%	2021 年 4 月 5 日	江苏泰仓农化有限公司	水稻	稻瘟病	100~143 克/亩	喷雾
PD91106-21	甲基硫菌灵	杀菌剂	可湿性粉剂	70%	2021 年 2 月 28 日	苏州遍净植保科技有限公司	水稻	稻瘟病	100~143 克/亩	喷雾
PD91106-20	甲基硫菌灵	杀菌剂	可湿性粉剂	70%	2022 年 5 月 27 日	上海农乐生物制品股份有限公司	水稻	稻瘟病	100~143 克/亩	喷雾
PD91106-2	甲基硫菌灵	杀菌剂	可湿性粉剂	50%	2021 年 4 月 18 日	浙江泰达作物科技有限公司	水稻	稻瘟病	140~200 克/亩	喷雾
PD91106-19	甲基硫菌灵	杀菌剂	可湿性粉剂	70%, 50%	2021 年 8 月 1 日	湖南新长山农业发展股份有限公司	水稻	稻瘟病	100~143 克/亩	喷雾

登记证号	农药名称	农药类别	剂型	总含量	有效期限	登记证持有人	作物/场所	防治对象	用药量（制剂量/亩）	施用方法
PD9106-17	甲基硫菌灵	杀菌剂	可湿性粉剂	70%	2026 年 4 月 9 日	江门市大光明农化新会有限公司	水稻	稻瘟病	100～143 克/亩	喷雾
PD9106-16	甲基硫菌灵	杀菌剂	可湿性粉剂	70%	2026 年 4 月 26 日	烟台万丰生物科技有限公司	水稻	稻瘟病	100～143 克/亩	喷雾
PD9106-15	甲基硫菌灵	杀菌剂	可湿性粉剂	70%	2026 年 4 月 5 日	山东华阳农药化工集团有限公司	水稻	稻瘟病	100～143 克/亩	喷雾
PD9106-14	甲基硫菌灵	杀菌剂	可湿性粉剂	70%	2021 年 4 月 27 日	江西省海利贵溪化工农药有限公司	水稻	稻瘟病	100～143 克/亩	喷雾
PD9106-13	甲基硫菌灵	杀菌剂	可湿性粉剂	70%,50%	2021 年 5 月 29 日	安徽华星化工有限公司	水稻	稻瘟病	①100～143 克/亩 ②140～200 克/亩	喷雾
PD9106-12	甲基硫菌灵	杀菌剂	可湿性粉剂	70%,50%	2021 年 3 月 28 日	山东邹平农药有限公司	水稻	稻瘟病	①100～143 克/亩 ②140～200 克/亩	喷雾
PD9106-11	甲基硫菌灵	杀菌剂	可湿性粉剂	70%	2026 年 3 月 26 日	威海韩孚生化药业有限公司	水稻	稻瘟病	100～143 克/亩	喷雾
PD9106-10	甲基硫菌灵	杀菌剂	可湿性粉剂	70%	2021 年 5 月 9 日	镇江建苏农药化工有限公司	水稻	稻瘟病	100～142.86 克/亩	喷雾
PD86116-5	甲基硫菌灵	杀菌剂	悬浮剂	36%	2021 年 12 月 25 日	上海农乐生物制品股份有限公司	水稻	稻瘟病	800～1 500 倍液	喷雾
PD86116	甲基硫菌灵	杀菌剂	悬浮剂	36%	2026 年 4 月 17 日	江苏蓝丰生物化工股份有限公司	水稻	稻瘟病	800～1 500 倍液	喷雾

登记证号	农药名称	农药类别	剂型	总含量	有效期限	登记证持有人	作物/场所	防治对象	用药量（制剂量/亩）	施用方法
PD139-91	甲基硫菌灵	杀菌剂	悬浮剂	500克/升	2021年9月18日	日本曹达株式会社	水稻	稻瘟病	100~150毫升/亩	喷雾
PD20182187	甲硫·三环唑	杀菌剂	悬浮剂	40%	2023年6月27日	绍兴上虞新银邦生化有限公司	水稻	稻瘟病	60~70毫升/亩	喷雾
PD20152260	甲硫·三环唑	杀菌剂	可湿性粉剂	70%	2025年10月20日	日本曹达株式会社	水稻	稻瘟病	30~40克/亩	喷雾
PD20110879	甲硫·三环唑	杀菌剂	可湿性粉剂	70%	2021年8月16日	江苏龙灯化学有限公司	水稻	稻瘟病	30~40克/亩	喷雾
PD20170121	甲硫·戊唑醇	杀菌剂	悬浮剂	41%	2022年1月7日	山东汤普乐作物科学有限公司	水稻	稻瘟病	48.8~65.8毫升/亩	喷雾
PD20131151	甲硫·戊唑醇	杀菌剂	悬浮剂	35%	2023年5月20日	青岛中达农业科技有限公司	水稻	稻瘟病	14~15毫升/亩	喷雾
PD268-99	碱式硫酸铜	杀菌剂	悬浮剂	27.12%	2024年2月10日	澳大利亚纽发姆有限公司	水稻	稻瘟病	50~75毫升/亩	喷雾
PD20160356	解淀粉芽孢杆菌B7900	杀菌剂	可湿性粉剂	10亿芽孢/克	2026年2月25日	陕西先农生物科技有限公司	水稻	稻瘟病	100~120克/亩	喷雾
PD20082475	井·酮·三环唑	杀菌剂	可湿性粉剂	16%	2023年12月3日	安徽嘉联生物科技有限公司	水稻	稻瘟病	125~175克/亩	喷雾
PD20094980	井·烯·三环唑	杀菌剂	可湿性粉剂	20%	2024年4月21日	通州正大农药化工有限公司	水稻	稻瘟病	75~90克/亩	喷雾

登记证号	农药名称	农药类别	剂型	总含量	有效期限	登记证持有人	作物/场所	防治对象	用药量（制剂量/亩）	施用方法
PD20097724	井·唑·多菌灵	杀菌剂	可湿性粉剂	20%	2024 年 11 月 4 日	安徽众邦生物工程有限公司	水稻	稻瘟病	100～150 克/亩	喷雾
PD20091990	井·唑·多菌灵	杀菌剂	可湿性粉剂	20%	2024 年 2 月 12 日	通州正大农药化工有限公司	水稻	稻瘟病	—	喷雾
PD20091679	井·唑·多菌灵	杀菌剂	可湿性粉剂	20%	2024 年 2 月 3 日	江西正邦作物保护股份有限公司	水稻	稻瘟病	100～125 克/亩	喷雾
PD20083340	井·唑·多菌灵	杀菌剂	可湿性粉剂	20%	2023 年 12 月 11 日	江苏省扬州市苏农灵农药化工有限公司	水稻	稻瘟病	100～125 克/亩	喷雾
PD20130543	井冈·丙环唑	杀菌剂	可湿性粉剂	24%	2023 年 4 月 1 日	浙江钱江生物化学股份有限公司	水稻	稻瘟病	30～45 克/亩	喷雾
PD20160405	井冈·多菌灵	杀菌剂	可湿性粉剂	30%	2021 年 3 月 16 日	浙江钱江生物化学股份有限公司	水稻	稻瘟病	120～150 克/亩	喷雾
PD20095014	井冈·多菌灵	杀菌剂	悬浮剂	28%	2024 年 4 月 21 日	江苏省昆山市鼎锋农药有限公司	水稻	稻瘟病	—	喷雾
PD20092591	井冈·多菌灵	杀菌剂	悬浮剂	28%	2024 年 2 月 27 日	江苏泰仓农化有限公司	水稻	稻瘟病	89～125 克/亩	喷雾
PD20091236	井冈·多菌灵	杀菌剂	悬浮剂	28%	2024 年 2 月 1 日	河南省安阳市国丰农药有限责任公司	稻	稻瘟病	100～125 毫升/亩	喷雾
PD20086292	井冈·多菌灵	杀菌剂	悬浮剂	28%	2023 年 12 月 31 日	威海韩孚生化药业有限公司	水稻	稻瘟病	100～125 克/亩	喷雾

登记证号	农药名称	农药类别	剂型	总含量	有效期限	登记证持有人	作物/场所	防治对象	用药量（制剂量/亩）	施用方法
PD20086102	井冈·多菌灵	杀菌剂	悬浮剂	28%	2023 年 12 月 30 日	陕西麦可罗生物科技有限公司	水稻	稻瘟病	107~125 克/亩	喷雾
PD20086076	井冈·多菌灵	杀菌剂	悬浮剂	28%	2023 年 12 月 30 日	江苏农源生物科技有限公司	水稻	稻瘟病	150~200 毫升/亩	喷雾
PD20086008	井冈·多菌灵	杀菌剂	悬浮剂	28%	2023 年 12 月 29 日	山东省烟台科达化工有限公司	水稻	稻瘟病	—	喷雾
PD20085474	井冈·多菌灵	杀菌剂	可湿性粉剂	12%	2023 年 12 月 25 日	青岛正道药业有限公司	水稻	稻瘟病	233~292 克/亩	喷雾
PD20172876	井冈·蜡芽菌	杀菌剂	悬浮剂	28%	2022 年 11 月 20 日	江苏辉丰生物农业股份有限公司	水稻	稻瘟病	100~120 毫升/亩	喷雾
PD20090010	井冈·蜡芽菌	杀菌剂	悬浮剂	—	2024 年 1 月 4 日	上海农乐生物制品股份有限公司	水稻	稻瘟病	100~120 毫升/亩	喷雾
PD20173192	井冈·嘧菌酯	杀菌剂	悬浮剂	28%	2022 年 12 月 19 日	浙江省桐庐汇丰生物科技有限公司	水稻	稻瘟病	20~30 毫升/亩	喷雾
PD20184283	井冈·三环唑	杀菌剂	颗粒剂	6%	2023 年 9 月 25 日	江苏省农药研究所股份有限公司	水稻	稻瘟病	750~1 000 克/亩	撒施
PD20141417	井冈·三环唑	杀菌剂	可湿性粉剂	20%	2024 年 6 月 6 日	山西省临猗中晋化工有限公司	水稻	稻瘟病	100~150 克/亩	喷雾
PD20111242	井冈·三环唑	杀菌剂	可湿性粉剂	20%	2021 年 11 月 18 日	广西安泰化工有限责任公司	水稻	稻瘟病	100~150 克/亩	喷雾

登记证号	农药名称	农药类别	剂型	总含量	有效期限	登记证持有人	作物/场所	防治对象	用药量（制剂量/亩）	施用方法
PD20096284	井冈·三环唑	杀菌剂	可湿性粉剂	20%	2024 年 7 月 22 日	江苏东宝农化股份有限公司	水稻	稻瘟病	100~150 克/亩	喷雾
PD20093175	井冈·三环唑	杀菌剂	悬浮剂	一	2024 年 3 月 11 日	江苏泰仓农化有限公司	水稻	稻瘟病	100~150 克/亩	喷雾
PD20092681	井冈·三环唑	杀菌剂	可湿性粉剂	20%	2024 年 3 月 3 日	山西运城绿康实业有限公司	水稻	稻瘟病	100~150 克/亩	喷雾
PD20090828	井冈·三环唑	杀菌剂	悬浮剂	23%	2024 年 1 月 19 日	江苏省昆山市鼎烽农药有限公司	水稻	稻瘟病	100~150 毫升/亩	喷雾
PD20090762	井冈·三环唑	杀菌剂	可湿性粉剂	40%	2024 年 1 月 19 日	江苏省高邮市丰田农药有限公司	水稻	稻瘟病	50~75 克/亩	喷雾
PD20090353	井冈·三环唑	杀菌剂	可湿性粉剂	20%	2024 年 1 月 12 日	江苏农源生物科技有限公司	水稻	稻瘟病	100~150 克/亩	喷雾
PD20180245	井冈·戊唑醇	杀菌剂	悬浮剂	15%	2023 年 1 月 14 日	通州正大农药化工有限公司	水稻	稻瘟病	90~110 毫升/亩	喷雾
PD20200923	枯草芽孢杆菌	杀菌剂	可分散油悬浮剂	200 亿芽孢/毫升	2025 年 10 月 27 日	江西省顺泉生物科技有限公司	水稻	稻瘟病	90~100 毫升/亩	喷雾
PD20200229	枯草芽孢杆菌	杀菌剂	可湿性粉剂	2 000 亿 CFU/克	2025 年 4 月 15 日	山东滨海瀚生生物科技有限公司	水稻	稻瘟病	5~6 克/亩	喷雾
PD20200222	枯草芽孢杆菌	杀菌剂	可湿性粉剂	1 000 亿孢子/克	2025 年 4 月 15 日	黑龙江省牡丹江农垦朝阳化工有限公司	水稻	稻瘟病	30~40 克/亩	喷雾

登记证号	农药名称	农药类别	剂型	总含量	有效期限	登记证持有人	作物/场所	防治对象	用药量（制剂量/亩）	施用方法
PD20183216	枯草芽孢杆菌	杀菌剂	可湿性粉剂	1 000 亿孢子/克	2023 年 7 月 23 日	山东鲁抗生物农药有限责任公司	水稻	稻瘟病	30~40 克/亩	喷雾
PD20182232	枯草芽孢杆菌	杀菌剂	可湿性粉剂	1 000 亿芽孢/克	2023 年 6 月 27 日	河北绿色农华作物科技有限公司	水稻	稻瘟病	9~12 克/亩	喷雾
PD20181893	枯草芽孢杆菌	杀菌剂	可分散油悬浮剂	200 亿芽孢/毫升	2023 年 5 月 16 日	德强生物股份有限公司	水稻	稻瘟病	50~60 毫升/亩	喷雾
PD20172331	枯草芽孢杆菌	杀菌剂	可湿性粉剂	1 000 亿孢子/克	2022 年 10 月 17 日	成都绿金生物科技有限责任公司	水稻	稻瘟病	25~30 克/亩	喷雾
PD20172093	枯草芽孢杆菌	杀菌剂	可湿性粉剂	1 000 亿孢子/克	2022 年 9 月 18 日	山东省青岛润生农化有限公司	水稻	稻瘟病	20~30 克/亩	喷雾
PD20170254	枯草芽孢杆菌	杀菌剂	可湿性粉剂	1 000 亿孢子/克	2022 年 2 月 13 日	广西贝尔生物化学制品有限公司	水稻	稻瘟病	30~40 克/亩	喷雾
PD20152197	枯草芽孢杆菌	杀菌剂	可湿性粉剂	1 000 亿芽孢/克	2025 年 9 月 23 日	安徽丰乐农化有限责任公司	水稻	稻瘟病	15~20 克/亩	喷雾
PD20151598	枯草芽孢杆菌	杀菌剂	可湿性粉剂	1 000 亿孢子/克	2025 年 8 月 28 日	河北冠龙农化有限公司	水稻	稻瘟病	6~12 克/亩	喷雾
PD20151587	枯草芽孢杆菌	杀菌剂	可湿性粉剂	1 000 亿个/克	2025 年 8 月 28 日	江西正邦作物保护股份有限公司	水稻	稻瘟病	20~40 克/亩	喷雾
PD20141737	枯草芽孢杆菌	杀菌剂	可湿性粉剂	1 000 亿芽孢/克	2024 年 6 月 30 日	山东惠民中联生物科技有限公司	水稻	稻瘟病	77~84 克/亩	喷雾

登记证号	农药名称	农药类别	剂型	总含量	有效期限	登记证持有人	作物/场所	防治对象	用药量（制剂量/亩）	施用方法
PD20141516	枯草芽孢杆菌	杀菌剂	可湿性粉剂	1 000亿芽孢/克	2024年6月16日	江西顺泉生物科技有限公司	水稻	稻瘟病	20~30克/亩	喷雾
PD20140209	枯草芽孢杆菌	杀菌剂	可湿性粉剂	1 000亿芽孢/克	2024年1月29日	武汉科诺生物科技股份有限公司	水稻	稻瘟病	50~100克/亩	喷雾
PD20140066	枯草芽孢杆菌	杀菌剂	可湿性粉剂	1 000亿芽孢/克	2024年1月20日	江西田友生化有限公司	水稻	稻瘟病	4~12克/亩	喷雾
PD20132105	枯草芽孢杆菌	杀菌剂	可湿性粉剂	1 000亿活芽孢/克	2023年10月24日	山东玉成生化农药有限公司	水稻	稻瘟病	20~30克/亩	喷雾
PD20131476	枯草芽孢杆菌	杀菌剂	可湿性粉剂	200亿芽孢/克	2023年7月5日	海南利蒙特生物科技有限公司	水稻	稻瘟病	80~100克/亩	喷雾
PD20110973	枯草芽孢杆菌	杀菌剂	可湿性粉剂	1 000亿芽孢/克	2021年9月14日	德强生物股份有限公司	水稻	稻瘟病	6~12克/亩	喷雾
PD20097312	枯草芽孢杆菌	杀菌剂	可湿性粉剂	10亿个/克	2024年10月27日	云南星耀生物制品有限公司	水稻	稻瘟病	50~60克/亩	喷雾
PD20096824	枯草芽孢杆菌	杀菌剂	可湿性粉剂	1 000亿孢子/克	2024年9月21日	湖北天惠生物科技有限公司	水稻	稻瘟病	25~30克/亩	喷雾
PD20141704	蜡质芽孢杆菌	杀菌剂	可湿性粉剂	20亿孢子/克	2024年6月30日	江苏辉丰生物农业股份有限公司	水稻	稻瘟病	150~200克/亩	喷雾

登记证号	农药名称	农药类别	剂型	总含量	有效期限	登记证持有人	作物/场所	防治对象	用药量（制剂量/亩）	施用方法
PD20094253	硫磺·酮·多菌灵	杀菌剂	悬浮剂	40%	2024 年 3 月 31 日	河北赞峰生物工程有限公司	水稻	稻瘟病	200~250 克/亩	喷雾
PD20093571	硫磺·稻瘟灵	杀菌剂	可湿性粉剂	50%	2024 年 3 月 23 日	湖南绿叶化工有限公司	水稻	稻瘟病	—	喷雾
PD20142631	硫磺·多菌灵	杀菌剂	悬浮剂	50%	2024 年 12 月 15 日	广西禾泰农药有限责任公司	水稻	稻瘟病	—	喷雾
PD20132214	硫磺·多菌灵	杀菌剂	悬浮剂	42%	2023 年 10 月 29 日	深圳诺普信农化股份有限公司	水稻	稻瘟病	280~340 毫升/亩	喷雾
PD20121504	硫磺·多菌灵	杀菌剂	悬浮剂	40%	2022 年 10 月 9 日	江门市大光明农化新会有限公司	水稻	稻瘟病	200~300 克/亩	喷雾
PD20121479	硫磺·多菌灵	杀菌剂	悬浮剂	40%	2022 年 10 月 8 日	广州市广农化工有限公司	水稻	稻瘟病	—	喷雾
PD20100873	硫磺·多菌灵	杀菌剂	悬浮剂	40%	2025 年 1 月 19 日	湖北省天门斯普林植物保护有限公司	水稻	稻瘟病	200~300 克/亩	喷雾
PD20093544	硫磺·多菌灵	杀菌剂	悬浮剂	50%	2024 年 3 月 23 日	安徽华微农化股份有限公司	水稻	稻瘟病	160~240 毫升/亩	喷雾
PD20092768	硫磺·多菌灵	杀菌剂	悬浮剂	40%	2024 年 3 月 4 日	青岛正道药业有限公司	水稻	稻瘟病	200~300 克/亩	喷雾
PD20091887	硫磺·多菌灵	杀菌剂	悬浮剂	40%	2024 年 2 月 9 日	中山凯中有限公司	水稻	稻瘟病	200~300 克/亩	喷雾

登记证号	农药名称	农药类别	剂型	总含量	有效期限	登记证持有人	作物/场所	防治对象	用药量（制剂量/亩）	施用方法
PD20090764	硫磺·多菌灵	杀菌剂	悬浮剂	40%	2024年1月19日	江苏省昆山市鼎烽农药有限公司	水稻	稻瘟病	100~150毫升/亩	喷雾
PD20090438	硫磺·多菌灵	杀菌剂	可湿性粉剂	25%	2024年1月12日	山东辉瀚生物科技有限公司	水稻	稻瘟病	320~480克/亩	喷雾
PD20090390	硫磺·多菌灵	杀菌剂	悬浮剂	40%	2024年1月12日	海利尔药业集团股份有限公司	水稻	稻瘟病	200~300克/亩	喷雾
PD20085913	硫磺·多菌灵	杀菌剂	可湿性粉剂	25%	2023年12月29日	湖北蕲农农化有限公司	水稻	稻瘟病	320~480克/亩	喷雾
PD20085800	硫磺·多菌灵	杀菌剂	悬浮剂	40%	2023年12月29日	湖北蕲农农化有限公司	水稻	稻瘟病	200~300克/亩	喷雾
PD20084623	硫磺·多菌灵	杀菌剂	可湿性粉剂	25%	2023年12月18日	东莞市瑞德丰生物科技有限公司	水稻	稻瘟病	320~480克/亩	喷雾
PD20083936	硫磺·多菌灵	杀菌剂	悬浮剂	40%	2023年12月15日	昆明农药有限公司	水稻	稻瘟病	200~300毫升/亩	喷雾
PD20083559	硫磺·多菌灵	杀菌剂	可湿性粉剂	25%	2023年12月12日	上海沪联生物药业（夏邑）股份有限公司	水稻	稻瘟病	320~480克/亩	喷雾
PD20083458	硫磺·多菌灵	杀菌剂	可湿性粉剂	25%	2023年12月12日	杭州禾薪化工有限公司	水稻	稻瘟病	320~480克/亩	喷雾
PD20082591	硫磺·多菌灵	杀菌剂	可湿性粉剂	25%	2023年12月4日	江苏蓝丰生物化工股份有限公司	水稻	稻瘟病	320~480克/亩	喷雾

登记证号	农药名称	农药类别	剂型	总含量	有效期限	登记证持有人	作物/场所	防治对象	用药量（制剂量/亩）	施用方法
PD20082246	硫磺·多菌灵	杀菌剂	悬浮剂	40%	2023 年 11 月 27 日	山东京蓬生物药业股份有限公司	水稻	稻瘟病	—	喷雾
PD20082186	硫磺·多菌灵	杀菌剂	可湿性粉剂	25%	2023 年 11 月 26 日	四川省川东农药化工有限公司	水稻	稻瘟病	—	喷雾
PD20080329	硫磺·多菌灵	杀菌剂	悬浮剂	40%	2023 年 2 月 26 日	苏州遍净植保科技有限公司	水稻	稻瘟病	200~300 毫升/亩	喷雾
PD20080250	硫磺·多菌灵	杀菌剂	悬浮剂	40%	2023 年 2 月 19 日	江苏蓝丰生物化工股份有限公司	水稻	稻瘟病	200~300 毫升/亩	喷雾
PD20070087	硫磺·多菌灵	杀菌剂	可湿性粉剂	50%	2022 年 4 月 18 日	海南江河农药化工厂有限公司	水稻	稻瘟病	160~240 克/亩	喷雾
PD20100822	硫磺·三环唑	杀菌剂	可湿性粉剂	45%	2025 年 1 月 20 日	山东省青岛好利特生物农药有限公司	水稻	稻瘟病	150~180 克/亩	喷雾
PD20097025	硫磺·三环唑	杀菌剂	可湿性粉剂	45%	2024 年 10 月 10 日	安徽众邦生物工程有限公司	水稻	稻瘟病	120~150 克/亩	喷雾
PD20095295	硫磺·三环唑	杀菌剂	可湿性粉剂	45%	2024 年 4 月 27 日	山东淄博康力农药有限公司	水稻	稻瘟病	120~180 克/亩	喷雾
PD20095280	硫磺·三环唑	杀菌剂	可湿性粉剂	45%	2024 年 4 月 27 日	江苏禾笑化工有限公司	水稻	稻瘟病	800~2 700 克/公顷	喷雾
PD20095103	硫磺·三环唑	杀菌剂	可湿性粉剂	45%	2024 年 4 月 24 日	江苏丰登作物保护股份有限公司	水稻	稻瘟病	100~150 克/亩	喷雾

登记证号	农药名称	农药类别	剂型	总含量	有效期限	登记证持有人	作物/场所	防治对象	用药量（制剂量/亩）	施用方法
PD20094594	硫磺·三环唑	杀菌剂	可湿性粉剂	45%	2024 年 4 月 10 日	山东绿丰农药有限公司	水稻	稻瘟病	100~140 克/亩	喷雾
PD20094459	硫磺·三环唑	杀菌剂	悬浮剂	40%	2024 年 4 月 1 日	陕西西大华特科技实业有限公司	水稻	稻瘟病	160~200 克/亩	喷雾
PD20094314	硫磺·三环唑	杀菌剂	悬浮剂	40%	2024 年 3 月 31 日	广西鑫金泰化工有限公司	水稻	稻瘟病	120~200 克/亩	喷雾
PD20094106	硫磺·三环唑	杀菌剂	可湿性粉剂	45%	2024 年 3 月 27 日	江西巴姆博生物科技有限公司	水稻	稻瘟病	120~160 克/亩	喷雾
PD20093869	硫磺·三环唑	杀菌剂	可湿性粉剂	45%	2024 年 3 月 25 日	安徽康达化工有限责任公司	水稻	稻瘟病	1 800~2 700 克/公顷	喷雾
PD20093563	硫磺·三环唑	杀菌剂	可湿性粉剂	75%	2024 年 3 月 23 日	江苏粮满仓农化有限公司	水稻	稻瘟病	25~30 克/亩	喷雾
PD20093040	硫磺·三环唑	杀菌剂	可湿性粉剂	45%	2024 年 3 月 9 日	河南科辉实业有限公司	水稻	稻瘟病	120~150 克/亩	喷雾
PD20092900	硫磺·三环唑	杀菌剂	可湿性粉剂	45%	2024 年 3 月 5 日	河南欣农化工有限公司	水稻	稻瘟病	1 800~2 700 克/公顷	喷雾
PD20092725	硫磺·三环唑	杀菌剂	可湿性粉剂	45%	2024 年 3 月 4 日	安徽省化工研究院	水稻	稻瘟病	150~200 克/亩	喷雾
PD20092598	硫磺·三环唑	杀菌剂	可湿性粉剂	45%	2024 年 2 月 27 日	安徽朝农高科化工股份有限公司	水稻	稻瘟病	120~160 克/亩	喷雾

登记证号	农药名称	农药类别	剂型	总含量	有效期限	登记证持有人	作物/场所	防治对象	用药量（制剂量/亩）	施用方法
PD20092155	硫磺·三环唑	杀菌剂	可湿性粉剂	20%	2024年2月23日	山西绿海农药科技有限公司	水稻	稻瘟病	100~150克/亩	喷雾
PD20091773	硫磺·三环唑	杀菌剂	悬浮剂	40%	2024年2月4日	云南天丰农药有限公司	水稻	稻瘟病	200克/亩	喷雾
PD20091764	硫磺·三环唑	杀菌剂	可湿性粉剂	20%	2024年2月4日	湖南新长山农业发展股份有限公司	水稻	稻瘟病	100~150克/亩	喷雾
PD20091454	硫磺·三环唑	杀菌剂	可湿性粉剂	45%	2024年2月2日	海南正业中农高科股份有限公司	水稻	稻瘟病	150~180克/亩	喷雾
PD20091165	硫磺·三环唑	杀菌剂	可湿性粉剂	45%	2024年1月22日	浙江省温州市展农工农药厂	水稻	稻瘟病	120~150克/公顷	喷雾
PD20090925	硫磺·三环唑	杀菌剂	悬浮剂	45%	2024年1月19日	四川省宜宾川安高科农药有限责任公司	水稻	稻瘟病	—	喷雾
PD20090520	硫磺·三环唑	杀菌剂	悬浮剂	40%	2024年1月12日	深圳诺普信农化股份有限公司	水稻	稻瘟病	—	喷雾
PD20090406	硫磺·三环唑	杀菌剂	悬浮剂	45%	2024年1月12日	江门市大光明农化新会有限公司	水稻	稻瘟病	100~150毫升/亩	喷雾
PD20090268	硫磺·三环唑	杀菌剂	悬浮剂	40%	2024年1月9日	上海沪联生物药业（夏邑）股份有限公司	水稻	稻瘟病	113~200克/亩	喷雾
PD20086366	硫磺·三环唑	杀菌剂	可湿性粉剂	45%	2023年12月31日	江苏江南农化有限公司	水稻	稻瘟病	100~150克/亩	喷雾

附表A（续）

登记证号	农药名称	农药类别	剂型	总含量	有效期限	登记证持有人	作物/场所	防治对象	用药量（制剂量/亩）	施用方法
PD20086301	硫磺·三环唑	杀菌剂	悬浮剂	45%	2023年12月31日	广东金农达生物科技有限公司	水稻	稻瘟病	100~150毫升/亩	喷雾
PD20086119	硫磺·三环唑	杀菌剂	悬浮剂	45%	2023年12月30日	东莞市瑞德丰生物科技有限公司	水稻	稻瘟病	100~150克/亩	喷雾
PD20086108	硫磺·三环唑	杀菌剂	可湿性粉剂	45%	2023年12月30日	浙江东风化工有限公司	水稻	稻瘟病	1 800~2 400克/公顷	喷雾
PD20085949	硫磺·三环唑	杀菌剂	可湿性粉剂	45%	2023年12月29日	浙江龙湾化工有限公司	水稻	稻瘟病	100~150克/亩	喷雾
PD20085755	硫磺·三环唑	杀菌剂	可湿性粉剂	20%	2023年12月29日	安徽春辉植物农药厂	水稻	稻瘟病	100~150克/亩	喷雾
PD20085576	硫磺·三环唑	杀菌剂	悬浮剂	40%	2023年12月25日	昆明农药有限公司	水稻	稻瘟病	112~168毫升/亩	喷雾
PD20085407	硫磺·三环唑	杀菌剂	可湿性粉剂	45%	2023年12月24日	安徽海日生物科技有限公司	水稻	稻瘟病	120~180克/亩	喷雾
PD20084923	硫磺·三环唑	杀菌剂	可湿性粉剂	45%	2023年12月22日	一帆生物科技集团有限公司	水稻	稻瘟病	100~150克/亩	喷雾
PD20084840	硫磺·三环唑	杀菌剂	可湿性粉剂	45%	2023年12月22日	江西中迅农化有限公司	水稻	稻瘟病	120~180克/亩	喷雾
PD20084781	硫磺·三环唑	杀菌剂	可湿性粉剂	45%	2023年12月22日	上海悦联化工有限公司	水稻	稻瘟病	125~150克/亩	喷雾

登记证号	农药名称	农药类别	剂型	总含量	有效期限	登记证持有人	作物/场所	防治对象	用药量（制剂量/亩）	施用方法
PD20084637	硫磺·三环唑	杀菌剂	可湿性粉剂	45%	2023年12月18日	广西安泰化工有限责任公司	水稻	稻瘟病	110~160克/亩	喷雾
PD20084214	硫磺·三环唑	杀菌剂	可湿性粉剂	45%	2023年12月16日	广西易多收生物科技有限公司	水稻	稻瘟病	150~180克/亩	喷雾
PD20084126	硫磺·三环唑	杀菌剂	可湿性粉剂	50%	2023年12月16日	江苏省兴化市青松农药化工有限公司	水稻	稻瘟病	—	喷雾
PD20084101	硫磺·三环唑	杀菌剂	可湿性粉剂	20%	2023年12月16日	江苏省兴化市青松农药化工有限公司	水稻	稻瘟病	—	喷雾
PD20083999	硫磺·三环唑	杀菌剂	可湿性粉剂	20%	2023年12月16日	重庆树荣作物科学有限公司	水稻	稻瘟病	100~150克/亩	喷雾
PD20083951	硫磺·三环唑	杀菌剂	可湿性粉剂	45%	2023年12月15日	上海沪联生物药业（夏邑）股份有限公司	水稻	稻瘟病	125~150克/亩	喷雾
PD20083513	硫磺·三环唑	杀菌剂	可湿性粉剂	45%	2023年12月12日	四川省川东农药化工有限公司	水稻	稻瘟病	—	喷雾
PD20083327	硫磺·三环唑	杀菌剂	可湿性粉剂	45%	2023年12月11日	河南蕴农植保科技有限公司	水稻	稻瘟病	125~150克/亩	喷雾
PD20082858	硫磺·三环唑	杀菌剂	可湿性粉剂	45%	2023年12月9日	江苏省扬州市苏灵农药化工有限公司	水稻	稻瘟病	100~150克/亩	喷雾
PD20082607	硫磺·三环唑	杀菌剂	可湿性粉剂	45%	2023年12月4日	安徽省铜陵福成农药有限公司	水稻	稻瘟病	100~150克/亩	喷雾

附表 A（续）

登记证号	农药名称	农药类别	剂型	总含量	有效期限	登记证持有人	作物/场所	防治对象	用药量（制剂量/亩）	施用方法
PD20082421	硫磺·三环唑	杀菌剂	可湿性粉剂	45%	2023 年 12 月 2 日	江苏三山农药有限公司	水稻	稻瘟病	—	喷雾
PD20082124	硫磺·三环唑	杀菌剂	可湿性粉剂	45%	2023 年 11 月 25 日	陕西东朋开元农业科技有限公司	水稻	稻瘟病	150~180 克/亩	喷雾
PD20081655	硫磺·三环唑	杀菌剂	可湿性粉剂	45%	2023 年 11 月 14 日	江苏富田农化有限公司	水稻	稻瘟病	120~180 克/亩	喷雾
PD20081513	硫磺·三环唑	杀菌剂	可湿性粉剂	45%	2023 年 11 月 6 日	杭州禾新化工有限公司	水稻	稻瘟病	125~150 克/亩	喷雾
PD20081300	硫磺·三环唑	杀菌剂	可湿性粉剂	45%	2023 年 10 月 9 日	江苏东宝农化股份有限公司	水稻	稻瘟病	120~180 克/亩	喷雾
PD20080781	硫磺·三环唑	杀菌剂	可湿性粉剂	45%	2023 年 6 月 20 日	江苏苏中农药化工厂	水稻	稻瘟病	—	喷雾
PD20080302	硫磺·三环唑	杀菌剂	可湿性粉剂	45%	2023 年 2 月 25 日	江苏粮满仓农化有限公司	水稻	稻瘟病	120~180 克/亩	喷雾
PD20080298	硫磺·三环唑	杀菌剂	可湿性粉剂	60%	2023 年 2 月 25 日	深圳诺普信农化股份有限公司	水稻	稻瘟病	100~125 克/亩	喷雾
PD20080295	硫磺·三环唑	杀菌剂	可湿性粉剂	20%	2023 年 2 月 25 日	东莞市瑞德丰生物科技有限公司	水稻	稻瘟病	100~150 克/亩	喷雾
PD20095663	氯溴异氰尿酸	杀菌剂	可溶粉剂	50%	2024 年 5 月 13 日	南京南农农药科技发展有限公司	水稻	稻瘟病	50~60 克/亩	喷雾

登记证号	农药名称	农药类别	剂型	总含量	有效期限	登记证持有人	作物/场所	防治对象	用药量（制剂量/亩）	施用方法
PD20150206	咪锰·多菌灵	杀菌剂	可湿性粉剂	21%	2025 年 1 月 15 日	合肥合农农药有限公司	水稻	稻瘟病	50~70 克/亩	喷雾
PD20110051	咪锰·多菌灵	杀菌剂	可湿性粉剂	59.70%	2026 年 1 月 11 日	江苏辉丰生物农业股份有限公司	水稻	稻瘟病	80~90 克/亩	喷雾
PD20172413	咪锰·嘧菌酯	杀菌剂	可湿性粉剂	38%	2022 年 10 月 17 日	浙江省桐庐汇丰生物科技有限公司	水稻	稻瘟病	50~60 克/亩	喷雾
PD20160584	咪铜·氟环唑	杀菌剂	悬浮剂	40%	2021 年 4 月 26 日	江苏辉丰生物农业股份有限公司	水稻	稻瘟病	15~25 克/亩	喷雾
PD20181130	咪鲜·稻瘟灵	杀菌剂	水乳剂	32%	2023 年 3 月 15 日	江苏剑牌农化股份有限公司	水稻	稻瘟病	70~110 毫升/亩	喷雾
PD20180947	咪鲜·稻瘟灵	杀菌剂	乳油	48%	2023 年 3 月 15 日	安徽美兰农业发展股份有限公司	水稻	稻瘟病	80~90 毫升/亩	喷雾
PD20173137	咪鲜·稻瘟灵	杀菌剂	乳油	52%	2022 年 12 月 19 日	安徽海日生物科技有限公司	水稻	稻瘟病	83~92 毫升/亩	喷雾
PD20152130	咪鲜·稻瘟灵	杀菌剂	乳油	52%	2025 年 9 月 22 日	广东植物龙生物技术股份有限公司	水稻	稻瘟病	53~83 毫升/亩	喷雾
PD20140225	咪鲜·稻瘟灵	杀菌剂	水乳剂	40%	2024 年 1 月 29 日	吉林省长春市长双药有限公司	水稻	稻瘟病	70~110 毫升/亩	喷雾
PD20121190	咪鲜·稻瘟灵	杀菌剂	乳油	40%	2022 年 8 月 6 日	吉林省长春市长双药有限公司	水稻	稻瘟病	70~110 克/亩	喷雾

附表A（续）

登记证号	农药名称	农药类别	剂型	总含量	有效期限	登记证持有人	作物/场所	防治对象	用药量（制剂量/亩）	施用方法
PD20091017	咪鲜·多菌灵	杀菌剂	可湿性粉剂	25%	2024年1月21日	上海惠光环境科技有限公司	水稻	稻瘟病	60~70克/亩	喷雾
PD20180311	咪鲜·己唑醇	杀菌剂	微乳剂	20%	2023年1月14日	广西兄弟农药厂	水稻	稻瘟病	80~100克/亩	喷雾
PD20132187	咪鲜·己唑醇	杀菌剂	可湿性粉剂	20%	2023年10月29日	江苏滨生物农化有限公司	水稻	稻瘟病	40~50克/亩	喷雾
PD20131723	咪鲜·甲硫灵	杀菌剂	可湿性粉剂	42%	2023年8月16日	江苏省绿盾植保农药实验有限公司	水稻	稻瘟病	60~80克/亩	喷雾
PD20173336	咪鲜·嘧菌酯	杀菌剂	悬乳剂	25%	2022年12月19日	吉林省长春市长双农药有限公司	水稻	稻瘟病	40~56毫升/亩	喷雾
PD20150854	咪鲜·嘧菌酯	杀菌剂	微乳剂	30%	2025年5月18日	河北博嘉农业有限公司	水稻	稻瘟病	30~40毫升/亩	喷雾
PD20170245	咪鲜·三环唑	杀菌剂	可湿性粉剂	40%	2022年2月13日	江西正邦作物保护股份有限公司	水稻	稻瘟病	30~35克/亩	喷雾
PD20170193	咪鲜·三环唑	杀菌剂	可湿性粉剂	40%	2022年2月13日	四川沃野农化有限公司	水稻	稻瘟病	30~45克/亩	喷雾
PD20160383	咪鲜·三环唑	杀菌剂	可湿性粉剂	20%	2026年3月1日	江苏粮满仓农化有限公司	水稻	稻瘟病	50~60克/亩	喷雾
PD20150944	咪鲜·三环唑	杀菌剂	可湿性粉剂	40%	2025年6月10日	湖南迅超农化有限公司	水稻	稻瘟病	30~45克/亩	喷雾

登记证号	农药名称	农药类别	剂型	总含量	有效期限	登记证持有人	作物/场所	防治对象	用药量（制剂量/亩）	施用方法
PD20132599	咪鲜·三环唑	杀菌剂	可湿性粉剂	40%	2023 年 12 月 17 日	安徽众邦生物工程有限公司	水稻	稻瘟病	27~32 克/亩	喷雾
PD20131829	咪鲜·三环唑	杀菌剂	可湿性粉剂	20%	2023 年 9 月 17 日	深圳诺普信农化股份有限公司	水稻	稻瘟病	50~90 克/亩	喷雾
PD20130947	咪鲜·三环唑	杀菌剂	可湿性粉剂	20%	2023 年 5 月 2 日	江西万德化工科技有限公司	水稻	稻瘟病	45~65 克/亩	喷雾
PD20130043	咪鲜·三环唑	杀菌剂	可湿性粉剂	20%	2023 年 1 月 7 日	江西劲农作物保护有限公司	水稻	稻瘟病	50~70 克/亩	喷雾
PD20120161	咪鲜·三环唑	杀菌剂	可湿性粉剂	20%	2022 年 1 月 30 日	东莞市瑞德丰生物科技有限公司	水稻	稻瘟病	50~60 克/亩	喷雾
PD20090326	咪鲜·三环唑	杀菌剂	可湿性粉剂	20%	2024 年 1 月 12 日	安徽苏正农化有限公司	水稻	稻瘟病	50~60 克/亩	喷雾
PD20181862	咪鲜·乙蒜素	杀菌剂	可溶液剂	35%	2023 年 5 月 16 日	山东汤普乐作物科学有限公司	水稻	稻瘟病	25~30 毫升/亩	喷雾
PD20182629	咪鲜胺	杀菌剂	微乳剂	45%	2023 年 6 月 27 日	河南豫之星作物保护有限公司	水稻	稻瘟病	40~50 毫升/亩	喷雾
PD20172551	咪鲜胺	杀菌剂	水乳剂	45%	2022 年 10 月 17 日	华北制药集团爱诺有限公司	水稻	稻瘟病	33.3~55.6 毫升/亩	喷雾
PD20161073	咪鲜胺	杀菌剂	水乳剂	450 克/升	2021 年 8 月 30 日	绩溪农华生物科技有限公司	水稻	稻瘟病	44~60 克/亩	喷雾

登记证号	农药名称	农药类别	剂型	总含量	有效期限	登记证持有人	作物/场所	防治对象	用药量（制剂量/亩）	施用方法
PD20152300	咪鲜胺	杀菌剂	水乳剂	25%	2025 年 10 月 21 日	江苏辉丰生物农业股份有限公司	水稻	稻瘟病	80~100 毫升/亩	喷雾
PD20150070	咪鲜胺	杀菌剂	水乳剂	450 克/升	2025 年 1 月 5 日	浙江天丰生物科学有限公司	水稻	稻瘟病	35.5~55.5 毫升/亩	喷雾
PD20150057	咪鲜胺	杀菌剂	乳油	25%	2025 年 1 月 5 日	济南中科绿色生物工程有限公司	水稻	稻瘟病	70~100 毫升/亩	喷雾
PD20142581	咪鲜胺	杀菌剂	水乳剂	450 克/升	2024 年 12 月 15 日	山东茹亿生物科技有限公司	水稻	稻瘟病	40~60 毫升/亩	喷雾
PD20142495	咪鲜胺	杀菌剂	水乳剂	450 克/升	2024 年 11 月 21 日	山东玥鸣生物科技有限公司	水稻	稻瘟病	45~56 毫升/亩	喷雾
PD20142106	咪鲜胺	杀菌剂	微乳剂	25%	2024 年 9 月 2 日	吉林省吉享农业科技有限公司	水稻	稻瘟病	60~100 毫升/亩	喷雾
PD20140295	咪鲜胺	杀菌剂	水乳剂	45%	2024 年 2 月 12 日	四川利尔作物科学有限公司	水稻	稻瘟病	35~55 毫升/亩	喷雾
PD20130624	咪鲜胺	杀菌剂	水乳剂	450 克/升	2023 年 4 月 3 日	南京华洲药业有限公司	水稻	稻瘟病	35~55 毫升/亩	喷雾
PD20130224	咪鲜胺	杀菌剂	水乳剂	450 克/升	2023 年 1 月 30 日	山东旺登农业科技有限公司	水稻	稻瘟病	50~62 毫升/亩	喷雾
PD20121662	咪鲜胺	杀菌剂	水乳剂	25%	2022 年 10 月 30 日	山东省联合农药工业有限公司	水稻	稻瘟病	80~100 毫升/亩	喷雾

登记证号	农药名称	农药类别	剂型	总含量	有效期限	登记证持有人	作物/场所	防治对象	用药量（制剂量/亩）	施用方法
PD20121543	咪鲜胺	杀菌剂	水乳剂	450克/升	2022年10月25日	江苏剑牌农化股份有限公司	水稻	稻瘟病	40~60毫升/亩	喷雾
PD20121179	咪鲜胺	杀菌剂	水乳剂	25%	2022年7月30日	上虞颖泰精细化工有限公司	水稻	稻瘟病	60~100毫升/亩	喷雾
PD20121127	咪鲜胺	杀菌剂	水乳剂	40%	2022年7月20日	东莞市瑞德丰生物科技有限公司	水稻	稻瘟病	45~56毫升/亩	喷雾
PD20120973	咪鲜胺	杀菌剂	水乳剂	45%	2022年6月21日	江西北农天天风科技有限公司	水稻	稻瘟病	33~56毫升/亩	喷雾
PD20120385	咪鲜胺	杀菌剂	水乳剂	450克/升	2022年3月6日	河北省农药化工有限公司	水稻	稻瘟病	50~60克/亩	喷雾
PD20120113	咪鲜胺	杀菌剂	微乳剂	45%	2022年1月29日	山东滨海瀚生生物科技有限公司	水稻	稻瘟病	33.3~55.5毫升/亩	喷雾
PD20110160	咪鲜胺	杀菌剂	水乳剂	25%	2026年2月11日	南京华洲药业有限公司	水稻	稻瘟病	80~100毫升/亩	喷雾
PD20102097	咪鲜胺	杀菌剂	水乳剂	450克/升	2025年11月25日	河北冠龙农化有限公司	水稻	稻瘟病	50~60毫升/亩	喷雾
PD20100305	咪鲜胺	杀菌剂	水乳剂	450克/升	2025年1月11日	陕西上格之路生物科学有限公司	水稻	稻瘟病	45~55毫升/亩	喷雾
PD20094154	咪鲜胺	杀菌剂	乳油	25%	2024年3月27日	佳木斯黑龙农药有限公司	水稻	稻瘟病	60~90毫升/亩	喷雾

登记证号	农药名称	农药类别	剂型	总含量	有效期限	登记证持有人	作物/场所	防治对象	用药量（制剂剂量/亩）	施用方法
PD20081511	咪鲜胺	杀菌剂	微乳剂	45%	2023 年 11 月 6 日	深圳诺普信农化股份有限公司	水稻	稻瘟病	30~50 毫升/亩	喷雾
PD20081422	咪鲜胺	杀菌剂	乳油	25%	2023 年 10 月 31 日	四川润尔科技有限公司	水稻	稻瘟病	60~100 毫升/亩	喷雾
PD20080001	咪鲜胺	杀菌剂	乳油	25%	2023 年 1 月 3 日	江苏辉丰生物农业股份有限公司	水稻	稻瘟病	60~100 克/亩	喷雾
PD20070655	咪鲜胺	杀菌剂	水乳剂	450 克/升	2022 年 12 月 17 日	江苏辉丰生物农业股份有限公司	水稻	稻瘟病	44.4~55.5 克/亩	喷雾
PD20100454	咪鲜胺锰盐	杀菌剂	可湿性粉剂	50%	2025 年 1 月 14 日	郑州邦氏化工产品有限公司	水稻	稻瘟病	60~70 克/亩	喷雾
PD20083621	咪鲜胺锰盐	杀菌剂	可湿性粉剂	50%	2023 年 12 月 12 日	南京华洲药业有限公司	水稻	稻瘟病	40~50 克/亩	喷雾
PD20070522	咪鲜胺锰盐	杀菌剂	可湿性粉剂	50%	2022 年 11 月 28 日	江苏辉丰生物农业股份有限公司	水稻	稻瘟病	60~70 克/亩	喷雾
PD20170313	醚菌·氟环唑	杀菌剂	悬浮剂	23%	2022 年 2 月 13 日	巴斯夫植物保护（江苏）有限公司	水稻	稻瘟病	40~60 毫升/亩	喷雾
PD20152375	醚菌·氟环唑	杀菌剂	悬浮剂	23%	2025 年 10 月 22 日	巴斯夫欧洲公司	水稻	稻瘟病	40~50 毫升/亩	喷雾
PD20160625	嘧菌·噻霉酮	杀菌剂	悬浮剂	23%	2021 年 4 月 27 日	陕西西大华特科技实业有限公司	水稻	稻瘟病	45~58 毫升/亩	喷雾

登记证号	农药名称	农药类别	剂型	总含量	有效期限	登记证持有人	作物/场所	防治对象	用药量（制剂量/亩）	施用方法
PD20181138	嘧菌酯	杀菌剂	悬浮剂	250 克/升	2023 年 3 月 15 日	苏州遍净植保科技有限公司	水稻	稻瘟病	20~40 毫升/亩	喷雾
PD20180406	嘧菌酯	杀菌剂	微囊悬浮剂	10%	2023 年 1 月 14 日	通州正大农药化工有限公司	水稻	稻瘟病	65~80 毫升/亩	喷雾
PD20172234	嘧菌酯	杀菌剂	悬浮剂	250 克/升	2022 年 10 月 17 日	江苏省盐城双宁农化有限公司	水稻	稻瘟病	30~40 毫升/亩	喷雾
PD20172176	嘧菌酯	杀菌剂	可湿性粉剂	40%	2022 年 10 月 17 日	江苏省南京惠宇农化有限公司	水稻	稻瘟病	15~20 克/亩	喷雾
PD20161610	嘧菌酯	杀菌剂	悬浮剂	50%	2021 年 12 月 16 日	陕西汤普森生物科技有限公司	水稻	稻瘟病	21~27 毫升/亩	喷雾
PD20161519	嘧菌酯	杀菌剂	水分散粒剂	50%	2021 年 11 月 14 日	江门市大光明农化新会有限公司	水稻	稻瘟病	32~40 克/亩	喷雾
PD20160726	嘧菌酯	杀菌剂	水分散粒剂	50%	2021 年 6 月 19 日	江西巴姆博生物科技有限公司	水稻	稻瘟病	30~35 克/亩	喷雾
PD20151047	嘧菌酯	杀菌剂	悬浮剂	250 克/升	2025 年 6 月 14 日	安徽科立华化工有限公司	水稻	稻瘟病	30~40 毫升/亩	喷雾
PD20142424	嘧菌酯	杀菌剂	悬浮剂	35%	2024 年 11 月 14 日	广西农喜作物科学有限公司	水稻	稻瘟病	10~15 毫升/亩	喷雾
PD20141026	嘧菌酯	杀菌剂	悬浮剂	30%	2024 年 4 月 21 日	陕西汤普森生物科技有限公司	水稻	稻瘟病	35~45 克/亩	喷雾

登记证号	农药名称	农药类别	剂型	总含量	有效期限	登记证持有人	作物/场所	防治对象	用药量（制剂量/亩）	施用方法
PD20132626	嘧菌酯	杀菌剂	水分散粒剂	50	2023 年 12 月 20 日	安徽丰乐农化有限责任公司	水稻	稻瘟病	40～53 克/亩	喷雾
PD20132338	嘧菌酯	杀菌剂	悬浮剂	250 克/升	2023 年 11 月 20 日	上海悦联化工有限公司	水稻	稻瘟病	40～48 毫升/亩	喷雾
PD20131132	嘧菌酯	杀菌剂	悬浮剂	250 克/升	2023 年 5 月 20 日	上虞颖泰精细化工有限公司	水稻	稻瘟病	65～70 毫升/亩	喷雾
PD20131064	嘧菌酯	杀菌剂	悬浮剂	250 克/升	2023 年 5 月 20 日	浙江世佳科技股份有限公司	水稻	稻瘟病	20～40 毫升/亩	喷雾
PD20130518	嘧菌酯	杀菌剂	悬浮剂	250 克/升	2023 年 3 月 27 日	河北威远生物化工有限公司	水稻	稻瘟病	20～40 毫升/亩	喷雾
PD20060033	嘧菌酯	杀菌剂	悬浮剂	250 克/升	2023 年 9 月 25 日	英国先正达有限公司	水稻	稻瘟病	50～70 毫升/亩	喷雾
PD20172817	噻呋·甲硫	杀菌剂	悬浮剂	40%	2022 年 11 月 20 日	陕西康禾立丰生物科技药业有限公司	水稻	稻瘟病	35～40 毫升/亩	喷雾
PD20171247	噻呋·咪鲜胺	杀菌剂	悬浮剂	30%	2022 年 7 月 19 日	陕西亿田丰作物科技有限公司	水稻	稻瘟病	45～55 毫升/亩	喷雾
PD20201075	噻呋·嘧菌酯	杀菌剂	悬浮剂	4C%	2025 年 12 月 24 日	江苏省盐城利民农化有限公司	水稻	稻瘟病	30～40 毫升/亩	喷雾
PD20184275	噻呋·嘧菌酯	杀菌剂	悬浮剂	25%	2023 年 9 月 25 日	江苏江南农化有限公司	水稻	稻瘟病	30～40 毫升/亩	喷雾

登记证号	农药名称	农药类别	剂型	总含量	有效期限	登记证持有人	作物/场所	防治对象	用药量（制剂量/亩）	施用方法
PD20171198	噻呋·嘧菌酯	杀菌剂	悬浮剂	45%	2022 年 7 月 19 日	赣州一村生物科技有限公司	水稻	稻瘟病	20~25 克/亩	喷雾
PD20172992	噻呋·噻霉酮	杀菌剂	悬浮剂	27%	2022 年 12 月 19 日	陕西西大华特科技实业有限公司	水稻	稻瘟病	15~20 毫升/亩	喷雾
PD20200135	噻呋·三环唑	杀菌剂	颗粒剂	9%	2025 年 3 月 22 日	河北博嘉农业有限公司	水稻	稻瘟病	158~182 克/平方米	秧盘撒施
PD20170803	噻呋·三环唑	杀菌剂	悬浮剂	30%	2022 年 5 月 9 日	陕西亿田丰作物科技有限公司	水稻	稻瘟病	40~60 克/亩	喷雾
PD20141710	三环·丙环唑	杀菌剂	悬乳剂	525 克/升	2024 年 6 月 30 日	浙江世佳科技股份有限公司	水稻	稻瘟病	40~50 毫升/亩	喷雾
PD20150394	三环·多菌灵	杀菌剂	可湿性粉剂	75%	2025 年 3 月 18 日	江西禾益化工股份有限公司	水稻	稻瘟病	30~40 克/亩	喷雾
PD20140235	三环·多菌灵	杀菌剂	可湿性粉剂	20%	2024 年 1 月 29 日	江西劲农作物保护有限公司	水稻	稻瘟病	100~150 克/亩	喷雾
PD20132583	三环·多菌灵	杀菌剂	可湿性粉剂	30%	2023 年 12 月 17 日	东莞市瑞德丰生物科技有限公司	水稻	稻瘟病	60~100 克/亩	喷雾
PD20093679	三环·多菌灵	杀菌剂	可湿性粉剂	20%	2024 年 3 月 25 日	安徽朝农高科化工股份有限公司	水稻	稻瘟病	110~130 克/亩	喷雾
PD20091989	三环·多菌灵	杀菌剂	可湿性粉剂	20%	2024 年 2 月 12 日	山东省菏泽北联农药制造有限公司	水稻	稻瘟病	100~140 克/亩	喷雾

登记证号	农药名称	农药类别	剂型	总含量	有效期限	登记证持有人	作物/场所	防治对象	用药量（制剂量/亩）	施用方法
PD20091520	三环·多菌灵	杀菌剂	可湿性粉剂	50%	2024年2月2日	江苏三迪化学有限公司	水稻	稻瘟病	750~1 050克/公顷	喷雾
PD20086112	三环·多菌灵	杀菌剂	悬浮剂	18%	2023年12月30日	江西中迅农化有限公司	水稻	稻瘟病	90~120克/亩	喷雾
PD20084056	三环·多菌灵	杀菌剂	可湿性粉剂	52%	2023年12月16日	江苏省南通正达农化有限公司	水稻	稻瘟病	—	喷雾
PD20083633	三环·多菌灵	杀菌剂	可湿性粉剂	20%	2023年12月12日	江西农大植保化工有限公司	水稻	稻瘟病	—	喷雾
PD20082149	三环·多菌灵	杀菌剂	可湿性粉剂	20%	2023年11月25日	安徽佳田森农药化工有限公司	水稻	稻瘟病	120~140克/亩	喷雾
PD20081862	三环·多菌灵	杀菌剂	可湿性粉剂	40%	2023年12月24日	定远县嘉禾植物保护剂有限责任公司	水稻	稻瘟病	80~100克/亩	喷雾
PD20081554	三环·多菌灵	杀菌剂	可湿性粉剂	75%	2023年11月11日	广西田园生化股份有限公司	水稻	稻瘟病	26~36克/亩	喷雾
PD20080889	三环·多菌灵	杀菌剂	可湿性粉剂	20%	2023年7月9日	通州正大农药化工有限公司	水稻	稻瘟病	—	喷雾
PD20200644	三环·氟环唑	杀菌剂	悬浮剂	30%	2025年8月20日	江西众和化工有限公司	水稻	稻瘟病	60~80毫升/亩	喷雾
PD20183034	三环·氟环唑	杀菌剂	悬浮剂	30%	2023年7月23日	江苏东宝农药股份有限公司	水稻	稻瘟病	55~66毫升/亩	喷雾

登记证号	农药名称	农药类别	剂型	总含量	有效期限	登记证持有人	作物/场所	防治对象	用药量（制剂量/亩）	施用方法
PD20182053	三环·氟环唑	杀菌剂	悬浮剂	30%	2023年6月27日	江苏莱科化学有限公司	水稻	稻瘟病	60~90克/亩	喷雾
PD20181726	三环·氟环唑	杀菌剂	悬浮剂	30%	2023年5月16日	山东滨农科技有限公司	水稻	稻瘟病	75~90毫升/亩	喷雾
PD20181519	三环·氟环唑	杀菌剂	悬浮剂	30%	2023年4月17日	中土化工（安徽）有限公司	水稻	稻瘟病	75~90毫升/亩	喷雾
PD20181402	三环·氟环唑	杀菌剂	可湿性粉剂	60%	2023年4月17日	四川利尔作物科学有限公司	水稻	稻瘟病	32~40克/亩	喷雾
PD20181316	三环·氟环唑	杀菌剂	悬浮剂	40%	2023年4月17日	湖北华昕生物科技有限公司	水稻	稻瘟病	30~40毫升/亩	喷雾
PD20171422	三环·氟环唑	杀菌剂	悬浮剂	30%	2022年7月19日	江阴苏利化学股份有限公司	水稻	稻瘟病	60~90克	喷雾
PD20152609	三环·氟环唑	杀菌剂	悬浮剂	30%	2025年12月17日	江苏丰登作物保护股份有限公司	水稻	稻瘟病	50~60毫升/亩	喷雾
PD20151655	三环·氟环唑	杀菌剂	悬浮剂	30%	2025年8月28日	美国世科姆公司	水稻	稻瘟病	60~90毫升/亩	喷雾
PD20200147	三环·己唑醇	杀菌剂	悬浮剂	42%	2025年3月22日	南京南农农药科技发展有限公司	水稻	稻瘟病	70~80毫升/亩	喷雾
PD20173325	三环·己唑醇	杀菌剂	悬浮剂	30%	2022年12月19日	江苏东南植保有限公司	水稻	稻瘟病	50~70毫升/亩	喷雾

附表 A（续）

登记证号	农药名称	农药类别	剂型	总含量	有效期限	登记证持有人	作物/场所	防治对象	用药量（制剂量/亩）	施用方法
PD20172087	三环·已唑醇	杀菌剂	悬浮剂	27%	2022年9月18日	江苏云帆化工有限公司	水稻	稻瘟病	80~89毫升/亩	喷雾
PD20170936	三环·已唑醇	杀菌剂	悬浮剂	30%	2022年5月9日	江苏剑牌农化股份有限公司	水稻	稻瘟病	40~60毫升/亩	喷雾
PD20161323	三环·已唑醇	杀菌剂	悬浮剂	40%	2021年10月14日	陕西亿田丰作物科技有限公司	水稻	稻瘟病	40~45克/亩	喷雾
PD20184265	三环·嘧菌酯	杀菌剂	悬浮剂	28%	2023年9月25日	江苏省扬州市苏灵农药化工有限公司	水稻	稻瘟病	80~100毫升/亩	喷雾
PD20182517	三环·嘧菌酯	杀菌剂	悬浮剂	45%	2023年6月27日	江苏邦盛生物科技有限责任公司	水稻	稻瘟病	35~40毫升/亩	喷雾
PD20181558	三环·嘧菌酯	杀菌剂	悬浮剂	40%	2023年4月17日	安徽众邦生物工程有限公司	水稻	稻瘟病	60~70毫升/亩	喷雾
PD20180425	三环·嘧菌酯	杀菌剂	可湿性粉剂	80%	2023年1月14日	江阴苏利化学股份有限公司	水稻	稻瘟病	30~40克/亩	喷雾
PD20084667	三环·杀虫单	杀虫剂/杀菌剂	可湿性粉剂	58%	2023年12月22日	江苏省南通正达农化有限公司	水稻	稻瘟病	—	喷雾
PD20084069	三环·杀虫单	杀虫剂	可湿性粉剂	50%	2023年12月16日	江苏东宝农化股份有限公司	水稻	稻瘟病	100~120克/亩	喷雾
PD20081329	三环·杀虫单	杀菌剂	可湿性粉剂	50%	2023年10月21日	江苏百灵农化有限公司	水稻	稻瘟病	—	喷雾

登记证号	农药名称	农药类别	剂型	总含量	有效期限	登记证持有人	作物/场所	防治对象	用药量（制剂量/亩）	施用方法
PD20096499	三环・烯唑醇	杀菌剂	悬浮剂	18%	2024 年 8 月 14 日	江西巴姆博生物科技有限公司	水稻	稻瘟病	40~50 克/亩	喷雾
PD20080209	三环・异稻	杀菌剂	可湿性粉剂	20%	2023 年 1 月 11 日	安徽朝农高科化工股份有限公司	水稻	稻瘟病	100~150 克/亩	喷雾
PD20201062	三环唑	杀菌剂	水分散粒剂	75%	2025 年 12 月 24 日	江苏长青生物科技有限公司	水稻	稻瘟病	20~30 克/亩	喷雾
PD20201039	三环唑	杀菌剂	悬浮剂	40%	2025 年 11 月 24 日	蚌埠格润生物科技有限公司	水稻	稻瘟病	40~50 毫升/亩	喷雾法
PD20200913	三环唑	杀菌剂	水分散粒剂	75%	2025 年 10 月 27 日	蚌埠格润生物科技有限公司	水稻	稻瘟病	20~30 克/亩	喷雾
PD20182097	三环唑	杀菌剂	悬浮剂	40%	2023 年 6 月 27 日	绍兴上虞新银邦生化有限公司	水稻	稻瘟病	45~55 毫升/亩	喷雾
PD20181273	三环唑	杀菌剂	悬浮剂	40%	2023 年 5 月 16 日	山东邹平农药有限公司	水稻	稻瘟病	40~50 毫升/亩	喷雾
PD20180755	三环唑	杀菌剂	悬浮剂	40%	2023 年 2 月 8 日	江苏艾津作物科技集团有限公司	水稻	稻瘟病	35~50 毫升/亩	喷雾
PD20180349	三环唑	杀菌剂	颗粒剂	8%	2023 年 1 月 14 日	河北博嘉农业有限公司	水稻	稻瘟病	448~700 克/亩	撒施
PD20180287	三环唑	杀菌剂	悬浮剂	40%	2023 年 1 月 14 日	上海悦联生物科技有限公司	水稻	稻瘟病	40~50 毫升/亩	喷雾
PD20173128	三环唑	杀菌剂	悬浮剂	40%	2022 年 12 月 19 日	浙江世佳科技股份有限公司	水稻	稻瘟病	35~50 毫升/亩	喷雾

登记证号	农药名称	农药类别	剂型	总含量	有效期限	登记证持有人	作物/场所	防治对象	用药量（制剂量/亩）	施用方法
PD20172944	三环唑	杀菌剂	悬浮剂	30%	2022年11月20日	江苏长青生物科技有限公司	水稻	稻瘟病	60~70毫升/亩	喷雾
PD20172785	三环唑	杀菌剂	可湿性粉剂	75%	2022年11月20日	江苏省扬州市苏灵农药化工有限公司	水稻	稻瘟病	20~30克/亩	喷雾
PD20172614	三环唑	杀菌剂	悬浮剂	40%	2022年10月17日	浙江省桐庐汇丰生物科技有限公司	水稻	稻瘟病	35~50毫升/亩	喷雾
PD20172590	三环唑	杀菌剂	悬浮剂	20%	2022年10月17日	湖北华慈峰生物科技有限公司	水稻	稻瘟病	85~100毫升/亩	喷雾
PD20161127	三环唑	杀菌剂	悬浮剂	40%	2021年9月13日	江苏邦盛生物科技有限责任公司	水稻	稻瘟病	40~50毫升/亩	喷雾
PD20160666	三环唑	杀菌剂	可湿性粉剂	75%	2021年5月20日	重庆树荣作物科学有限公司	水稻	稻瘟病	20~30克/亩	喷雾
PD20160656	三环唑	杀菌剂	悬浮剂	30%	2021年5月4日	江苏剑牌农化股份有限公司	水稻	稻瘟病	50~70毫升/亩	喷雾
PD20160571	三环唑	杀菌剂	水分散粒剂	75%	2021年4月26日	浙江富农生物科技有限公司	水稻	稻瘟病	20~40克/亩	喷雾
PD20151218	三环唑	杀菌剂	可湿性粉剂	20%	2025年7月30日	鹤壁全丰生物科技有限公司	水稻	稻瘟病	75~100克/亩	喷雾
PD20150644	三环唑	杀菌剂	悬浮剂	40%	2025年4月16日	陕西美邦药业集团股份有限公司	水稻	稻瘟病	35~50毫升/亩	喷雾

登记证号	农药名称	农药类别	剂型	总含量	有效期限	登记证持有人	作物/场所	防治对象	用药量（制剂量/亩）	施用方法
PD20150196	三环唑	杀菌剂	可湿性粉剂	75%	2025 年 1 月 15 日	江西红土地化工有限公司	水稻	稻瘟病	24~27 克/亩	喷雾
PD20142433	三环唑	杀菌剂	可湿性粉剂	75%	2024 年 11 月 15 日	海南江河农药化工厂有限公司	水稻	稻瘟病	20~27 克/亩	喷雾
PD20142309	三环唑	杀菌剂	可湿性粉剂	75%	2024 年 11 月 3 日	河南省濮阳市科濮生化有限公司	水稻	稻瘟病	25~30 克/亩	喷雾
PD20141543	三环唑	杀菌剂	水分散粒剂	75%	2024 年 6 月 23 日	浙江世佳科技股份有限公司	水稻	稻瘟病	20~30 克/亩	喷雾
PD20141251	三环唑	杀菌剂	悬浮剂	40%	2024 年 5 月 7 日	福阿母韦农（黑龙江）化工有限公司	水稻	稻瘟病	38~57 毫升/亩	喷雾
PD20140793	三环唑	杀菌剂	悬浮剂	40%	2024 年 3 月 25 日	江西众和化工有限公司	水稻	稻瘟病	35~50 毫升/亩	喷雾
PD20131856	三环唑	杀菌剂	悬浮剂	40%	2023 年 9 月 24 日	陕西上格之路生物科学有限公司	水稻	稻瘟病	35~50 毫升/亩	喷雾
PD20131327	三环唑	杀菌剂	水分散粒剂	80%	2023 年 6 月 8 日	陕西美邦药业集团股份有限公司	水稻	稻瘟病	19~25 克/亩	喷雾
PD20130818	三环唑	杀菌剂	水分散粒剂	75%	2023 年 4 月 22 日	永农生物科学有限公司	水稻	稻瘟病	20~30 克/亩	喷雾
PD20130273	三环唑	杀菌剂	悬浮剂	20%	2023 年 2 月 21 日	江门市植保有限公司	水稻	稻瘟病	70~100 克/亩	喷雾
PD20121986	三环唑	杀菌剂	可湿性粉剂	75%	2022 年 12 月 18 日	沿化国昌精细化工有限公司	水稻	稻瘟病	20~27 克/亩	喷雾

登记证号	农药名称	农药类别	剂型	总含量	有效期限	登记证持有人	作物/场所	防治对象	用药量（制剂量/亩）	施用方法
PD20121629	三环唑	杀菌剂	可湿性粉剂	75%	2022 年 10 月 30 日	一帆生物科技集团有限公司	水稻	稻瘟病	20~27 克/亩	喷雾
PD20120683	三环唑	杀菌剂	可湿性粉剂	75%	2022 年 4 月 18 日	祥霖美丰生物科技（淮安）有限公司	水稻	稻瘟病	20~40 克/亩	喷雾
PD20120490	三环唑	杀菌剂	悬浮剂	35%	2022 年 3 月 19 日	江苏丰登作物保护股份有限公司	水稻	稻瘟病	43~57 毫升/亩	喷雾
PD20111276	三环唑	杀菌剂	水分散粒剂	75%	2021 年 11 月 23 日	通州正大农药化工有限公司	水稻	稻瘟病	20~26 克/亩	喷雾
PD20101488	三环唑	杀菌剂	可湿性粉剂	75%	2025 年 5 月 10 日	四川润尔科技有限公司	水稻	稻瘟病	22.2~33.3 克/亩	喷雾
PD20100789	三环唑	杀菌剂	可湿性粉剂	75%	2025 年 1 月 19 日	镇江建苏农药化工有限公司	水稻	稻瘟病	20~27 毫升/亩	喷雾
PD20100547	三环唑	杀菌剂	可湿性粉剂	20%	2025 年 1 月 14 日	湖南田野生物科技有限责任公司	水稻	稻瘟病	100~125 克/亩	喷雾
PD20100413	三环唑	杀菌剂	可湿性粉剂	75%	2025 年 1 月 14 日	山东茹亿生物科技有限公司	水稻	稻瘟病	20~27 克/亩	喷雾
PD20100384	三环唑	杀菌剂	可湿性粉剂	75%	2025 年 1 月 14 日	山西科星农药液肥有限公司	水稻	稻瘟病	20~26.7 克/亩	喷雾
PD20100328	三环唑	杀菌剂	可湿性粉剂	20%	2025 年 1 月 11 日	科特威生物科技有限公司	水稻	稻瘟病	100~125 克/亩	喷雾

登记证号	农药名称	农药类别	剂型	总含量	有效期限	登记证持有人	作物/场所	防治对象	用药量（制剂量/亩）	施用方法
PD20100091	三环唑	杀菌剂	可湿性粉剂	75%	2025 年 1 月 4 日	陕西麦可罗生物科技有限公司	水稻	稻瘟病	20~26.7 克/亩	喷雾
PD20100046	三环唑	杀菌剂	可湿性粉剂	75%	2025 年 1 月 4 日	江苏龙灯化学有限公司	水稻	稻瘟病	25~30 克/亩	喷雾
PD20100025	三环唑	杀菌剂	可湿性粉剂	75%	2025 年 1 月 4 日	江西众和化工有限公司	水稻	稻瘟病	23.3~26.7 克/亩	喷雾
PD20098365	三环唑	杀菌剂	可湿性粉剂	75%	2024 年 12 月 18 日	成都科利隆生化有限公司	水稻	稻瘟病	20~30 克/亩	喷雾
PD20098323	三环唑	杀菌剂	可湿性粉剂	75%	2024 年 12 月 18 日	济南中科绿色生物工程有限公司	水稻	稻瘟病	20~26.7 克/亩	喷雾
PD20098287	三环唑	杀菌剂	可湿性粉剂	75%	2024 年 12 月 18 日	济南天邦化工有限公司	水稻	稻瘟病	20~27 克/亩	喷雾
PD20098085	三环唑	杀菌剂	可湿性粉剂	75%	2024 年 12 月 8 日	山东乐邦化学品有限公司	水稻	稻瘟病	15~26.7 克/亩	喷雾
PD20097746	三环唑	杀菌剂	可湿性粉剂	75%	2024 年 11 月 12 日	江苏耘农化工有限公司	水稻	稻瘟病	20~26.67 克/亩	喷雾
PD20097537	三环唑	杀菌剂	可湿性粉剂	75%	2024 年 11 月 3 日	上海惠光环境科技有限公司	水稻	稻瘟病	20~30 克/亩	喷雾
PD20097497	三环唑	杀菌剂	可湿性粉剂	75%	2024 年 11 月 3 日	山东玉成生化农药有限公司	水稻	稻瘟病	25~33.3 克/亩	喷雾

登记证号	农药名称	农药类别	剂型	总含量	有效期限	登记证持有人	作物/场所	防治对象	用药量（制剂量/亩）	施用方法
PD20097195	三环唑	杀菌剂	可湿性粉剂	75%	2024年10月16日	江西绿川生物科技实业有限公司	水稻	稻瘟病	—	喷雾
PD20096978	三环唑	杀菌剂	可湿性粉剂	75%	2024年9月29日	江苏富田农化有限公司	水稻	稻瘟病	20~27克/亩	喷雾
PD20096951	三环唑	杀菌剂	可湿性粉剂	75%	2024年9月29日	江苏三山农药有限公司	水稻	稻瘟病	20~33克/亩	喷雾
PD20096941	三环唑	杀菌剂	可湿性粉剂	20%	2024年9月29日	孟州农达生化制品有限公司	水稻	稻瘟病	75~100克/亩	喷雾
PD20096789	三环唑	杀菌剂	可湿性粉剂	20%	2024年9月15日	陕西标正作物科学有限公司	水稻	稻瘟病	75~100克/亩	喷雾
PD20096219	三环唑	杀菌剂	可湿性粉剂	75%	2024年7月15日	山东淼农生物科技股份有限公司	水稻	稻瘟病	20~26.6克/亩	喷雾
PD20095348	三环唑	杀菌剂	可湿性粉剂	75%	2024年4月27日	江苏华裕农化有限公司	水稻	稻瘟病	20~27克/亩	喷雾
PD20095084	三环唑	杀菌剂	可湿性粉剂	20%	2024年4月22日	江苏健神生物农化有限公司	水稻	稻瘟病	70~90克/亩	喷雾
PD20094545	三环唑	杀菌剂	可湿性粉剂	75%	2024年4月9日	山东鑫星农药有限公司	水稻	稻瘟病	20~27克/亩	喷雾
PD20094408	三环唑	杀菌剂	可湿性粉剂	75%	2024年4月1日	连云港立本作物科技有限公司	水稻	稻瘟病	20~27克/亩	喷雾

登记证号	农药名称	农药类别	剂型	总含量	有效期限	登记证持有人	作物/场所	防治对象	用药量（制剂量/亩）	施用方法
PD20094265	三环唑	杀菌剂	水分散粒剂	75%	2024 年 3 月 31 日	上海禾本药业股份有限公司	水稻	稻瘟病	20~30 克/亩	喷雾
PD20094066	三环唑	杀菌剂	可湿性粉剂	20%	2024 年 3 月 27 日	重庆中邦药业（集团）有限公司	水稻	稻瘟病	75~100 克/亩	喷雾
PD20094063	三环唑	杀菌剂	可湿性粉剂	75%	2024 年 3 月 27 日	天津市绿享化工有限公司	水稻	稻瘟病	20~30 克/亩	喷雾
PD20093739	三环唑	杀菌剂	可湿性粉剂	75%	2024 年 3 月 25 日	允发化工（上海）有限公司	水稻	稻瘟病	300~400	喷雾
PD20093607	三环唑	杀菌剂	可湿性粉剂	75%	2024 年 3 月 23 日	江西顺泉生物科技有限公司	水稻	稻瘟病	20~33 克/亩	喷雾
PD20093573	三环唑	杀菌剂	可湿性粉剂	20%	2024 年 3 月 23 日	上海升联化工有限公司	水稻	稻瘟病	75~100 克/亩	喷雾
PD20093532	三环唑	杀菌剂	可湿性粉剂	20%	2024 年 3 月 23 日	重庆丰化科技有限公司	水稻	稻瘟病	80~100 克/亩	喷雾
PD20093512	三环唑	杀菌剂	可湿性粉剂	75%	2024 年 3 月 23 日	四川省川东农药化工有限公司	水稻	稻瘟病	20~27 克/亩	喷雾
PD20093436	三环唑	杀菌剂	可湿性粉剂	75%	2024 年 3 月 23 日	成都邦农化学有限公司	水稻	稻瘟病	20~27 克/亩	喷雾
PD20093124	三环唑	杀菌剂	可湿性粉剂	75%	2024 年 3 月 10 日	山东哈维斯生化科技有限公司	水稻	稻瘟病	20~27 克/亩	喷雾

登记证号	农药名称	农药类别	剂型	总含量	有效期限	登记证持有人	作物/场所	防治对象	用药量（制剂量/亩）	施用方法
PD20092960	三环唑	杀菌剂	可湿性粉剂	20%	2024 年 3 月 9 日	四川省川东药化工有限公司	水稻	稻瘟病	75～125 克/亩	喷雾
PD20092948	三环唑	杀菌剂	可湿性粉剂	75%	2024 年 3 月 9 日	广西鑫金泰化工有限公司	水稻	稻瘟病	20～33 克/亩	喷雾
PD20092517	三环唑	杀菌剂	可湿性粉剂	75%	2024 年 2 月 26 日	海南正业中农高科股份有限公司	水稻	稻瘟病	20～27 克/亩	喷雾
PD20092476	三环唑	杀菌剂	可湿性粉剂	75%	2024 年 2 月 25 日	江西中迅农化有限公司	水稻	稻瘟病	20～27 克/亩	喷雾
PD20091937	三环唑	杀菌剂	可湿性粉剂	20%	2024 年 2 月 12 日	济南天雨百禾植物营养技术有限公司	水稻	稻瘟病	90～100 克/亩	喷雾
PD20091708	三环唑	杀菌剂	可湿性粉剂	75%	2024 年 2 月 3 日	浙江平湖农药厂	水稻	稻瘟病	25～35 克/亩	喷雾
PD20091590	三环唑	杀菌剂	可湿性粉剂	75%	2024 年 2 月 3 日	山东利邦农化有限公司	水稻	稻瘟病	20～33.3 克/亩	喷雾
PD20091508	三环唑	杀菌剂	可湿性粉剂	75%	2024 年 2 月 2 日	山东荣邦化工有限公司	水稻	稻瘟病	20～27 克/亩	喷雾
PD20091349	三环唑	杀菌剂	可湿性粉剂	20%	2024 年 2 月 2 日	浙江平湖农药厂	水稻	稻瘟病	100～125 克/亩	喷雾
PD20091267	三环唑	杀菌剂	可湿性粉剂	75%	2024 年 2 月 1 日	江苏明德立作物科技有限公司	水稻	稻瘟病	20～33 克/亩	喷雾

登记证号	农药名称	农药类别	剂型	总含量	有效期限	登记证持有人	作物/场所	防治对象	用药量（制剂量/亩）	施用方法
PD20091086	三环唑	杀菌剂	可湿性粉剂	20%	2024年1月21日	河南福瑞得生物科技有限公司	水稻	稻瘟病	75~100 克/亩	喷雾
PD20090987	三环唑	杀菌剂	可湿性粉剂	75%	2024年1月20日	浙江龙湾化工有限公司	水稻	稻瘟病	20~33 克/亩	喷雾
PD20090897	三环唑	杀菌剂	可湿性粉剂	75%	2024年1月19日	福阿母赫农（黑龙江）化工有限公司	水稻	稻瘟病	20~30 克/亩	喷雾
PD20090662	三环唑	杀菌剂	可湿性粉剂	20%	2024年1月15日	天津市汉邦植物保护剂有限责任公司	水稻	稻瘟病	75~100 克/亩	喷雾
PD20090052	三环唑	杀菌剂	可湿性粉剂	75%	2024年1月6日	江西中源作物保护有限公司	水稻	稻瘟病	20~30 克/亩	喷雾
PD20086349	三环唑	杀菌剂	可湿性粉剂	75%	2023年12月31日	江西正邦作物保护股份有限公司	水稻	稻瘟病	20~30 克/亩	喷雾
PD20085681	三环唑	杀菌剂	可湿性粉剂	75%	2023年12月26日	南通雅本化学有限公司	水稻	稻瘟病	27~30 克/亩	喷雾
PD20085624	三环唑	杀菌剂	可湿性粉剂	75%	2023年12月25日	山东兆丰年生物科技有限公司	水稻	稻瘟病	20~27 克/亩	喷雾
PD20085551	三环唑	杀菌剂	可湿性粉剂	20%	2023年12月25日	江西海阔利斯生物科技有限公司	水稻	稻瘟病	75~100 克/亩	喷雾
PD20085265	三环唑	杀菌剂	可湿性粉剂	20%	2023年12月23日	江苏省扬州绿源生物化工有限公司	水稻	稻瘟病	100~125 克/亩	喷雾

登记证号	农药名称	农药类别	剂型	总含量	有效期限	登记证持有人	作物/场所	防治对象	用药量（制剂量/亩）	施用方法
PD20085039	三环唑	杀菌剂	可湿性粉剂	75%	2023 年 12 月 23 日	陕西标正作物科学有限公司	水稻	稻瘟病	20~30 克/亩	喷雾
PD20085005	三环唑	杀菌剂	可湿性粉剂	75%	2023 年 12 月 22 日	四川贝尔化工集团有限公司	水稻	稻瘟病	20~27 克/亩	喷雾
PD20084980	三环唑	杀菌剂	可湿性粉剂	75%	2023 年 12 月 22 日	陕西美邦药业集团股份有限公司	水稻	稻瘟病	20~27 克/亩	喷雾
PD20084755	三环唑	杀菌剂	可湿性粉剂	75%	2023 年 12 月 22 日	安徽佳田森农药化工有限公司	水稻	稻瘟病	20~27 克/亩	喷雾
PD20084675	三环唑	杀菌剂	可湿性粉剂	75%	2023 年 12 月 22 日	江西巴菲特化工有限公司	水稻	稻瘟病	20~27 克/亩	喷雾
PD20084594	三环唑	杀菌剂	可湿性粉剂	75%	2023 年 12 月 18 日	江苏省兴化市青松农药化工有限公司	水稻	稻瘟病	20~32 克/亩	喷雾
PD20084520	三环唑	杀菌剂	可湿性粉剂	75%	2023 年 12 月 18 日	昆明农药有限公司	水稻	稻瘟病	20~27 克/亩	喷雾
PD20084456	三环唑	杀菌剂	可湿性粉剂	75%	2023 年 12 月 17 日	河北冠龙农化有限公司	水稻	稻瘟病	20~27 克/亩	喷雾
PD20084404	三环唑	杀菌剂	可湿性粉剂	20%	2023 年 12 月 17 日	江苏凯晨化工有限公司	水稻	稻瘟病	75~100 克/亩	喷雾
PD20084355	三环唑	杀菌剂	可湿性粉剂	75%	2023 年 12 月 17 日	东莞市瑞德丰生物科技有限公司	水稻	稻瘟病	25~30 克/亩	喷雾

登记证号	农药名称	农药类别	剂型	总含量	有效期限	登记证持有人	作物/场所	防治对象	用药量（制剂量/亩）	施用方法
PD20084314	三环唑	杀菌剂	可湿性粉剂	75%	2023 年 12 月 17 日	山西省临猗中晋化工有限公司	水稻	稻瘟病	22～30 克/亩	喷雾
PD20084273	三环唑	杀菌剂	可湿性粉剂	20%	2023 年 12 月 17 日	东莞市瑞德丰生物科技有限公司	水稻	稻瘟病	75～100 克/亩	喷雾
PD20084248	三环唑	杀菌剂	可湿性粉剂	20%	2023 年 12 月 17 日	深圳诺普信农化股份有限公司	水稻	稻瘟病	80～100 克/亩	喷雾
PD20084099	三环唑	杀菌剂	可湿性粉剂	20%	2023 年 12 月 16 日	四川贝尔化工集团有限公司	水稻	稻瘟病	75～100 克/亩	喷雾
PD20083967	三环唑	杀菌剂	可湿性粉剂	20%	2023 年 12 月 16 日	蚌埠格润生物科技有限公司	水稻	稻瘟病	80～100 克/亩	喷雾
PD20083958	三环唑	杀菌剂	可湿性粉剂	75%	2023 年 12 月 15 日	山东省菏泽北联农药制造有限公司	水稻	稻瘟病	20～27 克/亩	喷雾
PD20083955	三环唑	杀菌剂	可湿性粉剂	75%	2023 年 12 月 15 日	江西汇和化工有限公司	水稻	稻瘟病	20～27 克/亩	喷雾
PD20083918	三环唑	杀菌剂	可湿性粉剂	75%	2023 年 12 月 15 日	天津市施普乐农药技术发展有限公司	水稻	稻瘟病	20～27 克/亩	喷雾
PD20083901	三环唑	杀菌剂	可湿性粉剂	75%	2023 年 12 月 15 日	四川省川东丰乐化工有限公司	水稻	稻瘟病	24～27 克/亩	喷雾
PD20083869	三环唑	杀菌剂	可湿性粉剂	20%	2023 年 12 月 15 日	陕西汤普森生物科技有限公司	水稻	稻瘟病	100～125 克/亩	喷雾

附表A（续）

登记证号	农药名称	农药类别	剂型	总含量	有效期限	登记证持有人	作物/场所	防治对象	用药量（制剂量/亩）	施用方法
PD20083781	三环唑	杀菌剂	可湿性粉剂	20%	2023 年 12 月 15 日	四川省化学工业研究设计院	水稻	稻瘟病	75~100 克/亩	喷雾
PD20083698	三环唑	杀菌剂	可湿性粉剂	75%	2023 年 12 月 15 日	燕化永乐（乐亭）生物科技有限公司	水稻	稻瘟病	22~27 克/亩	喷雾
PD20083687	三环唑	杀菌剂	可湿性粉剂	20%	2023 年 12 月 15 日	江苏常隆农化有限公司	水稻	稻瘟病	90~120 克/亩	喷雾
PD20083605	三环唑	杀菌剂	可湿性粉剂	75%	2023 年 12 月 12 日	上海悦联化工有限公司	水稻	稻瘟病	20~33 克/亩	喷雾
PD20083579	三环唑	杀菌剂	可湿性粉剂	75%	2023 年 12 月 12 日	陕西上格之路生物科学有限公司	水稻	稻瘟病	23.5~27 克/亩	喷雾
PD20083460	三环唑	杀菌剂	可湿性粉剂	20%	2023 年 12 月 12 日	江苏东宝农化股份有限公司	水稻	稻瘟病	88~100 克/亩	喷雾
PD20083390	三环唑	杀菌剂	可湿性粉剂	75%	2023 年 12 月 11 日	安徽金泰农药化工有限公司	水稻	稻瘟病	—	喷雾
PD20083077	三环唑	杀菌剂	可湿性粉剂	75%	2023 年 12 月 10 日	上海沪联生物药业（夏邑）股份有限公司	水稻	稻瘟病	20~27 克/亩	喷雾
PD20083041	三环唑	杀菌剂	可湿性粉剂	20%	2023 年 12 月 10 日	江苏富田农化有限公司	水稻	稻瘟病	75~100 克/亩	喷雾
PD20082909	三环唑	杀菌剂	可湿性粉剂	20%	2023 年 12 月 9 日	安道麦安邦（江苏）有限公司	水稻	稻瘟病	75~100 克/亩	喷雾

登记证号	农药名称	农药类别	剂型	总含量	有效期限	登记证持有人	作物/场所	防治对象	用药量（制剂量/亩）	施用方法
PD20082831	三环唑	杀菌剂	可湿性粉剂	75%	2023 年 12 月 9 日	四川省化学工业研究设计院	水稻	稻瘟病	20~27 克/亩	喷雾
PD20082758	三环唑	杀菌剂	可湿性粉剂	20%	2023 年 12 月 8 日	浙江龙湾化工有限公司	水稻	稻瘟病	75~100 克/亩	喷雾
PD20082720	三环唑	杀菌剂	可湿性粉剂	20%	2023 年 12 月 5 日	上海沪联生物药业（夏邑）股份有限公司	水稻	稻瘟病	75~100 克/亩	喷雾
PD20082373	三环唑	杀菌剂	可湿性粉剂	20%	2023 年 12 月 1 日	上海悦联化工有限公司	水稻	稻瘟病	75~125 克/亩	喷雾
PD20082305	三环唑	杀菌剂	可湿性粉剂	20%	2023 年 12 月 1 日	江苏省昆山市鼎峰农药有限公司	水稻	稻瘟病	—	喷雾
PD20082265	三环唑	杀菌剂	可湿性粉剂	75%	2023 年 11 月 27 日	深圳诺普信农化股份有限公司	水稻	稻瘟病	20~27 克/亩	喷雾
PD20082167	三环唑	杀菌剂	可湿性粉剂	75%	2023 年 11 月 26 日	江西田友生化有限公司	水稻	稻瘟病	20~27 克/亩	喷雾
PD20082160	三环唑	杀菌剂	可湿性粉剂	20%	2023 年 11 月 26 日	重庆树荣作物科学有限公司	水稻	稻瘟病	75~100 克/亩	喷雾
PD20082100	三环唑	杀菌剂	可湿性粉剂	75%	2023 年 11 月 25 日	海利尔药业集团股份有限公司	水稻	稻瘟病	20~27 克/亩	喷雾
PD20082092	三环唑	杀菌剂	可湿性粉剂	20%	2023 年 11 月 25 日	江苏三山农药有限公司	水稻	稻瘟病	—	喷雾

登记证号	农药名称	农药类别	剂型	总含量	有效期限	登记证持有人	作物/场所	防治对象	用药量（制剂量/亩）	施用方法
PD20081685	三环唑	杀虫剂	可湿性粉剂	75%	2023 年 11 月 17 日	江苏瑞东农药有限公司	水稻	稻瘟病	20～30 克/亩	喷雾
PD20081623	三环唑	杀菌剂	可湿性粉剂	75%	2023 年 11 月 12 日	广东中迅农科股份有限公司	水稻	稻瘟病	20～26.7 克/亩	喷雾
PD20081576	三环唑	杀菌剂	可湿性粉剂	20%	2023 年 11 月 12 日	江苏省兴化市青松农药化工有限公司	水稻	稻瘟病	—	喷雾
PD20081468	三环唑	杀菌剂	可湿性粉剂	75%	2023 年 11 月 4 日	江苏禾笑化工有限公司	水稻	稻瘟病	—	喷雾
PD20081462	三环唑	杀菌剂	可湿性粉剂	20%	2023 年 11 月 4 日	四川利尔作物科学有限公司	水稻	稻瘟病	75～100 克/亩	喷雾
PD20081292	三环唑	杀菌剂	可湿性粉剂	20%	2023 年 9 月 26 日	江苏灶星农化有限公司	水稻	稻瘟病	—	喷雾
PD20081152	三环唑	杀菌剂	可湿性粉剂	20%	2023 年 9 月 2 日	江苏中农药化工厂	水稻	稻瘟病	—	喷雾
PD20080695	三环唑	杀菌剂	可湿性粉剂	75%	2023 年 6 月 4 日	四川稼得利科技开发有限公司	水稻	稻瘟病	20～33 克/亩	喷雾
PD20080573	三环唑	杀菌剂	可湿性粉剂	75%	2023 年 5 月 12 日	江苏长青生物科技有限公司	水稻	稻瘟病	20～27 克/亩	喷雾
PD20080556	三环唑	杀菌剂	可湿性粉剂	20%	2023 年 5 月 9 日	江苏长青生物科技有限公司	水稻	稻瘟病	75～100 克/亩	喷雾

登记证号	农药名称	农药类别	剂型	总含量	有效期限	登记证持有人	作物/场所	防治对象	用药量（制剂量/亩）	施用方法
PD20080436	三环唑	杀菌剂	可湿性粉剂	75%	2023 年 3 月 13 日	四川龙田丰生化有限公司	水稻	稻瘟病	25～30 克/亩	喷雾
PD20080389	三环唑	杀菌剂	可湿性粉剂	75%	2023 年 2 月 28 日	兴农药业（中国）有限公司	水稻	稻瘟病	20～30 克/亩	喷雾
PD20080384	三环唑	杀菌剂	可湿性粉剂	75%	2023 年 2 月 28 日	杭州禾新化工有限公司	水稻	稻瘟病	20～30 克/亩	喷雾
PD20080211	三环唑	杀菌剂	可湿性粉剂	75%	2023 年 1 月 11 日	安徽朗高科化工股份有限公司	水稻	稻瘟病	20～27 克/亩	喷雾
PD20080171	三环唑	杀菌剂	可湿性粉剂	75%	2023 年 1 月 4 日	江苏粮满仓农化有限公司	水稻	稻瘟病	20～27 克/亩	喷雾
PD20070664	三环唑	杀菌剂	可湿性粉剂	75%	2022 年 12 月 17 日	浙江南郊化学有限公司	水稻	稻瘟病	20～27 克/亩	喷雾
PD20070633	三环唑	杀菌剂	可湿性粉剂	20%	2022 年 12 月 14 日	江苏丰山集团股份有限公司	水稻	稻瘟病	85～100 克/亩	喷雾
PD20070582	三环唑	杀菌剂	可湿性粉剂	20%	2022 年 12 月 3 日	浙江南郊化学有限公司	水稻	稻瘟病	75～100 克/亩	喷雾
PD20070524	三环唑	杀菌剂	可湿性粉剂	20%	2022 年 11 月 28 日	南通雅本化学有限公司	水稻	稻瘟病	75～100 克/亩	喷雾
PD20070486	三环唑	杀菌剂	可湿性粉剂	75%	2022 年 11 月 28 日	江西禾益化工股份有限公司	水稻	稻瘟病	20～40 克/亩	喷雾

登记证号	农药名称	农药类别	剂型	总含量	有效期限	登记证持有人	作物/场所	防治对象	用药量（制剂量/亩）	施用方法
PD20070470	三环唑	杀菌剂	可湿性粉剂	20%	2022年11月20日	镇江建苏农药化工有限公司	水稻	稻瘟病	75~100克/亩	喷雾
PD20070169	三环唑	杀菌剂	可湿性粉剂	75%	2022年6月25日	湖南大方农化股份有限公司	水稻	稻瘟病	20~27克/亩	喷雾
PD20060090	三环唑	杀菌剂	可湿性粉剂	75%	2021年5月19日	江苏丰登作物保护股份有限公司	水稻	稻瘟病	20~27克/亩	喷雾
PDN8-91	三环唑	杀菌剂	可湿性粉剂	20%	2021年4月12日	湖北省天门县易普乐农化有限公司	水稻	稻瘟病	75~100克/亩	喷雾
PDN6-90	三环唑	杀菌剂	可湿性粉剂	20%	2025年3月28日	安达市海纳贝尔化工有限公司	水稻	稻瘟病	75~100克/亩	喷雾
PDN23-92	三环唑	杀菌剂	可湿性粉剂	20%	2022年9月26日	江苏丰登作物保护股份有限公司	水稻	稻瘟病	75~100克/亩	喷雾
PD6-85	三环唑	杀菌剂	可湿性粉剂	75%	2025年12月14日	美国陶氏益农公司	水稻	稻瘟病	20~27克/亩	喷雾
PD20200366	三环唑·肟菌酯	杀菌剂	悬浮剂	35%	2025年5月21日	永农生物科学有限公司	水稻	稻瘟病	50~70毫升/亩	喷雾
PD20094378	三氯异氰尿酸	杀菌剂	可湿性粉剂	36%	2024年4月1日	湖南神隆海洋生物工程有限公司	水稻	稻瘟病	50~60克/亩	喷雾
PD20130864	三乙膦酸铝	杀菌剂	可湿性粉剂	40%	2023年4月22日	安徽喜丰收农业科技有限公司	水稻	稻瘟病	235~352.5克/亩	喷雾

登记证号	农药名称	农药类别	剂型	总含量	有效期限	登记证持有人	作物/场所	防治对象	用药量（制剂量/亩）	施用方法
PD20094668	三乙膦酸铝	杀菌剂	可湿性粉剂	40%	2024年4月10日	福建新农大正生物工程有限公司	水稻	稻瘟病	235~270克/亩	喷雾
PD86160-5	三乙膦酸铝	杀菌剂	可湿性粉剂	80%	2021年9月20日	天津市施普乐农药技术发展有限公司	水稻	稻瘟病	117.5克/亩	喷雾
PD86160-2	三乙膦酸铝	杀菌剂	可湿性粉剂	80%	2021年10月25日	山东大成生物化工有限公司	水稻	稻瘟病	117.5克/亩	喷雾
PD86159-6	三乙膦酸铝	杀菌剂	可湿性粉剂	40%	2021年5月11日	黑龙江省哈尔滨正业农药有限公司	水稻	稻瘟病	235克/亩	喷雾
PD86159-4	三乙膦酸铝	杀菌剂	可湿性粉剂	40%	2021年9月20日	天津市施普乐农药技术发展有限公司	水稻	稻瘟病	235克/亩	喷雾
PD86159-2	三乙膦酸铝	杀菌剂	可湿性粉剂	40%	2021年11月29日	安徽天成基农业科学研究院有限责任公司	水稻	稻瘟病	235克/亩	喷雾
PD20086153	三唑醇	杀菌剂	可湿性粉剂	15%	2023年12月30日	江苏剑牌农化股份有限公司	水稻	稻瘟病	60~70克/亩	喷雾
PD20110315	申嗪霉素	杀菌剂	悬浮剂	1%	2021年3月23日	上海农乐生物制品股份有限公司	水稻	稻瘟病	60~90毫升/亩	喷雾
PD20171878	四霉素	杀菌剂	水剂	0.15%	2022年9月18日	辽宁微科生物工程股份有限公司	水稻	稻瘟病	48~60毫升/亩	喷雾
PD20160030	松脂·铜·咪鲜胺	杀菌剂	乳油	18%	2026年1月26日	湖南万家丰科技有限公司	水稻	稻瘟病	80~100毫升/亩	喷雾

登记证号	农药名称	农药类别	剂型	总含量	有效期限	登记证持有人	作物/场所	防治对象	用药量（制剂量/亩）	施用方法
PD20201042	肟菌·戊唑醇	杀菌剂	悬浮剂	30%	2025 年 11 月 24 日	安徽丰乐农化有限责任公司	水稻	稻瘟病	30~40 毫升/亩	喷雾
PD20200219	肟菌·戊唑醇	杀菌剂	悬浮剂	30%	2025 年 4 月 15 日	江苏七洲绿色化工股份有限公司	水稻	稻瘟病	36~45 毫升/亩	喷雾
PD20184323	肟菌·戊唑醇	杀菌剂	悬浮剂	30%	2023 年 11 月 5 日	拜耳股份公司	水稻	稻瘟病	36~45 毫升/亩	喷雾
PD20183383	肟菌·戊唑醇	杀菌剂	悬浮剂	30%	2023 年 8 月 20 日	上海生农生化制品股份有限公司	水稻	稻瘟病	30~40 毫升/亩	喷雾
PD20182351	肟菌·戊唑醇	杀菌剂	水分散粒剂	75%	2023 年 6 月 27 日	河北利时捷生物科技有限公司	水稻	稻瘟病	17.5~20 克/亩	喷雾
PD20172887	肟菌·戊唑醇	杀菌剂	悬浮剂	42%	2022 年 11 月 20 日	深圳诺普信农化股份有限公司	水稻	稻瘟病	25~35 毫升/亩	喷雾
PD20161504	肟菌·戊唑醇	杀菌剂	水分散粒剂	75%	2021 年 11 月 14 日	湖南新长山农业发展股份有限公司	水稻	稻瘟病	15~20 克/亩	喷雾
PD20102160	肟菌·戊唑醇	杀菌剂	水分散粒剂	75%	2025 年 12 月 8 日	拜耳股份公司	水稻	稻瘟病	15~20 克/亩	喷雾
PD20181595	肟菌·异噻菌胺	杀菌剂	种子处理悬浮剂	24.10%	2023 年 4 月 22 日	拜耳股份公司	水稻	稻瘟病	15~25 毫升/干克种子	拌种
PD20181637	肟菌酯	杀菌剂	水分散粒剂	60%	2023 年 5 月 16 日	陕西华戎凯威生物有限公司	水稻	稻瘟病	9~12 克/亩	喷雾

登记证号	农药名称	农药类别	剂型	总含量	有效期限	登记证持有人	作物/场所	防治对象	用药量（制剂量/亩）	施用方法
PD20181766	戊唑·咪鲜胺	杀菌剂	水乳剂	400克/升	2023 年 5 月 16 日	上海升联化工有限公司	水稻	稻瘟病	25～35 毫升/亩	喷雾
PD20181472	戊唑·咪鲜胺	杀菌剂	水乳剂	45%	2023 年 4 月 17 日	广西田园生化股份有限公司	水稻	稻瘟病	30～40 克/亩	喷雾
PD20173349	戊唑·咪鲜胺	杀菌剂	悬浮剂	30%	2022 年 12 月 19 日	绩溪农华生物科技有限公司	水稻	稻瘟病	34～50 毫升/亩	喷雾
PD20171185	戊唑·咪鲜胺	杀菌剂	可湿性粉剂	70%	2022 年 7 月 19 日	江苏剑鲜农化股份有限公司	水稻	稻瘟病	10～15 克/亩	喷雾
PD20170367	戊唑·咪鲜胺	杀菌剂	水乳剂	45%	2022 年 3 月 9 日	江苏东南植保有限公司	水稻	稻瘟病	25～35 克/亩	喷雾
PD20161570	戊唑·咪鲜胺	杀菌剂	水乳剂	45%	2021 年 12 月 16 日	海南正业中农高科股份有限公司	水稻	稻瘟病	25～35 毫升/亩	喷雾
PD20160490	戊唑·咪鲜胺	杀菌剂	水乳剂	400克/升	2026 年 3 月 18 日	安徽辉隆集团银山药业有限责任公司	水稻	稻瘟病	30～35 毫升/亩	喷雾
PD20152546	戊唑·咪鲜胺	杀菌剂	水乳剂	40%	2025 年 12 月 5 日	陕西亿田丰作物科技有限公司	水稻	稻瘟病	25～35 克/亩	喷雾
PD20151939	戊唑·咪鲜胺	杀菌剂	水乳剂	45%	2025 年 8 月 30 日	江苏江南农化有限公司	水稻	稻瘟病	35～40 毫升/亩	喷雾
PD20151715	戊唑·咪鲜胺	杀菌剂	水乳剂	45%	2025 年 8 月 28 日	安徽圣丰生化有限公司	水稻	稻瘟病	30～40 毫升/亩	喷雾

登记证号	农药名称	农药类别	剂型	总含量	有效期限	登记证持有人	作物/场所	防治对象	用药量（制剂量/亩）	施用方法
PD20141619	戊唑·咪鲜胺	杀菌剂	微乳剂	40%	2024 年 6 月 24 日	广西汇丰生物科技有限公司	水稻	稻瘟病	25～30 毫升/亩	喷雾
PD20140882	戊唑·咪鲜胺	杀菌剂	水乳剂	45%	2024 年 4 月 8 日	江苏克胜集团股份有限公司	水稻	稻瘟病	25～35 毫升/亩	喷雾
PD20121401	戊唑醇	杀菌剂	微乳剂	6%	2022 年 9 月 19 日	福建省莆田市友缘实业有限公司	水稻	稻瘟病	75～100 毫升/亩	喷雾
PD20171058	烯丙苯噻唑	杀菌剂	颗粒剂	24%	2022 年 5 月 31 日	天津市鑫卫化工有限责任公司	水稻	稻瘟病	830～1 000 克/亩	撒施
PD20130303	烯丙苯噻唑	杀菌剂	颗粒剂	8%	2023 年 2 月 26 日	天津市鑫卫化工有限责任公司	水稻	稻瘟病	2 500～3 000 克/亩	撒施
PD20090006	烯丙苯噻唑	杀菌剂	颗粒剂	8%	2024 年 1 月 4 日	日本明治制果药业株式会社	水稻	稻瘟病	1 666～3 333 克/亩	撒施
PD20172682	烯肟·三环唑	杀菌剂	悬浮剂	25%	2022 年 11 月 20 日	沈阳科创化学品有限公司	水稻	稻瘟病	60～90 克/亩	喷雾
PD20096616	烯肟·戊唑醇	杀菌剂	悬浮剂	20%	2024 年 9 月 2 日	沈阳科创化学品有限公司	水稻	稻瘟病	50～67 毫升/亩	喷雾
PD20110311	辛菌胺醋酸盐	杀菌剂	水剂	1.26%	2026 年 3 月 22 日	河南省安阳市国丰农药有限责任公司	水稻	稻瘟病	—	喷雾
PD20101188	辛菌胺醋酸盐	杀菌剂	水剂	1.80%	2025 年 2 月 8 日	陕西省西安嘉科农化有限公司	水稻	稻瘟病	80～100 毫升/亩	喷雾

登记证号	农药名称	农药类别	剂型	总含量	有效期限	登记证持有人	作物/场所	防治对象	用药量（制剂量/亩）	施用方法
PD20101511	乙蒜素	杀菌剂	乳油	20%	2025 年 5 月 10 日	南阳新卧龙生物化工有限公司	水稻	稻瘟病	75~93.75 克/亩	喷雾
PD20100819	乙蒜素	杀菌剂	可湿性粉剂	15%	2025 年 1 月 19 日	登封市金农药化工有限公司	水稻	稻瘟病	145~160 克/亩	喷雾
PD20150330	己唑·稻瘟灵	杀菌剂	微乳剂	33%	2025 年 3 月 2 日	江西众和化工有限公司	水稻	稻瘟病	60~80 毫升/亩	喷雾
PD20170933	己唑·嘧菌酯	杀菌剂	悬浮剂	30%	2022 年 5 月 9 日	安徽喜丰收农业科技有限公司	水稻	稻瘟病	40~50 克/亩	喷雾
PD20101193	异稻·稻瘟灵	杀菌剂	乳油	40%	2025 年 2 月 8 日	江西明兴农药实业有限公司	水稻	稻瘟病	—	喷雾
PD20100715	异稻·稻瘟灵	杀菌剂	乳油	40%	2025 年 1 月 16 日	江西抚州新兴化工有限公司	水稻	稻瘟病	100~167 毫升/亩	喷雾
PD20094764	异稻·稻瘟灵	杀菌剂	乳油	40%	2024 年 4 月 13 日	山西普鑫药业有限公司	水稻	稻瘟病	1 500~2 500 g/亩	喷雾
PD20094215	异稻·稻瘟灵	杀菌剂	乳油	40%	2024 年 3 月 31 日	宁夏垦原生物化工有限公司	水稻	稻瘟病	100~166.67 克/亩	喷雾
PD20094103	异稻·稻瘟灵	杀菌剂	乳油	30%	2024 年 3 月 27 日	江西日上化工有限公司	水稻	稻瘟病	125~150 克/亩	喷雾
PD20093609	异稻·稻瘟灵	杀菌剂	乳油	40%	2024 年 3 月 24 日	河南蕴农植保科技有限公司	水稻	稻瘟病	100~150 克/亩	喷雾

登记证号	农药名称	农药类别	剂型	总含量	有效期限	登记证持有人	作物/场所	防治对象	用药量（制剂量/亩）	施用方法
PD20092305	异稻·稻瘟灵	杀菌剂	乳油	30%	2024年2月24日	安徽朝农高科化工股份有限公司	水稻	稻瘟病	100~150毫升/亩	喷雾
PD20090468	异稻·稻瘟灵	杀菌剂	乳油	40%	2024年1月12日	江西丰源生物高科有限公司	水稻	稻瘟病	125~167毫升/亩	喷雾
PD20090380	异稻·稻瘟灵	杀菌剂	乳油	40%	2024年1月12日	河南科辉实业有限公司	水稻	稻瘟病	150~200毫升/亩	喷雾
PD20086003	异稻·稻瘟灵	杀菌剂	乳油	40%	2023年12月29日	一帆生物科技集团有限公司	水稻	稻瘟病	100~167克/亩	喷雾
PD20084707	异稻·稻瘟灵	杀菌剂	乳油	40%	2023年12月22日	赣州一村生物科技有限公司	水稻	稻瘟病	150~200克/亩	喷雾
PD20084028	异稻·稻瘟灵	杀菌剂	乳油	40%	2023年12月16日	广西安泰化工有限责任公司	水稻	稻瘟病	125~150毫升/亩	喷雾
PD20083665	异稻·稻瘟灵	杀菌剂	乳油	40%	2023年12月12日	江西众和化工有限公司	水稻	稻瘟病	150~200毫升/亩	喷雾
PD20083593	异稻·稻瘟灵	杀菌剂	乳油	30%	2023年12月12日	一帆生物科技集团有限公司	水稻	稻瘟病	160~200克/亩	喷雾
PD20083586	异稻·稻瘟灵	杀菌剂	乳油	40%	2023年12月12日	山东天道生物工程有限公司	水稻	稻瘟病	—	喷雾
PD20082506	异稻·稻瘟灵	杀菌剂	乳油	40%	2023年12月3日	安徽瑞辰植保工程有限公司	水稻	稻瘟病	100~125毫升/亩	喷雾

登记证号	农药名称	农药类别	剂型	总含量	有效期限	登记证持有人	作物/场所	防治对象	用药量（制剂量/亩）	施用方法
PD20082381	异稻·稻瘟灵	杀菌剂	乳油	40%	2023年12月1日	江西山野化工有限责任公司	水稻	稻瘟病	150~200克/亩	喷雾
PD20082028	异稻·稻瘟灵	杀菌剂	乳油	40%	2023年11月25日	江西威力特生物科技有限公司	水稻	稻瘟病	100~150毫升/亩	喷雾
PD20081783	异稻·稻瘟灵	杀菌剂	乳油	30%	2023年11月19日	广西路明宝化工有限公司	水稻	稻瘟病	200~266.7毫升/亩	喷雾
PD20081709	异稻·稻瘟灵	杀菌剂	乳油	30%	2023年11月17日	江西中迅农化有限公司	水稻	稻瘟病	150~250克/亩	喷雾
PD20081301	异稻·稻瘟灵	杀菌剂	乳油	30%	2023年10月9日	湖南衡阳莱德生物药业有限公司	水稻	稻瘟病	—	喷雾
PD20081037	异稻·稻瘟灵	杀菌剂	乳油	35%	2023年8月6日	广西桂林宝盛农药有限公司	水稻	稻瘟病	100~120毫升/亩	喷雾
PD20080378	异稻·稻瘟灵	杀菌剂	乳油	40%	2023年2月28日	广西田园生化股份有限公司	水稻	稻瘟病	100~167克/亩	喷雾
PD20093105	异稻·三环唑	杀菌剂	可湿性粉剂	20%	2024年3月9日	浙江省温州市展农工农药厂	水稻	稻瘟病	130~180克/亩	喷雾
PD20092673	异稻·三环唑	杀菌剂	可湿性粉剂	20%	2024年3月3日	江苏龙灯化学有限公司	水稻	稻瘟病	100~150克/亩	喷雾
PD20091949	异稻·三环唑	杀菌剂	悬浮剂	30%	2024年2月12日	山西运城绿康实业有限公司	水稻	稻瘟病	70~100克/亩	喷雾

附表A（续）

登记证号	农药名称	农药类别	剂型	总含量	有效期限	登记证持有人	作物/场所	防治对象	用药量（制剂量/亩）	施用方法
PD20091753	异稻·三环唑	杀菌剂	可湿性粉剂	20%	2024年2月4日	湖北省天门易普乐农化有限公司	水稻	稻瘟病	1 500~2 250 克/公顷	喷雾
PD20090821	异稻·三环唑	杀菌剂	可湿性粉剂	20%	2024年1月19日	江苏丰登作物保护股份有限公司	水稻	稻瘟病	100~150 克/亩	喷雾
PD20090408	异稻·三环唑	杀菌剂	可湿性粉剂	20%	2024年1月12日	安徽省池州新赛德化工有限公司	水稻	稻瘟病	1 500~2 250 克/公顷	喷雾
PD20090322	异稻·三环唑	杀菌剂	可湿性粉剂	20%	2024年1月12日	山东天道生物工程有限公司	水稻	稻瘟病	—	喷雾
PD20090273	异稻·三环唑	杀菌剂	可湿性粉剂	20%	2024年1月9日	湖南新长山农业发展股份有限公司	水稻	稻瘟病	100~150 克/亩	喷雾
PD20090161	异稻·三环唑	杀菌剂	可湿性粉剂	20%	2024年1月8日	江苏嘉隆化工有限公司	水稻	稻瘟病	100~150 克/亩	喷雾
PD20090064	异稻·三环唑	杀菌剂	可湿性粉剂	20%	2024年1月8日	一帆生物科技集团有限公司	水稻	稻瘟病	100~150 克/亩	喷雾
PD20086337	异稻·三环唑	杀菌剂	可湿性粉剂	20%	2023年12月31日	江苏粮满仓农化有限公司	水稻	稻瘟病	—	喷雾
PD20085989	异稻·三环唑	杀菌剂	可湿性粉剂	20%	2023年12月29日	江苏富田农化有限公司	水稻	稻瘟病	100~150 克/亩	喷雾
PD20085953	异稻·三环唑	杀菌剂	可湿性粉剂	30%	2023年12月29日	江苏省扬州市苏灵农药化工有限公司	水稻	稻瘟病	100~120 克/亩	喷雾

登记证号	农药名称	农药类别	剂型	总含量	有效期限	登记证持有人	作物/场所	防治对象	用药量（制剂量/亩）	施用方法
PD20085938	异稻·三环唑	杀菌剂	可湿性粉剂	20%	2023 年 12 月 29 日	浙江龙湾化工有限公司	水稻	稻瘟病	100~150 克/亩	喷雾
PD20085937	异稻·三环唑	杀菌剂	可湿性粉剂	20%	2023 年 12 月 29 日	一帆生物科技集团有限公司	水稻	稻瘟病	100~150 克/亩	喷雾
PD20085923	异稻·三环唑	杀菌剂	可湿性粉剂	20%	2023 年 12 月 29 日	湖北蕲农化工有限公司	水稻	稻瘟病	95~145 克/亩	喷雾
PD20084984	异稻·三环唑	杀菌剂	可湿性粉剂	20%	2023 年 12 月 22 日	浙江东风化工有限公司	水稻	稻瘟病	1 500~2 250 克/公顷	喷雾
PD20084469	异稻·三环唑	杀菌剂	可湿性粉剂	20%	2023 年 12 月 17 日	浙江嘉化集团股份有限公司	水稻	稻瘟病	—	喷雾
PD20084453	异稻·三环唑	杀菌剂	可湿性粉剂	20%	2023 年 12 月 17 日	河北中保绿农作物科技有限公司	水稻	稻瘟病	100~150 克/亩	喷雾
PD20083162	异稻·三环唑	杀菌剂	可湿性粉剂	20%	2023 年 12 月 16 日	浙江东风化工有限公司	水稻	稻瘟病	1 875~2 625 g/亩	喷雾
PD20082017	异稻·三环唑	杀菌剂	可湿性粉剂	20%	2023 年 11 月 25 日	江苏长青生物科技有限公司	水稻	稻瘟病	100~150 克/亩	喷雾
PD20081750	异稻·三环唑	杀菌剂	可湿性粉剂	20%	2023 年 11 月 18 日	江西禾益化工股份有限公司	水稻	稻瘟病	100~150 克/亩	喷雾
PD20070580	异稻·三环唑	杀菌剂	可湿性粉剂	20%	2022 年 12 月 3 日	广西威牛农化有限公司	水稻	稻瘟病	95~145 克/亩	喷雾

附表A（续）

登记证号	农药名称	农药类别	剂型	总含量	有效期限	登记证持有人	作物/场所	防治对象	用药量（制剂量/亩）	施用方法
PD20131731	旱稻瘟净	杀菌剂	水乳剂	50%	2023年8月16日	浙江泰达作物科技有限公司	水稻	稻瘟病	120~160毫升/亩	喷雾
PD20120615	旱稻瘟净	杀菌剂	乳油	40%	2022年4月11日	广西威牛农化有限公司	水稻	稻瘟病	150~200毫升/亩	喷雾
PD20096383	旱稻瘟净	杀菌剂	乳油	40%	2024年8月4日	陕西美邦药业集团股份有限公司	水稻	稻瘟病	150~200克/亩	喷雾
PD20094387	旱稻瘟净	杀菌剂	乳油	50%	2024年4月1日	浙江嘉化集团股份有限公司	水稻	稻瘟病	1800~2400 g/亩	喷雾
PD20093909	旱稻瘟净	杀菌剂	乳油	50%	2024年3月26日	天津市绿亨化工有限公司	水稻	稻瘟病	120~160毫升/亩	喷雾
PD20093206	旱稻瘟净	杀菌剂	乳油	40%	2024年3月11日	江西大山科技有限公司	水稻	稻瘟病	175~200毫升/亩	喷雾
PD20093059	旱稻瘟净	杀菌剂	乳油	40%	2024年3月9日	上海悦联化工有限公司	水稻	稻瘟病	150~200毫升/亩	喷雾
PD20084850	旱稻瘟净	杀菌剂	乳油	50%	2023年12月22日	浙江泰达作物科技有限公司	水稻	稻瘟病	100~133克/亩	喷雾
PD20084365	旱稻瘟净	杀菌剂	乳油	40%	2023年12月17日	陕西标正作物科学有限公司	水稻	稻瘟病	170~200克/亩	喷雾
PD20083854	旱稻瘟净	杀菌剂	乳油	40%	2023年12月15日	广东宜禾宜农作物科学有限公司	水稻	稻瘟病	150~200克/亩	喷雾
PD20083331	旱稻瘟净	杀菌剂	乳油	40%	2023年12月11日	东莞市瑞德丰生物科技有限公司	水稻	稻瘟病	150~210毫升/亩	喷雾

登记证号	农药名称	农药类别	剂型	总含量	有效期限	登记证持有人	作物/场所	防治对象	用药量（制剂量/亩）	施用方法
PD85119-2	异稻瘟净	杀菌剂	乳油	40%	2025 年 7 月 6 日	浙江嘉化集团股份有限公司	水稻	稻瘟病	150~200 克/亩	喷雾
PD20152199	荧光假单胞杆菌	杀菌剂	可湿性粉剂	1 000 亿活孢子/克	2025 年 9 月 23 日	山东海利莱化工科技有限公司	水稻	稻瘟病	50~67 克/亩	喷雾
PD20190022	沼泽红假单胞菌 PSB-S	杀菌剂	悬浮剂	2 亿 CFU/毫升	2024 年 1 月 29 日	长沙艾格里生物科技有限公司	水稻	稻瘟病	300~600 毫升/亩	喷雾
PD20080959	唑酮·三环唑	杀菌剂	可湿性粉剂	20%	2023 年 7 月 23 日	安达市海纳贝尔化工有限公司	水稻	稻瘟病	100~150 克/亩	喷雾
PD20182527	唑酮·乙蒜素	杀菌剂	乳油	32%	2023 年 6 月 27 日	山西德威本草生物科技有限公司	水稻	稻瘟病	84~93 毫升/亩	喷雾
PD20101282	唑酮·乙蒜素	杀菌剂	可湿性粉剂	16%	2025 年 3 月 10 日	开封大地农化生物科技有限公司	水稻	稻瘟病	45~60 克/亩	喷雾
PD20100480	唑酮·乙蒜素	杀菌剂	乳油	32%	2025 年 1 月 14 日	开封大地农化生物科技有限公司	水稻	稻瘟病	75~94 毫升/亩	喷雾

注：数据时间截至 2021 年 3 月。

附表 B 水稻稻纵卷叶螟农药登记数据及防控方法

登记证号	农药名称	农药类别	剂型	总含量	有效期限	登记证持有人	作物/场所	防治对象	用药量（制剂量/亩）	施用方法
PD20210016	甲维·茚虫威	杀虫剂	悬浮剂	0.155	2026 年 1 月 13 日	安徽华微农化股份有限公司	水稻	稻纵卷叶螟	10~15 毫升/亩	喷雾
PD20201098	阿维菌素	杀虫剂	悬浮剂	10%	2025 年 12 月 24 日	宁波三江益农学有限公司	水稻	稻纵卷叶螟	6~8 克/亩	喷雾
PD20200333	氯虫·甲虫肼	杀虫剂	悬浮剂	40%	2025 年 5 月 21 日	广东省佛山市盈辉作物科学有限公司	水稻	稻纵卷叶螟	15~20 毫升/亩	喷雾
PD20200327	甲氨基阿维菌素苯甲酸盐	杀虫剂	水分散粒剂	5%	2025 年 5 月 21 日	山东省济南一农化工有限公司	水稻	稻纵卷叶螟	15~20 克/亩	喷雾
PD20200320	甲维·茚虫威	杀虫剂	可分散油悬浮剂	9.80%	2025 年 5 月 21 日	山东贵合生物科技有限公司	水稻	稻纵卷叶螟	10~15 毫升/亩	喷雾
PD20200317	阿维菌素	杀虫剂	乳油	3.20%	2025 年 5 月 21 日	六夫丁作物保护有限公司	水稻	稻纵卷叶螟	12~16 毫升/亩	喷雾
PD20200278	氯虫苯·杀虫单	杀虫剂	水分散粒剂	85%	2025 年 4 月 15 日	安徽辉隆集团银山药业有限责任公司	水稻	稻纵卷叶螟	30~40 克/亩	喷雾
PD20184319	阿维·杀虫双	杀虫剂	微囊悬浮剂	22%	2023 年 11 月 5 日	河南好年景生物发展有限公司	水稻	稻纵卷叶螟	20~30 毫升/亩	喷雾
PD20184271	氯虫苯甲酰胺	杀虫剂	悬浮剂	200 克/升	2023 年 9 月 25 日	连云港立本作物科技有限公司	水稻	稻纵卷叶螟	7~10 毫升/亩	喷雾

登记证号	农药名称	农药类别	剂型	总含量	有效期限	登记证持有人	作物/场所	防治对象	用药量（制剂量/亩）	施用方法
PD20184267	甲维·茚虫威	杀虫剂	可湿性粉剂	18%	2023 年 9 月 25 日	江苏省南京惠宇农化有限公司	水稻	稻纵卷叶螟	10~14 克/亩	喷雾
PD20184140	氯虫·吡蚜酮	杀虫剂	颗粒剂	6%	2023 年 9 月 25 日	河北博嘉农业有限公司	水稻	稻纵卷叶螟	119~158 克/平方育苗盘	撒施（苗床）
PD20184139	氯虫苯甲酰胺	杀虫剂	颗粒剂	1%	2023 年 9 月 25 日	河北博嘉农业有限公司	水稻	稻纵卷叶螟	159~198 克/平方米	撒施（苗床）
PD20184095	阿维·茚虫威	杀虫剂	微乳剂	6%	2023 年 9 月 25 日	联保作物科技有限公司	水稻	稻纵卷叶螟	30~50 毫升/亩	喷雾
PD20184031	苏云·稻纵颗	杀虫剂	可湿性粉剂	100 000 OB/毫克、16 000 IU/毫克	2023 年 8 月 29 日	江苏省扬州绿源生物化工有限公司	水稻	稻纵卷叶螟	50~100 克/亩	喷雾
PD20183948	氯虫苯甲酰胺	杀虫剂	超低容量液剂	5%	2023 年 8 月 20 日	广西田园生化股份有限公司	水稻	稻纵卷叶螟	30~40 毫升/亩	超低容量喷雾
PD20183870	阿维菌素	杀虫剂	微乳剂	5%	2023 年 8 月 20 日	山东东合生物科技有限公司	水稻	稻纵卷叶螟	6~12 毫升/亩	喷雾
PD20183808	甲维·茚虫威	杀虫剂	悬浮剂	16%	2023 年 8 月 20 日	江苏艾津作物科技集团有限公司	水稻	稻纵卷叶螟	10~15 毫升/亩	喷雾
PD20183784	茚虫威	杀虫剂	悬浮剂	30%	2023 年 8 月 20 日	江苏建农植物保护有限公司	水稻	稻纵卷叶螟	6~8 毫升/亩	喷雾

登记证号	农药名称	农药类别	剂型	总含量	有效期限	登记证持有人	作物/场所	防治对象	用药量（制剂量/亩）	施用方法
PD20183756	阿维·茚虫威	杀虫剂	悬浮剂	25%	2023年8月20日	江苏省高邮市丰田农药有限公司	水稻	稻纵卷叶螟	8~10毫升/亩	喷雾
PD20183698	苏云·茚虫威	杀虫剂	悬浮剂	5%	2023年8月20日	武汉科诺生物科技股份有限公司	水稻	稻纵卷叶螟	60~80毫升/亩	喷雾
PD20183685	阿维菌素	杀虫剂	悬浮剂	5%	2023年8月20日	湖北省阳新县泰鑫化工有限公司	水稻	稻纵卷叶螟	12~20毫升/亩	喷雾
PD20183583	氯虫·吡蚜酮	杀虫剂	水分散粒剂	60%	2023年8月20日	东莞市瑞德丰生物科技有限公司	水稻	稻纵卷叶螟	15~20克/亩	喷雾
PD20183578	氯虫·三氟苯	杀虫剂	悬浮剂	19%	2023年8月20日	深圳诺普信农化股份有限公司	水稻	稻纵卷叶螟	15~20毫升/亩	喷雾
PD20183547	阿维·三氟苯	杀虫剂	悬浮剂	11%	2023年8月20日	东莞市瑞德丰生物科技有限公司	水稻	稻纵卷叶螟	15~20毫升/亩	喷雾
PD20183533	溴酰·三氟苯	杀虫剂	悬浮剂	23%	2023年8月20日	陕西标正作物科学有限公司	水稻	稻纵卷叶螟	15~20毫升/亩	喷雾
PD20183519	甲维·茚虫威	杀虫剂	悬浮剂	16%	2023年8月20日	孟州广农汇泽生物科技有限公司	水稻	稻纵卷叶螟	10~15毫升/亩	喷雾
PD20183503	阿维菌素	杀虫剂	乳油	5%	2023年8月20日	六夫丁作物保护有限公司	水稻	稻纵卷叶螟	8~12毫升/亩	喷雾
PD20183483	甲维·茚虫威	杀虫剂	悬浮剂	16%	2023年8月20日	安阳市振华化工有限责任公司	水稻	稻纵卷叶螟	10~15毫升/亩	喷雾

登记证号	农药名称	农药类别	剂型	总含量	有效期限	登记证持有人	作物/场所	防治对象	用药量（制剂量/亩）	施用方法
PD20183447	甲氨基阿维菌素苯甲酸盐	杀虫剂	乳油	5%	2023 年 8 月 20 日	六夫丁作物保护有限公司	水稻	稻纵卷叶螟	8～12 毫升/亩	喷雾
PD20183430	噻虫胺	杀虫剂	颗粒剂	0.20%	2023 年 8 月 20 日	孟州沙隆达植物保护技术有限公司	水稻	稻纵卷叶螟	20～30 千克/亩	撒施
PD20183413	甲维·茚虫威	杀虫剂	悬浮剂	3%	2023 年 8 月 20 日	安徽佳田森农药化工有限公司	水稻	稻纵卷叶螟	60～80 毫升/亩	喷雾
PD20183269	氰虫·甲虫肼	杀虫剂	悬浮剂	20%	2023 年 7 月 23 日	江苏省扬州市苏灵农药化工有限公司	水稻	稻纵卷叶螟	40～50 毫升/亩	喷雾
PD20183253	苦皮藤素	杀虫剂	水乳剂	1%	2023 年 7 月 23 日	山东惠民中联生物科技有限公司	水稻	稻纵卷叶螟	30～40 毫升/亩	喷雾
PD20183231	阿维菌素	杀虫剂	微乳剂	5%	2023 年 7 月 23 日	山东金秋园田生物科技有限公司	水稻	稻纵卷叶螟	9～12 毫升/亩	喷雾
PD20183157	甲维·茚虫威	杀虫剂	悬浮剂	10%	2023 年 7 月 23 日	湖南农大海特农化有限公司	水稻	稻纵卷叶螟	20～27 毫升/亩	喷雾
PD20183146	阿维菌素	杀虫剂	悬浮剂	10%	2023 年 7 月 23 日	河北利时捷生物科技有限公司	水稻	稻纵卷叶螟	5～7 毫升/亩	喷雾
PD20183145	阿维菌素	杀虫剂	悬浮剂	10%	2023 年 7 月 23 日	河北美邦化工科技有限公司	水稻	稻纵卷叶螟	4.5～6 毫升/亩	喷雾

附表B(续)

登记证号	农药名称	农药类别	剂型	总含量	有效期限	登记证持有人	作物/场所	防治对象	用药量（制剂量/亩）	施用方法
PD20182954	阿维菌素	杀虫剂	可湿性粉剂	5%	2023 年 7 月 23 日	安徽中隆胜达农业科技有限公司	水稻	稻纵卷叶螟	16~32 克/亩	喷雾
PD20182916	阿维菌素	杀虫剂	微乳剂	5%	2023 年 7 月 23 日	河南省焦作华生化工有限公司	水稻	稻纵卷叶螟	9~12 毫升/亩	喷雾
PD20182911	甲氨基阿维菌素苯甲酸盐	杀虫剂	微乳剂	5%	2023 年 7 月 23 日	河南比赛尔农业科技有限公司	水稻	稻纵卷叶螟	10~20 毫升/亩	喷雾
PD20182909	阿维·茚虫威	杀虫剂	悬浮剂	12%	2023 年 7 月 23 日	河南豫之星作物保护有限公司	水稻	稻纵卷叶螟	12~20 毫升/亩	喷雾
PD20182892	多杀霉素	杀虫剂	微乳剂	2%	2023 年 7 月 23 日	广西田园生化股份有限公司	水稻	稻纵卷叶螟	150~200 毫升/亩	喷雾
PD20182883	丙溴磷	杀虫剂	乳油	50%	2023 年 7 月 23 日	广西兄弟农药厂	水稻	稻纵卷叶螟	80~100 毫升/亩	喷雾
PD20182871	甲氨基阿维菌素苯甲酸盐	杀虫剂	微乳剂	5%	2023 年 7 月 23 日	广西兄弟农药厂	水稻	稻纵卷叶螟	15~20 毫升/亩	喷雾
PD20182746	甲氨基阿维菌素苯甲酸盐	杀虫剂	微乳剂	5%	2023 年 7 月 23 日	广东茂名绿银农化有限公司	水稻	稻纵卷叶螟	15~20 毫升/亩	喷雾
PD20182739	阿维菌素	杀虫剂	悬浮剂	10%	2023 年 7 月 23 日	上海悦联生物科技有限公司	水稻	稻纵卷叶螟	6~8 毫升/亩	喷雾

登记证号	农药名称	农药类别	剂型	总含量	有效期限	登记证持有人	作物/场所	防治对象	用药量（制剂量/亩）	施用方法
PD20182709	阿维菌素	杀虫剂	悬浮剂	5%	2023 年 7 月 23 日	河南瀚斯作物保护有限公司	水稻	稻纵卷叶螟	12~20 毫升/亩	喷雾
PD20182690	阿维·苘虫威	杀虫剂	悬浮剂	15%	2023 年 7 月 23 日	安徽海日生物科技有限公司	水稻	稻纵卷叶螟	12~20 毫升/亩	喷雾
PD20182541	甲氨基阿维菌素苯甲酸盐	杀虫剂	微乳剂	5%	2023 年 6 月 27 日	湖南泽丰农化有限公司	水稻	稻纵卷叶螟	15~20 毫升/亩	喷雾
PD20182482	甲维·苘虫威	杀虫剂	超低容量液剂	6%	2023 年 6 月 27 日	南宁市德丰富化工有限责任公司	水稻	稻纵卷叶螟	33~40 毫升/亩	超低容量喷雾
PD20182456	甲维·苘虫威	杀虫剂	悬浮剂	9%	2023 年 6 月 27 日	山东合生物科技有限公司	水稻	稻纵卷叶螟	15~20 毫升/亩	喷雾
PD20182441	甲维·苘虫威	杀虫剂	悬浮剂	16%	2023 年 6 月 27 日	青岛金正农药有限公司	水稻	稻纵卷叶螟	10~15 毫升/亩	喷雾
PD20182433	甘蓝夜蛾核型多角体病毒	杀虫剂	悬浮剂	30 亿 PIB/毫升	2023 年 6 月 27 日	江西新龙生物科技股份有限公司	水稻	稻纵卷叶螟	30~50 毫升/亩	喷雾
PD20182408	甲氨基阿维菌素苯甲酸盐	杀虫剂	悬浮剂	5%	2023 年 6 月 27 日	佛山市高明区万邦生物有限公司	水稻	稻纵卷叶螟	10~20 毫升/亩	喷雾
PD20182328	苘虫威	杀虫剂	水分散粒剂	30%	2023 年 6 月 27 日	浙江中山化工集团股份有限公司	水稻	稻纵卷叶螟	6~8 克/亩	喷雾

登记证号	农药名称	农药类别	剂型	总含量	有效期限	登记证持有人	作物/场所	防治对象	用药量（制剂量/亩）	施用方法
PD20182277	毒死蜱	杀虫剂	乳油	40%	2023 年 6 月 27 日	山东滨农科技有限公司	水稻	稻纵卷叶螟	75～100 毫升/亩	喷雾
PD20182266	茚虫威	杀虫剂	乳油	20%	2023 年 6 月 27 日	江苏省南通施壮化工有限公司	水稻	稻纵卷叶螟	10～12 毫升/亩	喷雾
PD20182162	氯虫·甲维盐	杀虫剂	悬浮剂	22%	2023 年 6 月 27 日	陕西标正作物科学有限公司	水稻	稻纵卷叶螟	30～40 毫升/亩	喷雾
PD20182143	甲维·茚虫威	杀虫剂	悬浮剂	10%	2023 年 6 月 27 日	河南省安阳市锐普农化有限责任公司	水稻	稻纵卷叶螟	15～20 毫升/亩	喷雾
PD20182141	茚虫威	杀虫剂	悬浮剂	15%	2023 年 6 月 27 日	河南爱力生生物科技有限公司	水稻	稻纵卷叶螟	15～20 毫升/亩	喷雾
PD20182128	杀螟丹	杀虫剂	颗粒剂	0.80%	2023 年 6 月 27 日	河南省周口市中科化工有限公司	水稻	稻纵卷叶螟	12.5～15 千克/亩	撒施
PD20182111	金龟子绿僵菌 CQMa421	杀虫剂	可湿性粉剂	80 亿孢子/克	2023 年 6 月 27 日	重庆聚立信生物工程有限公司	水稻	稻纵卷叶螟	60～90 克/亩	喷雾
PD20181980	甲氨基阿维菌素苯甲酸盐	杀虫剂	水分散粒剂	5%	2023 年 5 月 16 日	河南喜丰农生物科技有限公司	水稻	稻纵卷叶螟	10～20 克/亩	喷雾
PD20181940	甲氨基阿维菌素苯甲酸盐	杀虫剂	微乳剂	5%	2023 年 5 月 16 日	广西田园生化股份有限公司	水稻	稻纵卷叶螟	15～20 毫升/亩	喷雾

登记证号	农药名称	农药类别	剂型	总含量	有效期限	登记证持有人	作物/场所	防治对象	用药量（制剂量/亩）	施用方法
PD20181912	甲维·毒死蜱	杀虫剂	水乳剂	40%	2023年5月16日	绩溪县庆丰天天鹰生化有限公司	水稻	稻纵卷叶螟	30~40毫升/亩	喷雾
PD20181672	阿维菌素	杀虫剂	悬浮剂	10%	2023年5月16日	河南喜夫生物科技有限公司	水稻	稻纵卷叶螟	4~6毫升/亩	喷雾
PD20181589	甲维·茚虫威	杀虫剂	悬乳剂	9%	2023年4月17日	上海升联化工有限公司	水稻	稻纵卷叶螟	15~20毫升/亩	喷雾
PD20181566	甲维·茚虫威	杀虫剂	悬浮剂	25%	2023年4月17日	河北野田农用化学有限公司	水稻	稻纵卷叶螟	6.4~9.6毫升/亩	喷雾
PD20181527	乙基多杀菌素	杀虫剂	水分散粒剂	25%	2023年4月17日	美国陶氏益农公司	水稻	稻纵卷叶螟	8~10克/亩	喷雾
PD20181438	阿维·甲丰散	杀虫剂	水乳剂	45%	2023年4月17日	江苏腾龙生物药业有限公司	水稻	稻纵卷叶螟	100~120毫升/亩	喷雾
PD20181427	阿维·甲虫肼	杀虫剂	悬浮剂	10%	2023年4月17日	绍兴上虞新银邦生化有限公司	水稻	稻纵卷叶螟	40~50毫升/亩	喷雾
PD20181301	氟虫·甲虫肼	杀虫剂	悬浮剂	40%	2023年4月17日	江苏东宝农化股份有限公司	水稻	稻纵卷叶螟	20~40毫升/亩	喷雾
PD20181217	多杀·茚虫威	杀虫剂	悬浮剂	15%	2023年3月15日	江苏东南植保有限公司	水稻	稻纵卷叶螟	14~16毫升/亩	喷雾
PD20181195	丙溴磷	杀虫剂	乳油	50%	2023年3月15日	山东奥胜生物科技有限公司	水稻	稻纵卷叶螟	80~120毫升/亩	喷雾

登记证号	农药名称	农药类别	剂型	总含量	有效期限	登记证持有人	作物/场所	防治对象	用药量（制剂量/亩）	施用方法
PD20181187	甲维·茚虫威	杀虫剂	悬浮剂	16%	2023年3月15日	山东恒利达生物科技有限公司	水稻	稻纵卷叶螟	80~120毫升/亩	喷雾
PD20181165	杀螟丹	杀虫剂	颗粒剂	0.80%	2023年3月15日	河南波尔森农业科技有限公司	水稻	稻纵卷叶螟	12 500~15 000克/亩	撒施
PD20181090	球孢白僵菌	杀虫剂	悬浮剂	50亿孢子/克	2023年3月15日	山东海利莱化工科技有限公司	水稻	稻纵卷叶螟	45~55毫升/亩	喷雾
PD20181042	甲维·茚虫威	杀虫剂	悬浮剂	9%	2023年3月15日	菏泽龙歌植保技术有限公司	水稻	稻纵卷叶螟	15~22毫升/亩	喷雾
PD20181013	甲维·茚虫威	杀虫剂	悬浮剂	10%	2023年3月15日	江苏明德立达作物科技有限公司	水稻	稻纵卷叶螟	20~25毫升/亩	喷雾
PD20180988	5%阿维菌素微乳剂	杀虫剂	微乳剂	5%	2023年3月15日	安徽茂源生物科技有限公司	水稻	稻纵卷叶螟	9~12毫升/亩	喷雾
PD20180951	多杀霉素	杀虫剂	悬浮剂	5%	2023年3月15日	河南瀚斯作物保护有限公司	水稻	稻纵卷叶螟	74~86毫升/亩	喷雾
PD20180806	茚虫威	杀虫剂	水分散粒剂	30%	2023年2月8日	江苏健合化工有限公司	水稻	稻纵卷叶螟	7~9克/亩	喷雾
PD20180654	茚虫威	杀虫剂	水分散粒剂	30%	2023年2月8日	江苏好收成韦恩农化股份有限公司	水稻	稻纵卷叶螟	7~9克/亩	喷雾
PD20180595	稻散·甲维盐	杀虫剂	水乳剂	31%	2023年2月8日	江苏腾龙生物药业有限公司	水稻	稻纵卷叶螟	30~40毫升/亩	喷雾

登记证号	农药名称	农药类别	剂型	总含量	有效期限	登记证持有人	作物/场所	防治对象	用药量（制剂量/亩）	施用方法
PD20180591	甲氨基阿维菌素苯甲酸盐	杀虫剂	悬浮剂	3%	2023年2月8日	湖南万家丰科技有限公司	水稻	稻纵卷叶螟	20~25毫升/亩	喷雾
PD20180531	阿维菌素	杀虫剂	悬浮剂	5%	2023年2月8日	佛山市高明区万邦生物有限公司	水稻	稻纵卷叶螟	16~20毫升/亩	喷雾
PD20180494	阿维菌素	杀虫剂	悬浮剂	5%	2023年2月8日	河南三浦百草生物工程有限公司	水稻	稻纵卷叶螟	16~20毫升/亩	喷雾
PD20180445	茚虫威	杀虫剂	悬浮剂	23%	2023年2月8日	湖南农大海特农化有限公司	水稻	稻纵卷叶螟	10~13毫升/亩	喷雾
PD20180388	阿维菌素	杀虫剂	水乳剂	5%	2023年1月14日	青岛金正农药有限公司	水稻	稻纵卷叶螟	9~11克/亩	喷雾
PD20180365	甲维·杀虫单	杀虫剂	微乳剂	30%	2023年1月14日	江西北农天风科技有限公司	水稻	稻纵卷叶螟	137.5~150毫升/亩	喷雾
PD20180339	甲氨基阿维菌素苯甲酸盐	杀虫剂	微囊悬浮剂	2%	2023年1月14日	上海宜邦生物工程(信阳)有限公司	水稻	稻纵卷叶螟	30~50毫升/亩	喷雾
PD20180295	氰氟虫腙	杀虫剂	悬浮剂	33%	2023年1月14日	江苏龙灯化学有限公司	水稻	稻纵卷叶螟	20~40毫升/亩	喷雾
PD20180247	苏云金杆菌	杀虫剂	可湿性粉剂	16000IU/毫克	2023年1月14日	山东天威农药有限公司	水稻	稻纵卷叶螟	200~300克/亩	喷雾

登记证号	农药名称	农药类别	剂型	总含量	有效期限	登记证持有人	作物/场所	防治对象	用药量（制剂量/亩）	施用方法
PD20180186	阿维菌素	杀虫剂	水乳剂	3%	2023 年 1 月 14 日	安徽省四达农药化工有限公司	水稻	稻纵卷叶螟	12～18 毫升/亩	喷雾
PD20180165	甲维·茚虫威	杀虫剂	悬浮剂	14%	2023 年 1 月 14 日	河南瀚斯作物保护有限公司	水稻	稻纵卷叶螟	10～20 毫升/亩	喷雾
PD20180058	阿维·氟虫	杀虫剂	悬浮剂	33%	2023 年 1 月 14 日	华北制药集团爱诺有限公司	水稻	稻纵卷叶螟	14.7～22 毫升/亩	喷雾
PD20173328	茚虫威	杀虫剂	水分散粒剂	30%	2022 年 12 月 19 日	江苏省南通宏洋化工有限公司	水稻	稻纵卷叶螟	6～9 克/亩	喷雾
PD20173243	茚虫威	杀虫剂	乳油	20%	2022 年 12 月 19 日	浙江中山化工集团股份有限公司	水稻	稻纵卷叶螟	9～15 克/亩	喷雾
PD20173159	茚虫威	杀虫剂	悬浮剂	15%	2022 年 12 月 19 日	广西田园生化股份有限公司	水稻	稻纵卷叶螟	15～20 毫升/亩	喷雾
PD20173145	辛硫磷	杀虫剂	微乳剂	20%	2022 年 12 月 19 日	山东中石药业有限公司	水稻	稻纵卷叶螟	250～300 毫升/亩	喷雾
PD20173141	杀螟丹	杀虫剂	颗粒剂	0.80%	2022 年 12 月 19 日	六夫丁作物保护有限公司	水稻	稻纵卷叶螟	12.5～15 千克/亩	撒施
PD20173140	甲维·茚虫威	杀虫剂	悬浮剂	16%	2022 年 12 月 19 日	安徽春辉植物农药厂	水稻	稻纵卷叶螟	10～15 毫升/亩	喷雾
PD20173114	阿维·茚虫威	杀虫剂	悬浮剂	5%	2022 年 12 月 19 日	浙江钱江生物化学股份有限公司	水稻	稻纵卷叶螟	30～40 毫升/亩	喷雾

附表B（续）

登记证号	农药名称	农药类别	剂型	总含量	有效期限	登记证持有人	作物/场所	防治对象	用药量（制剂量/亩）	施用方法
PD20173082	甲氧·茚虫威	杀虫剂	悬浮剂	40%	2022年12月19日	南京南农农药科技发展有限公司	水稻	稻纵卷叶螟	10~15毫升/亩	喷雾
PD20173052	多杀·甲维盐	杀虫剂	悬浮剂	20%	2022年12月19日	江苏省昆山市鼎烽农药有限公司	水稻	稻纵卷叶螟	15~20毫升/亩	喷雾
PD20172988	甲维·杀虫单	杀虫剂	可湿性粉剂	70%	2022年12月19日	江苏江南农化有限公司	水稻	稻纵卷叶螟	80~100克/亩	喷雾
PD20172982	茚虫威	杀虫剂	悬浮剂	30%	2022年12月19日	江苏丰山集团股份有限公司	水稻	稻纵卷叶螟	8~10毫升/亩	喷雾
PD20172873	阿维·茚虫威	杀虫剂	微乳剂	6%	2022年11月20日	河北威远生物化工有限公司	水稻	稻纵卷叶螟	33~55毫升/亩	喷雾
PD20172872	阿维·茚虫威	杀虫剂	悬浮剂	7%	2022年11月20日	河北中天邦正生物科技股份有限公司	水稻	稻纵卷叶螟	25~30毫升/亩	喷雾
PD20172813	抑食肼	杀虫剂	可湿性粉剂	25%	2022年11月20日	广西田园生化股份有限公司	水稻	稻纵卷叶螟	50~100克/亩	喷雾
PD20172786	阿维·茚虫威	杀虫剂	悬浮剂	16%	2022年11月20日	河北兴柏农业科技有限公司	水稻	稻纵卷叶螟	10~15克/亩	喷雾
PD20172730	甲维·茚虫威	杀虫剂	悬浮剂	15%	2022年11月20日	安道麦安邦（江苏）有限公司	水稻	稻纵卷叶螟	11~16毫升/亩	喷雾
PD20172723	阿维·茚虫威	杀虫剂	微乳剂	6%	2022年11月20日	陕西上格之路生物科学有限公司	水稻	稻纵卷叶螟	31.7~44.3毫升/亩	喷雾

登记证号	农药名称	农药类别	剂型	总含量	有效期限	登记证持有人	作物/场所	防治对象	用药量（制剂量/亩）	施用方法
PD20172695	毒死蜱	杀虫剂	乳油	45%	2022年11月20日	连云港立本作物科技有限公司	水稻	稻纵卷叶螟	85~107毫升/亩	喷雾
PD20172685	甲氨基阿维菌素苯甲酸盐	杀虫剂	微囊悬浮剂	2%	2022年11月20日	六夫丁作物保护有限公司	水稻	稻纵卷叶螟	40~50毫升/亩	喷雾
PD20172667	甲维·茚虫威	杀虫剂	悬浮剂	16%	2022年11月20日	江苏仁信作物保护有限公司	水稻	稻纵卷叶螟	10~12.5毫升/亩	喷雾
PD20172654	甲维·苏云金	杀虫剂	可湿性粉剂	2.50%	2022年10月17日	江苏江南农化有限公司	水稻	稻纵卷叶螟	20~40克/亩	喷雾
PD20172596	甲维·茚虫威	杀虫剂	悬浮剂	9%	2022年10月17日	江西海阔利斯生物科技有限公司	水稻	稻纵卷叶螟	15~22毫升/亩	喷雾
PD20172380	甲氨基阿维菌素苯甲酸盐	杀虫剂	微乳剂	5%	2022年10月17日	开封市普朗克生物化学有限公司	水稻	稻纵卷叶螟	10~20毫升/亩	喷雾
PD20172378	茚虫·甲维盐	杀虫剂	悬浮剂	20%	2022年10月17日	山东碧奥生物科技有限公司	水稻	稻纵卷叶螟	10~20毫升/亩	喷雾
PD20172309	阿维·茚虫威	杀虫剂	可湿性粉剂	12%	2022年10月17日	湖南长青慷宝农化有限公司	水稻	稻纵卷叶螟	10~13.5克/亩	喷雾
PD20172268	阿维·氯苯酰	杀虫剂	悬浮剂	6%	2022年10月17日	上海绿泽生物科技有限责任公司	水稻	稻纵卷叶螟	30~50毫升/亩	喷雾

附表B（续）

登记证号	农药名称	农药类别	剂型	总含量	有效期限	登记证持有人	作物/场所	防治对象	用药量（制剂量/亩）	施用方法
PD20172226	阿维菌素	杀虫剂	微乳剂	1.80%	2022年10月17日	广西田园生化股份有限公司	水稻	稻纵卷叶螟	35～40毫升/亩	喷雾
PD20172200	氯虫苯甲酰胺	杀虫剂	水分散粒剂	35%	2022年10月17日	燕化永乐（乐亭）生物科技有限公司	水稻	稻纵卷叶螟	4～6克/亩	喷雾
PD20172124	阿维菌素	杀虫剂	微囊悬浮剂	2%	2022年9月18日	广西田园生化股份有限公司	水稻	稻纵卷叶螟	31～36毫升/亩	喷雾
PD20172113	苏云金杆菌	杀虫剂	悬浮剂	8000IU/微升	2022年9月18日	山东百信生物科技有限公司	水稻	稻纵卷叶螟	200～300毫升/亩	喷雾
PD20172109	阿维菌素	杀虫剂	水乳剂	3%	2022年9月18日	河北省沧州正兴生物农药有限公司	水稻	稻纵卷叶螟	20～30毫升/亩	喷雾
PD20172048	阿维菌素	杀虫剂	乳油	5%	2022年9月18日	山东慧邦生物科技有限公司	水稻	稻纵卷叶螟	10～15毫升/亩	喷雾
PD20172037	毒死蜱	杀虫剂	乳油	45%	2022年9月18日	安徽中山化工有限公司	水稻	稻纵卷叶螟	84～125毫升/亩	喷雾
PD20172015	甲维·茚虫威	杀虫剂	悬浮剂	20%	2022年9月18日	陕西省蒲城美尔果农化有限责任公司	水稻	稻纵卷叶螟	6～12克/亩	喷雾
PD20172006	毒死蜱	杀虫剂	乳油	45%	2022年9月18日	福建省漳州市龙文农化有限公司	水稻	稻纵卷叶螟	85～106毫升/亩	喷雾
PD20172002	甲维·茚虫威	杀虫剂	悬浮剂	9%	2022年9月18日	六夫丁作物保护有限公司	水稻	稻纵卷叶螟	15～20毫升/亩	喷雾

附表B（续）

登记证号	农药名称	农药类别	剂型	总含量	有效期限	登记证持有人	作物/场所	防治对象	用药量（制剂量/亩）	施用方法
PD20171960	茚虫威	杀虫剂	水分散粒剂	30%	2022年9月18日	京博农化科技有限公司	水稻	稻纵卷叶螟	7.5~9.0克/亩	喷雾
PD20171945	甲维·茚虫威	杀虫剂	悬浮剂	14%	2022年9月18日	江苏长青生物科技有限公司	水稻	稻纵卷叶螟	10~20毫升/亩	喷雾
PD20171940	阿维菌素	杀虫剂	微乳剂	5%	2022年9月18日	山东百农思达生物科技有限公司	水稻	稻纵卷叶螟	8~16毫升/亩	喷雾
PD20171938	阿维菌素	杀虫剂	乳油	5%	2022年9月18日	安徽省铜陵福成农药有限公司	水稻	稻纵卷叶螟	10~15毫升/亩	喷雾
PD20171849	甲维·毒死蜱	杀虫剂	微乳剂	20%	2022年9月18日	成都科利隆生化有限公司	水稻	稻纵卷叶螟	65~75毫升/亩	喷雾
PD20171836	甲维·茚虫威	杀虫剂	悬浮剂	15%	2022年9月18日	浙江天一生物科技有限公司	水稻	稻纵卷叶螟	15~18毫升/亩	喷雾
PD20171755	环虫酰肼	杀虫剂	悬浮剂	5%	2022年8月30日	日本化药株式会社	水稻	稻纵卷叶螟	70~110毫升/亩	喷雾
PD20171751	四氯虫酰胺	杀虫剂	悬浮剂	10%	2022年8月30日	沈阳科创化学品有限公司	水稻	稻纵卷叶螟	10~20毫升/亩	喷雾
PD20171744	金龟子绿僵菌CQMa421	杀虫剂	可分散油悬浮剂	80亿孢子/毫升	2022年8月30日	重庆聚立信生物工程有限公司	水稻	稻纵卷叶螟	60~90毫升/亩	喷雾
PD20171614	阿维·茚虫威	杀虫剂	水分散粒剂	8%	2022年8月21日	江阴苏利化学股份有限公司	水稻	稻纵卷叶螟	24~30克/亩	喷雾

登记证证号	农药名称	农药类别	剂型	总含量	有效期限	登记证持有人	作物/场所	防治对象	用药量（制剂量/亩）	施用方法
PD20171600	阿维·茚虫威	杀虫剂	悬浮剂	12%	2022年8月21日	湖南长青槟润惠宝农化有限公司	水稻	稻纵卷叶螟	20~25毫升/亩	喷雾
PD20171581	毒死蜱	杀虫剂	微乳剂	30%	2022年8月21日	广西田园生化股份有限公司	水稻	稻纵卷叶螟	125~150毫升/亩	喷雾
PD20171557	茚虫威	杀虫剂	超低容量液剂	3%	2022年8月21日	广西田园生化股份有限公司	水稻	稻纵卷叶螟	100~200毫升/亩	超低容量喷雾
PD20171520	阿维菌素	杀虫剂	微乳剂	5%	2022年8月21日	河南比赛尔农业科技有限公司	水稻	稻纵卷叶螟	6~12克/亩	喷雾
PD20171507	阿维菌素	杀虫剂	超低容量液剂	1.50%	2022年8月21日	广西田园生化股份有限公司	水稻	稻纵卷叶螟	50~60毫升/亩	超低容量喷雾
PD20171455	甲维·茚虫威	杀虫剂	悬浮剂	9%	2022年8月21日	江西红土地化工有限公司	水稻	稻纵卷叶螟	10~20克/亩	喷雾
PD20171399	丙溴磷	杀虫剂	乳油	50%	2022年7月19日	菏泽龙歌植保技术有限公司	水稻	稻纵卷叶螟	80~120毫升/亩	喷雾
PD20171236	苏云金杆菌	杀虫剂	可分散油悬浮剂	8 000IU/微升	2022年7月19日	武汉科诺生物科技股份有限公司	水稻	稻纵卷叶螟	1 200~1 500毫升/公顷	喷雾
PD20171106	茚虫威	杀虫剂	水分散粒剂	30%	2022年5月31日	天津市津绿宝农药制造有限公司	水稻	稻纵卷叶螟	6~9克/亩	喷雾
PD20171100	茚虫威	杀虫剂	水分散粒剂	30%	2022年5月31日	江苏豨稀化学有限公司	水稻	稻纵卷叶螟	7~9克/亩	喷雾

登记证号	农药名称	农药类别	剂型	总含量	有效期限	登记证持有人	作物/场所	防治对象	用药量（制剂量/亩）	施用方法
PD20170981	噻虫·茚虫威	杀虫剂	悬浮剂	34%	2022年5月31日	江苏明德立达作物科技有限公司	水稻	稻纵卷叶螟	10~20毫升/亩	喷雾
PD20170970	茚虫威	杀虫剂	悬浮剂	15%	2022年5月31日	江苏龙灯化学有限公司	水稻	稻纵卷叶螟	12~16毫升	喷雾
PD20170953	阿维菌素	杀虫剂	水乳剂	5%	2022年5月31日	上海悦联化工有限公司	水稻	稻纵卷叶螟	12~16毫升/亩	喷雾
PD20170949	茚虫威	杀虫剂	水分散粒剂	30%	2022年5月31日	浙江威尔达化工有限公司	水稻	稻纵卷叶螟	5~10克/亩	喷雾
PD20170788	甲氨基阿维菌素苯甲酸盐	杀虫剂	水分散粒剂	5%	2022年5月9日	浙江中山化工集团股份有限公司	水稻	稻纵卷叶螟	10~15克/亩	喷雾
PD20170626	阿维·毒死蜱	杀虫剂	乳油	10%	2022年4月10日	南宁泰达丰生物科技有限公司	水稻	稻纵卷叶螟	200~240毫升/亩	喷雾
PD20170608	甲维·茚虫威	杀虫剂	悬浮剂	20%	2022年4月10日	江苏东南植保有限公司	水稻	稻纵卷叶螟	10~12克/亩	喷雾
PD20170605	阿维菌素	杀虫剂	悬浮剂	10%	2022年4月10日	河北禾润生物科技有限公司	水稻	稻纵卷叶螟	10~12克/亩	喷雾
PD20170557	茚虫威	杀虫剂	微乳剂	4%	2022年4月10日	陕西上格之路生物科学有限公司	水稻	稻纵卷叶螟	45~60克/亩	喷雾

登记证号	农药名称	农药类别	剂型	总含量	有效期限	登记证持有人	作物/场所	防治对象	用药量（制剂量/亩）	施用方法
PD20170507	阿维菌素	杀虫剂	水乳剂	5%	2022 年 3 月 9 日	河北兴柏农业科技有限公司	水稻	稻纵卷叶螟	12～16 毫升/亩	喷雾
PD20170453	甲氨基阿维菌素苯甲酸盐	杀虫剂	水分散粒剂	5%	2022 年 3 月 9 日	黑龙江省佳木斯兴宇生物技术开发有限公司	水稻	稻纵卷叶螟	14～18 克/亩	喷雾
PD20170322	甲维·茚虫威	杀虫剂	悬浮剂	10%	2022 年 2 月 13 日	福建省漳州市龙文农化有限公司	水稻	稻纵卷叶螟	20～30 毫升/亩	喷雾
PD20170299	毒死蜱	杀虫剂	水乳剂	40%	2022 年 2 月 13 日	浙江东风化工有限公司	水稻	稻纵卷叶螟	95～115 毫升/亩	喷雾
PD20170273	杀螟丹	杀虫剂	颗粒剂	0.80%	2022 年 2 月 13 日	孟州沙隆达植物保护技术有限公司	水稻	稻纵卷叶螟	12 500～15 000 克/亩	撒施
PD20170218	杀单·毒死蜱	杀虫剂	可湿性粉剂	25%	2022 年 2 月 13 日	江苏东宝农化股份有限公司	水稻	稻纵卷叶螟	150～200 克/亩	喷雾
PD20170200	苏云金杆菌	杀虫剂	悬浮剂	8 000IU/微升	2022 年 2 月 13 日	广西金燕子农药有限公司	水稻	稻纵卷叶螟	—	喷雾
PD20170165	乙多·甲氧虫	杀虫剂	悬浮剂	34%	2022 年 1 月 7 日	美国陶氏益农公司	水稻	稻纵卷叶螟	20～24 毫升/亩	喷雾
PD20170123	甲氨基阿维菌素苯甲酸盐	杀虫剂	微乳剂	3%	2022 年 1 月 7 日	河北神华药业有限公司	水稻	稻纵卷叶螟	20 克～30 克/亩	喷雾

登记证号	农药名称	农药类别	剂型	总含量	有效期限	登记证持有人	作物/场所	防治对象	用药量（制剂量/亩）	施用方法
PD20161615	阿维菌素	杀虫剂	水分散粒剂	6%	2021年12月16日	上海农乐生物制品股份有限公司	水稻	稻纵卷叶螟	22.5~30克/亩	喷雾
PD20161561	甲维·茚虫威	杀虫剂	悬浮剂	20%	2021年12月16日	甘肃华实农业科技有限公司	水稻	稻纵卷叶螟	8~12毫升/亩	喷雾
PD20161512	杀螟丹	杀虫剂	颗粒剂	0.80%	2021年11月14日	孟州云大高科生物科技有限公司	水稻	稻纵卷叶螟	12 500~15 000克/亩	撒施
PD20161490	阿维菌素	杀虫剂	悬浮剂	5%	2021年11月14日	六夫丁作物保护有限公司	水稻	稻纵卷叶螟	12~20毫升/亩	喷雾
PD20161432	甲维·毒死蜱	杀虫剂	微乳剂	20%	2021年10月14日	江西中迅农化有限公司	水稻	稻纵卷叶螟	60~70毫升/亩	喷雾
PD20161418	甲维·毒死蜱	杀虫剂	乳油	51%	2021年10月14日	沧州润德农药有限公司	水稻	稻纵卷叶螟	30~50毫升/亩	喷雾
PD20161350	甲维·茚虫威	杀虫剂	悬浮剂	15%	2021年10月14日	河北威远生物化工有限公司	水稻	稻纵卷叶螟	20~30毫升/亩	喷雾
PD20161019	甲氨基阿维菌素苯甲酸盐	杀虫剂	悬浮剂	3%	2021年8月30日	江苏省扬州市苏灵农药化工有限公司	水稻	稻纵卷叶螟	20~25毫升/亩	喷雾
PD20160976	阿维·氟啶	杀虫剂	悬浮剂	24%	2021年7月28日	日本石原产业株式会社	水稻	稻纵卷叶螟	—	喷雾

登记证号	农药名称	农药类别	剂型	总含量	有效期限	登记证持有人	作物/场所	防治对象	用药量（制剂量/亩）	施用方法
PD20160948	阿维·毒死蜱	杀虫剂	微乳剂	22%	2021年7月27日	河北中保绿农作物科技有限公司	水稻	稻纵卷叶螟	60~70毫升/亩	喷雾
PD20160925	毒死蜱	杀虫剂	水乳剂	30%	2021年7月27日	山东省麒麟农化有限公司	水稻	稻纵卷叶螟	100~120毫升/亩	喷雾
PD20160883	甲维·茚虫威	杀虫剂	悬浮剂	9%	2021年7月27日	山东省青岛奥迪斯生物科技有限公司	水稻	稻纵卷叶螟	10~20毫升/亩	喷雾
PD20160806	甲氨基阿维菌素苯甲酸盐	杀虫剂	可湿性粉剂	5%	2021年7月26日	江苏省南京惠宁农化有限公司	水稻	稻纵卷叶螟	20~30克/亩	喷雾
PD20160755	甲氨基阿维菌素苯甲酸盐	杀虫剂	悬浮剂	5%	2021年6月19日	广西金燕子农药有限公司	水稻	稻纵卷叶螟	—	喷雾
PD20160754	甲氨基阿维菌素苯甲酸盐	杀虫剂	水乳剂	5%	2021年6月19日	江西汇和化工有限公司	水稻	稻纵卷叶螟	15~25毫升/亩	喷雾
PD20160716	毒死蜱	杀虫剂	微乳剂	15%	2021年5月23日	陕西标正作物科学有限公司	水稻	稻纵卷叶螟	220~240毫升/亩	喷雾
PD20160634	阿维·多霉素	杀虫剂	水乳剂	4%	2021年4月27日	上海农乐生物制品股份有限公司	水稻	稻纵卷叶螟	50~60毫升/亩	喷雾

登记证号	农药名称	农药类别	剂型	总含量	有效期限	登记证持有人	作物/场所	防治对象	用药量（制剂量/亩）	施用方法
PD20160510	甲氨基阿维菌素苯甲酸盐	杀虫剂	水分散粒剂	5%	2021 年 4 月 26 日	上海农乐生物制品股份有限公司	水稻	稻纵卷叶螟	15~20 克/亩	喷雾
PD20160366	苏云金杆菌	杀虫剂	悬浮剂	15%	2026 年 2 月 28 日	新晃新龙辰化工有限公司	水稻	稻纵卷叶螟	15~20 克/亩	喷雾
PD20160274	苏云金杆菌	杀虫剂	可湿性粉剂	8 000IU/毫克	2026 年 2 月 25 日	江苏丰山集团股份有限公司	水稻	稻纵卷叶螟	200~300 克/亩	喷雾
PD20160248	苏云金杆菌	杀虫剂	悬浮剂	30%	2026 年 2 月 24 日	安徽丰乐农化有限责任公司	水稻	稻纵卷叶螟	6~8 毫升/亩	喷雾
PD20160233	苏云金杆菌	杀虫剂	水分散粒剂	30%	2026 年 2 月 24 日	山西奇星农药有限公司	水稻	稻纵卷叶螟	6~9 克/亩	喷雾
PD20160231	甲氨基阿维菌素苯甲酸盐	杀虫剂	微乳剂	5%	2021 年 2 月 24 日	海南江河农药化工厂有限公司	水稻	稻纵卷叶螟	15~20 毫升/亩	喷雾
PD20160214	苏云金杆菌	杀虫剂	水分散粒剂	30%	2021 年 2 月 24 日	江苏邦盛生物科技有限公司	水稻	稻纵卷叶螟	6.7~8.9 克/亩	喷雾
PD20160169	苏云金杆菌	杀虫剂	悬浮剂	30%	2026 年 2 月 24 日	江苏剑牌农化股份有限公司	水稻	稻纵卷叶螟	6~8 毫升/亩	喷雾
PD20160165	甲维·苏云金威	杀虫剂	悬浮剂	15%	2026 年 2 月 24 日	江苏剑牌农化股份有限公司	水稻	稻纵卷叶螟	8~15 毫升/亩	喷雾

登记证号	农药名称	农药类别	剂型	总含量	有效期限	登记证持有人	作物/场所	防治对象	用药量（制剂量/亩）	施用方法
PD20160126	甲维·杀虫单	杀虫剂	可湿性粉剂	60%	2026年1月28日	江苏省溧阳中南化工有限公司	水稻	稻纵卷叶螟	60~70克/亩	喷雾
PD20160097	茚虫威	杀虫剂	悬浮剂	15%	2026年1月28日	浙江新农化工股份有限公司	水稻	稻纵卷叶螟	15~20毫升/亩	喷雾
PD20160079	阿维·毒死蜱	杀虫剂	水乳剂	25%	2026年1月28日	成都科利隆生化有限公司	水稻	稻纵卷叶螟	60~80毫升/亩	喷雾
PD20160061	阿维菌素	杀虫剂	水乳剂	3%	2026年1月27日	安徽沙隆达生物科技有限公司	水稻	稻纵卷叶螟	20~30毫升/亩	喷雾
PD20160001	氯虫苯甲酰胺	杀虫剂	悬浮剂	5%	2026年1月26日	深圳诺普信农化股份有限公司	水稻	稻纵卷叶螟	20~40毫升/亩	喷雾
PD20152678	多杀·甲维盐	杀虫剂	悬浮剂	20%	2025年12月19日	海南正业中农高科股份有限公司	水稻	稻纵卷叶螟	15~25毫升/亩	喷雾
PD20152640	阿维·茚虫威	杀虫剂	水分散粒剂	8%	2025年12月18日	美国世科姆公司	水稻	稻纵卷叶螟	18~24克/亩	喷雾
PD20152627	苏云金杆菌	杀虫剂	悬浮剂	8 000IU/微升	2025年12月18日	德强生物股份有限公司	水稻	稻纵卷叶螟	200~300毫升/亩	喷雾
PD20152606	阿维菌素	杀虫剂	乳油	5%	2025年12月17日	安徽久易农业股份有限公司	水稻	稻纵卷叶螟	12~15毫升/亩	喷雾

登记证号	农药名称	农药类别	剂型	总含量	有效期限	登记证持有人	作物/场所	防治对象	用药量（制剂量/亩）	施用方法
PD20152425	甲氨基阿维菌素苯甲酸盐	杀虫剂	微乳剂	5%	2025 年 10 月 25 日	山东绿丰农药有限公司	水稻	稻纵卷叶螟	—	喷雾
PD20152379	甲维·茚虫威	杀虫剂	悬浮剂	16%	2025 年 10 月 22 日	江苏省苏科农化有限责任公司	水稻	稻纵卷叶螟	12～20 毫升/亩	喷雾
PD20152366	稻丰散	杀虫剂	水乳剂	40%	2025 年 10 月 22 日	江苏腾龙生物药业有限公司	水稻	稻纵卷叶螟	150～175 克/亩	喷雾
PD20152342	苏云金杆菌	杀虫剂	悬浮剂	8 000IU/毫克	2025 年 10 月 22 日	江苏江南农化有限公司	水稻	稻纵卷叶螟	400～600 毫升/亩	喷雾
PD20152302	多杀·甲维盐	杀虫剂	悬浮剂	5%	2025 年 10 月 21 日	陕西上格之路生物科学有限公司	水稻	稻纵卷叶螟	30～50 毫升/亩	喷雾
PD20152278	甲维·茚虫威	杀虫剂	悬浮剂	20%	2025 年 10 月 20 日	山东中信化学有限公司	水稻	稻纵卷叶螟	10～12 毫升/亩	喷雾
PD20152272	阿维·毒死蜱	杀虫剂	微乳剂	10%	2025 年 10 月 20 日	广西兄弟农药厂	水稻	稻纵卷叶螟	130～140 毫升/亩	喷雾
PD20152264	阿维菌素	杀虫剂	乳油	1.80%	2025 年 10 月 20 日	山东齐发药业有限公司	水稻	稻纵卷叶螟	15～20 克/亩	喷雾
PD20152261	茚虫威	杀虫剂	悬浮剂	15%	2025 年 10 月 20 日	湖南万家丰科技有限公司	水稻	稻纵卷叶螟	15～20 毫升/亩	喷雾

登记证号	农药名称	农药类别	剂型	总含量	有效期限	登记证持有人	作物/场所	防治对象	用药量（制剂量/亩）	施用方法
PD20152256	毒死蜱	杀虫剂	乳油	480克/升	2025年10月19日	宜春新龙化工有限公司	水稻	稻纵卷叶螟	60~90毫升/亩	喷雾
PD20152226	甲氨基阿维菌素苯甲酸盐	杀虫剂	水分散粒剂	5%	2025年9月23日	江苏省宜兴市宜州化学制品有限公司	水稻	稻纵卷叶螟	12~15克/亩	喷雾
PD20152182	阿维·苏云威	杀虫剂	悬浮剂	15%	2025年9月22日	陕西美邦药业集团股份有限公司	水稻	稻纵卷叶螟	13~16毫升/亩	喷雾
PD20152181	阿维·苏云威	杀虫剂	悬浮剂	8%	2025年9月22日	陕西汤普森生物科技有限公司	水稻	稻纵卷叶螟	15~20毫升/亩	喷雾
PD20151992	苏云金杆菌	杀虫剂	悬浮剂	8 000IU/毫克	2025年8月30日	赣州一村生物科技有限公司	水稻	稻纵卷叶螟	300~400毫升/亩	喷雾
PD20151984	阿维菌素	杀虫剂	悬浮剂	5%	2025年8月30日	河北三农农用化工有限公司	水稻	稻纵卷叶螟	12~20毫升/亩	喷雾
PD20151979	稻丰散	杀虫剂	乳油	60%	2025年8月30日	江苏腾龙生物药业有限公司	水稻	稻纵卷叶螟	60~100毫升/亩	喷雾
PD20151918	甲氨基阿维菌素苯甲酸盐	杀虫剂	水乳剂	3%	2025年8月30日	广西田园生化股份有限公司	水稻	稻纵卷叶螟	25~33毫升/亩	喷雾
PD20151871	阿维·苏云威	杀虫剂	悬浮剂	10%	2025年8月30日	陕西亿田丰作物科技有限公司	水稻	稻纵卷叶螟	15~25毫升/亩	喷雾

登记证号	农药名称	农药类别	剂型	总含量	有效期限	登记证持有人	作物/场所	防治对象	用药量（制剂量/亩）	施用方法
PD20151866	茚虫威	杀虫剂	悬浮剂	15%	2025 年 8 月 30 日	山东省长清农药厂有限公司	水稻	稻纵卷叶螟	17.5～20 毫升/亩	喷雾
PD20151854	茚虫威	杀虫剂	悬浮剂	30%	2025 年 8 月 30 日	江苏苏滨生物农化有限公司	水稻	稻纵卷叶螟	7.5～10 毫升/亩	喷雾
PD20151789	甲维·茚虫威	杀虫剂	水分散粒剂	25%	2025 年 8 月 28 日	通州正大农药化工有限公司	水稻	稻纵卷叶螟	7～8 克/亩	喷雾
PD20151781	甲氨基阿维菌素苯甲酸盐	杀虫剂	超低容量液剂	1%	2025 年 8 月 28 日	广西田园生化股份有限公司	水稻	稻纵卷叶螟	100～200 毫升/亩	喷雾
PD20151695	甲氨基阿维菌素	杀虫剂	悬浮剂	5%	2025 年 8 月 28 日	山东海利尔化工有限公司	水稻	稻纵卷叶螟	10～20 克/亩	喷雾
PD20151663	阿维菌素	杀虫剂	悬浮剂	5%	2025 年 8 月 28 日	河南中天恒信生物化学科技有限公司	水稻	稻纵卷叶螟	16～20 毫升/亩	喷雾
PD20151650	阿维菌素	杀虫剂/杀螨剂	微乳剂	1.80%	2025 年 8 月 28 日	济南中科绿色生物工程有限公司	水稻	稻纵卷叶螟	20～40 毫升/亩	喷雾
PD20151633	阿维菌素	杀虫剂	水乳剂	3%	2025 年 8 月 28 日	湖南迅超农化有限公司	水稻	稻纵卷叶螟	12～18 毫升/亩	喷雾
PD20151607	阿维·茚虫威	杀虫剂	悬浮剂	6%	2025 年 8 月 28 日	永农生物科学有限公司	水稻	稻纵卷叶螟	40～50 毫升/亩	喷雾

登记证号	农药名称	农药类别	剂型	总含量	有效期限	登记证持有人	作物/场所	防治对象	用药量（制剂量/亩）	施用方法
PD20151604	甲维·茚虫威	杀虫剂	悬浮剂	16%	2025 年 8 月 28 日	吉林省八达农药有限公司	水稻	稻纵卷叶螟	5～10 毫升/亩	喷雾
PD20151488	茚虫威	杀虫剂	悬浮剂	15%	2025 年 7 月 31 日	山东海利尔化工有限公司	水稻	稻纵卷叶螟	10～20 毫升/亩	喷雾
PD20151452	丙溴磷	杀虫剂	乳油	40%	2025 年 7 月 31 日	南宁泰达丰生物科技有限公司	水稻	稻纵卷叶螟	100～120 毫升/亩	喷雾
PD20151451	甲氨基阿维菌素苯甲酸盐	杀虫剂	水乳剂	5%	2025 年 7 月 31 日	吉林省八达农药有限公司	水稻	稻纵卷叶螟	10～15 毫升/亩	喷雾
PD20151431	阿维·毒死蜱	杀虫剂	水乳剂	15%	2025 年 7 月 30 日	湖南农大海特农化有限公司	水稻	稻纵卷叶螟	60～70 克/亩	喷雾
PD20151366	甲维·丙溴磷	杀虫剂	乳油	20%	2025 年 7 月 30 日	广西田园生化股份有限公司	水稻	稻纵卷叶螟	107～133 毫升/亩	喷雾
PD20151349	阿维菌素	杀虫剂	乳油	5%	2025 年 7 月 30 日	安徽众邦生物工程有限公司	水稻	稻纵卷叶螟	15～20 毫升/亩	喷雾
PD20151152	茚虫威	杀虫剂	悬浮剂	15%	2025 年 6 月 26 日	陕西康禾立丰生物科技药业有限公司	水稻	稻纵卷叶螟	14～16 毫升/亩	喷雾
PD20151138	甲维·茚虫威	杀虫剂	悬浮剂	10%	2025 年 6 月 26 日	江苏华裕农化有限公司	水稻	稻纵卷叶螟	15～30 毫升/亩	喷雾

登记证号	农药名称	农药类别	剂型	总含量	有效期限	登记证持有人	作物/场所	防治对象	用药量（制剂量/亩）	施用方法
PD20151109	阿维·抑食肼	杀虫剂	可湿性粉剂	33%	2025 年 6 月 24 日	江苏省南京惠宇农化有限公司	水稻	稻纵卷叶螟	25～30 克/亩	喷雾
PD20151099	阿维菌素	杀虫剂	悬浮剂	5%	2025 年 6 月 23 日	山东邹平农药有限公司	水稻	稻纵卷叶螟	12～20 毫升/亩	喷雾
PD20151067	甲氨基阿维菌素苯甲酸盐	杀虫剂	水分散粒剂	5%	2025 年 6 月 14 日	山东省邹平县德兴精细化工有限公司	水稻	稻纵卷叶螟	10～15 克/亩	喷雾
PD20151050	甲维·茚虫威	杀虫剂	悬浮剂	16%	2025 年 6 月 14 日	江苏生久农化有限公司	水稻	稻纵卷叶螟	12～16 毫升/亩	喷雾
PD20151032	阿维菌素	杀虫剂	水乳剂	5%	2025 年 6 月 14 日	吉林省八达农药有限公司	水稻	稻纵卷叶螟	10～14 毫升/亩	喷雾
PD20151028	甲氨基阿维菌素苯甲酸盐	杀虫剂	微囊悬浮剂	2%	2025 年 6 月 14 日	河南世诚生物科技有限公司	水稻	稻纵卷叶螟	30～50 毫升/亩	喷雾
PD20150955	茚虫威	杀虫剂	悬浮剂	15%	2025 年 6 月 10 日	安徽科立华化工有限公司	水稻	稻纵卷叶螟	15～20 毫升/亩	喷雾
PD20150953	甲氨基阿维菌素苯甲酸盐	杀虫剂	微乳剂	5%	2025 年 6 月 10 日	江苏景宏生物科技有限公司	水稻	稻纵卷叶螟	15～20 毫升/亩	喷雾
PD20150923	杀螟丹	杀虫剂	颗粒剂	0.80%	2025 年 6 月 10 日	河南远见农业科技有限公司	水稻	稻纵卷叶螟	12.5～15 千克/亩	撒施

登记证号	农药名称	农药类别	剂型	总含量	有效期限	登记证持有人	作物/场所	防治对象	用药量（制剂量/亩）	施用方法
PD20150841	甲维·毒死蜱	杀虫剂	水乳剂	27%	2025 年 5 月 18 日	广西鑫金泰化工有限公司	水稻	稻纵卷叶螟	50～60 毫升/亩	喷雾
PD20150803	多杀·茚虫威	杀虫剂	悬浮剂	15%	2025 年 5 月 14 日	江苏克胜集团股份有限公司	水稻	稻纵卷叶螟	12～16 毫升/亩	喷雾
PD20150795	阿维·毒死蜱	杀虫剂	水乳剂	28%	2025 年 5 月 14 日	江西劲农作物保护有限公司	水稻	稻纵卷叶螟	35～40 毫升/亩	喷雾
PD20150779	杀单·毒死蜱	杀虫剂	可湿性粉剂	25%	2025 年 5 月 13 日	江苏省扬州市苏灵农药化工有限公司	水稻	稻纵卷叶螟	130～150 克/亩	喷雾
PD20150739	阿维菌素	杀虫剂	微乳剂	5%	2025 年 4 月 20 日	陕西西大华特科技实业有限公司	水稻	稻纵卷叶螟	5.8～11.7 克/亩	喷雾
PD20150737	阿维菌素	杀虫剂	水乳剂	5%	2025 年 4 月 20 日	江西抚州新兴化工有限公司	水稻	稻纵卷叶螟	16～20 毫升/亩	喷雾
PD20150722	稻散·毒死蜱	杀虫剂	乳油	45%	2025 年 4 月 20 日	江苏腾龙生物药业有限公司	水稻	稻纵卷叶螟	80～120 毫升/亩	喷雾
PD20150669	阿维菌素	杀虫剂	悬浮剂	5%	2025 年 4 月 17 日	河南丰收化学有限公司	水稻	稻纵卷叶螟	12～20 毫升/亩	喷雾
PD20150668	甲维·茚虫威	杀虫剂	悬浮剂	10%	2025 年 4 月 17 日	江苏省扬州市苏灵农药化工有限公司	水稻	稻纵卷叶螟	20～30 毫升/亩	喷雾
PD20150596	阿维·毒死蜱	杀虫剂	乳油	32%	2025 年 4 月 15 日	广西田园生化股份有限公司	水稻	稻纵卷叶螟	15～18 毫升/亩	喷雾

登记证号	农药名称	农药类别	剂型	总含量	有效期限	登记证持有人	作物/场所	防治对象	用药量（制剂量/亩）	施用方法
PD20150575	阿维·杀虫威	杀虫剂	悬浮剂	9%	2025年4月15日	江苏苏滨生物农化有限公司	水稻	稻纵卷叶螟	15~25克/亩	喷雾
PD20150309	甲维·苏云金	杀虫剂	悬浮剂	2.40%	2025年2月5日	武汉楚强生物科技有限公司	水稻	稻纵卷叶螟	20~40毫升/亩	喷雾
PD20150278	苏云金杆菌	杀虫剂	悬浮剂	8 000 UI/ml	2025年2月4日	山东奎喜植物保护有限公司	水稻	稻纵卷叶螟	267~500毫升/亩	喷雾
PD20150256	甲维·杀虫威	杀虫剂	悬浮剂	10%	2025年1月15日	江苏省盐城利民农化有限公司	水稻	稻纵卷叶螟	20~25毫升/亩	喷雾
PD20150184	阿维·氯苯酰	杀虫剂	悬浮剂	6%	2025年1月15日	先正达南通作物保护有限公司	水稻	稻纵卷叶螟	45~50毫升/亩	喷雾
PD20150172	苏云金杆菌	杀虫剂	悬浮剂	8 000IU/微升	2025年1月15日	青岛海纳生物科技有限公司	水稻	稻纵卷叶螟	200~300克/亩	喷雾
PD20150171	杀虫威	杀虫剂	水分散粒剂	30%	2025年1月14日	湖南昊华化工有限公司	水稻	稻纵卷叶螟	6~9克/亩	喷雾
PD20150151	甲氨基阿维菌素苯甲酸盐	杀虫剂	微乳剂	5%	2025年1月14日	江苏省农药研究所股份有限公司	水稻	稻纵卷叶螟	20~30毫升/亩	喷雾
PD20150119	杀虫威	杀虫剂	悬浮剂	15%	2025年1月7日	江苏省溧阳中南化工有限公司	水稻	稻纵卷叶螟	15~20毫升/亩	喷雾

登记证号	农药名称	农药类别	剂型	总含量	有效期限	登记证持有人	作物/场所	防治对象	用药量（制剂量/亩）	施用方法
PD20150084	苏云金杆菌	杀虫剂	可湿性粉剂	16 000IU/毫克	2025年1月5日	江苏东宝农化股份有限公司	水稻	稻纵卷叶螟	200~300克/亩	喷雾
PD20150040	甲氨基阿维菌素苯甲酸盐	杀虫剂	水分散粒剂	5%	2025年1月4日	陕西西大华特科技实业有限公司	水稻	稻纵卷叶螟	10~15克/亩	喷雾
PD20150037	甲氨基阿维菌素苯甲酸盐	杀虫剂	悬浮剂	5%	2025年1月4日	江西海阔利斯生物科技有限公司	水稻	稻纵卷叶螟	10~20毫升/亩	喷雾
PD20150018	阿维菌素	杀虫剂	乳油	3.20%	2025年1月4日	广西农喜作物科学有限公司	水稻	稻纵卷叶螟	9.38~12.5毫升/亩	喷雾
PD20150016	甲维·毒死蜱	杀虫剂	水乳剂	32%	2025年1月4日	山西奇星农药有限公司	水稻	稻纵卷叶螟	57.3~62.5毫升/亩	喷雾
PD20150014	甲维·毒死蜱	杀虫剂	水乳剂	25%	2025年1月4日	江苏省苏科农化有限责任公司	水稻	稻纵卷叶螟	70~80毫升/亩	喷雾
PD20150008	甲维·杀虫单	杀虫剂	微乳剂	30%	2025年1月4日	山东滨海瀚生生物科技有限公司	水稻	稻纵卷叶螟	44~55毫升/亩	喷雾
PD20142664	阿维菌素	杀虫剂	乳油	10%	2024年12月18日	安徽美兰农业发展股份有限公司	水稻	稻纵卷叶螟	7~9毫升/亩	喷雾
PD20142649	毒死蜱	杀虫剂	水乳剂	40%	2024年12月16日	美国陶氏益农公司	水稻	稻纵卷叶螟	90~120毫升/亩	喷雾

登记证号	农药名称	农药类别	剂型	总含量	有效期限	登记证持有人	作物/场所	防治对象	用药量（制剂量/亩）	施用方法
PD20142637	茚虫威	杀虫剂	悬浮剂	30%	2024 年 12 月 15 日	江苏克胜集团股份有限公司	水稻	稻纵卷叶螟	6～8 毫升/亩	喷雾
PD20142626	甲维·毒死蜱	杀虫剂	水乳剂	40%	2024 年 12 月 15 日	上海沪联生物药业（夏邑）股份有限公司	水稻	稻纵卷叶螟	20～30 毫升/亩	喷雾
PD20142594	甲氨基阿维菌素	杀虫剂	乳油	1%	2024 年 12 月 15 日	河北国美化工有限公司	水稻	稻纵卷叶螟	60～75 克/亩	喷雾
PD20142544	茚虫威	杀虫剂	悬浮剂	30%	2024 年 12 月 15 日	江苏省无锡市稼宝药业有限公司	水稻	稻纵卷叶螟	6～8 克/亩	喷雾
PD20142502	茚虫威	杀虫剂	悬浮剂	15%	2024 年 11 月 21 日	山东省联合农药工业有限公司	水稻	稻纵卷叶螟	12～16 毫升/亩	喷雾
PD20142482	吡虫·杀虫单	杀虫剂	可湿性粉剂	35%	2024 年 11 月 19 日	孟州广农汇泽生物科技有限公司	水稻	稻纵卷叶螟	86～143 克/亩	喷雾
PD20142425	阿维·毒死蜱	杀虫剂	乳油	15%	2024 年 11 月 14 日	江西田友生化有限公司	水稻	稻纵卷叶螟	50～70 克/亩	喷雾
PD20142383	毒死蜱	杀虫剂	微乳剂	25%	2024 年 11 月 4 日	江西文达农业有限公司	水稻	稻纵卷叶螟	125～150 克/亩	喷雾
PD20142287	甲氨基阿维菌素苯甲酸盐	杀虫剂	悬浮剂	5%	2024 年 11 月 2 日	江苏省溧阳中南化工有限公司	水稻	稻纵卷叶螟	15～20 毫升/亩	喷雾

登记证号	农药名称	农药类别	剂型	总含量	有效期限	登记证持有人	作物/场所	防治对象	用药量（制剂量/亩）	施用方法
PD20142235	阿维·毒死蜱	杀虫剂	微乳剂	15%	2024 年 9 月 28 日	东莞市瑞德丰生物科技有限公司	水稻	稻纵卷叶螟	60～70 毫升/亩	喷雾
PD20142234	丙溴·辛硫磷	杀虫剂	乳油	25%	2024 年 9 月 28 日	山东省德州祥龙化工有限公司	水稻	稻纵卷叶螟	70～100 毫升/亩	喷雾
PD20142228	甲维·毒死蜱	杀虫剂	微乳剂	21%	2024 年 9 月 28 日	东莞市瑞德丰生物科技有限公司	水稻	稻纵卷叶螟	60～70 毫升/亩	喷雾
PD20142149	阿维菌素	杀虫剂	乳油	1.80%	2024 年 9 月 18 日	河北双吉化工有限公司	水稻	稻纵卷叶螟	33.3～66.7 克/亩	喷雾
PD20142137	茚虫威	杀虫剂	悬浮剂	15%	2024 年 9 月 16 日	江苏省苏科农化有限责任公司	水稻	稻纵卷叶螟	12～16 毫升/亩	喷雾
PD20142121	甲氨基阿维菌素苯甲酸盐	杀虫剂	水分散粒剂	5%	2024 年 9 月 3 日	江西绿川生物科技实业有限公司	水稻	稻纵卷叶螟	12～15 克/亩	喷雾
PD20142078	球孢白僵菌	杀虫剂	水分散粒剂	400 亿孢子/克	2024 年 9 月 2 日	山西绿海农药科技有限公司	水稻	稻纵卷叶螟	30～35 克/亩	喷雾
PD20141973	氯虫·噻虫嗪	杀虫剂	水分散粒剂	40%	2024 年 8 月 13 日	先正达南通作物保护有限公司	水稻	稻纵卷叶螟	6～8 克/亩	喷雾
PD20141963	阿维菌素	杀虫剂	乳油	5%	2024 年 8 月 13 日	山东碧奥生物科技有限公司	水稻	稻纵卷叶螟	8～12.8 毫升/亩	喷雾

登记证号	农药名称	农药类别	剂型	总含量	有效期限	登记证持有人	作物/场所	防治对象	用药量（制剂量/亩）	施用方法
PD20141951	茚虫威	杀虫剂	水分散粒剂	30%	2024年8月13日	陕西康禾立丰生物科技农药业有限公司	水稻	稻纵卷叶螟	7.5~9克/亩	喷雾
PD20141935	阿维·茚虫威	杀虫剂	可湿性粉剂	12%	2024年8月4日	江苏省绿盾植保农药实验有限公司	水稻	稻纵卷叶螟	15~20克/亩	喷雾
PD20141930	甲维·毒死蜱	杀虫剂	水乳剂	30%	2024年8月4日	通州正大农药化工有限公司	水稻	稻纵卷叶螟	60~70克/亩	喷雾
PD20141879	茚虫威	杀虫剂	水分散粒剂	30%	2024年7月24日	美国默赛技术公司	水稻	稻纵卷叶螟	6~8克/亩	喷雾
PD20141850	茚虫威	杀虫剂	悬浮剂	15%	2024年7月24日	安徽众邦生物工程有限公司	水稻	稻纵卷叶螟	15~20毫升/亩	喷雾
PD20141830	多杀霉素	杀虫剂	悬浮剂	20%	2024年7月24日	江苏克胜集团股份有限公司	水稻	稻纵卷叶螟	15~20毫升/亩	喷雾
PD20141772	阿维菌素	杀虫剂	水乳剂	3%	2024年7月14日	广西田园生化股份有限公司	水稻	稻纵卷叶螟	20~30毫升/亩	喷雾
PD20141717	阿维菌素	杀虫剂	水乳剂	3%	2024年6月30日	陕西西大华特科技实业有限公司	水稻	稻纵卷叶螟	12~18毫升/亩	喷雾
PD20141675	氯虫苯甲酰胺	杀虫剂	颗粒剂	0.40%	2024年6月30日	江门市大光明农化新会有限公司	水稻	稻纵卷叶螟	600~700克/亩	撒施
PD20141674	茚虫威	杀虫剂	悬浮剂	15%	2024年6月30日	南京南农农药科技发展有限公司	水稻	稻纵卷叶螟	15~20毫升/亩	喷雾

登记证号	农药名称	农药类别	剂型	总含量	有效期限	登记证持有人	作物/场所	防治对象	用药量（制剂量/亩）	施用方法
PD20141656	阿维菌素	杀虫剂	水乳剂	5%	2024年6月24日	沿化国昌精细化工有限公司	水稻	稻纵卷叶螟	10~15毫升/亩	喷雾
PD20141633	甲氨基阿维菌素苯甲酸盐	杀虫剂	微乳剂	3%	2024年6月24日	赤峰中农大生化科技有限责任公司	水稻	稻纵卷叶螟	20~27毫升/亩	喷雾
PD20141611	阿维菌素	杀虫剂	悬浮剂	5%	2024年6月24日	山东省青岛奥迪斯生物科技有限公司	水稻	稻纵卷叶螟	16~20毫升/亩	喷雾
PD20141587	阿维菌素	杀虫剂	水乳剂	5%	2024年6月17日	山东惠民中联生物科技有限公司	水稻	稻纵卷叶螟	9~11毫升/亩	喷雾
PD20141553	甲氨基阿维菌素苯甲酸盐	杀虫剂	微乳剂	3%	2024年6月17日	江西中迅农化有限公司	水稻	稻纵卷叶螟	20~30毫升/亩	喷雾
PD20141446	甲维·毒死蜱	杀虫剂	水乳剂	20%	2024年6月9日	四川贝尔化工集团有限公司	水稻	稻纵卷叶螟	110~120毫升/亩	喷雾
PD20141425	多杀霉素	杀虫剂	可分散油悬浮剂	10%	2024年6月6日	浙江省杭州宇龙化工有限公司	水稻	稻纵卷叶螟	20~25克/亩	喷雾
PD20141398	阿维·甲虫肼	杀虫剂	悬浮剂	10%	2024年6月5日	陕西上格之路生物科学有限公司	水稻	稻纵卷叶螟	40~50毫升/亩	喷雾
PD20141392	甲维·仲丁威	杀虫剂	微乳剂	21%	2024年6月5日	通州正大农药化工有限公司	水稻	稻纵卷叶螟	80~100克/亩	喷雾

登记证号	农药名称	农药类别	剂型	总含量	有效期限	登记证持有人	作物/场所	防治对象	用药量（制剂量/亩）	施用方法
PD20141387	丙溴·辛硫磷	杀虫剂	乳油	25%	2024 年 6 月 5 日	河南欣欣农化工有限公司	水稻	稻纵卷叶螟	70～80 毫升/亩	喷雾
PD20141344	阿维菌素	杀虫剂	悬浮剂	10%	2024 年 6 月 4 日	华北制药集团爱诺有限公司	水稻	稻纵卷叶螟	4.5～6 毫升/亩	喷雾
PD20141286	阿维菌素	杀虫剂	悬浮剂	5%	2024 年 5 月 12 日	江西海阔利斯生物科技有限公司	水稻	稻纵卷叶螟	9～15 克/亩	喷雾
PD20141266	丙溴·辛硫磷	杀虫剂	乳油	25%	2024 年 5 月 7 日	广西科联生化有限公司	水稻	稻纵卷叶螟	80～100 毫升/亩	喷雾
PD20141261	甲氨基阿维菌素苯甲酸盐	杀虫剂	悬浮剂	3%	2024 年 5 月 7 日	陕西上格之路生物科学有限公司	水稻	稻纵卷叶螟	15～30 毫升/亩	喷雾
PD20141140	仲威·毒死蜱	杀虫剂	乳油	40%	2024 年 4 月 28 日	贵州道元生物技术有限公司	水稻	稻纵卷叶螟	50～66.7 毫升/亩	喷雾
PD20141084	甲氨基阿维菌素苯甲酸盐	杀虫剂	悬浮剂	5%	2024 年 4 月 27 日	山东新势立生物科技有限公司	水稻	稻纵卷叶螟	10～15 毫升/亩	喷雾
PD20140975	甲氨基阿维菌素苯甲酸盐	杀虫剂	微囊悬浮剂	2%	2024 年 4 月 14 日	兰博尔开封科技有限公司	水稻	稻纵卷叶螟	30～50 毫升/亩	喷雾

登记证号	农药名称	农药类别	剂型	总含量	有效期限	登记证持有人	作物/场所	防治对象	用药量（制剂量/亩）	施用方法
PD20140920	甲氨基阿维菌素苯甲酸盐	杀虫剂	水分散粒剂	5%	2024年4月10日	上海沪联生物药业（夏邑）股份有限公司	水稻	稻纵卷叶螟	10~15克/亩	喷雾
PD20140891	毒·辛	杀虫剂	乳油	40%	2024年4月8日	江苏宝灵化工股份有限公司	水稻	稻纵卷叶螟	100~125毫升/亩	喷雾
PD20140812	茚虫威	杀虫剂	悬浮剂	15%	2024年3月25日	江苏中旗科技股份有限公司	水稻	稻纵卷叶螟	13~18毫升/亩	喷雾
PD20140693	杀螟丹	杀虫剂	颗粒剂	4%	2024年3月24日	湖北省天门易普乐农化有限公司	水稻	稻纵卷叶螟	2 250~3 000克/亩	撒施
PD20140635	茚虫威	杀虫剂	悬浮剂	15%	2024年3月7日	江苏省盐城利民农化有限公司	水稻	稻纵卷叶螟	12~20毫升/亩	喷雾
PD20140634	阿维菌素	杀虫剂	乳油	5%	2024年3月7日	江西田友生化有限公司	水稻	稻纵卷叶螟	6~8毫升/亩	喷雾
PD20140631	阿维菌素	杀虫剂	可湿性粉剂	3%	2024年3月7日	江苏省南京惠宇农化有限公司	水稻	稻纵卷叶螟	20~40克/亩	喷雾
PD20140616	仲丁威	杀虫剂	水乳剂	20%	2024年3月7日	江苏剑牌农化股份有限公司	水稻	稻纵卷叶螟	150~180毫升/亩	喷雾
PD20140600	毒死蜱	杀虫剂	水乳剂	30%	2024年3月6日	青岛星牌作物科学有限公司	水稻	稻纵卷叶螟	100~120毫升/亩	喷雾

附表B（续）

登记证号	农药名称	农药类别	剂型	总含量	有效期限	登记证持有人	作物/场所	防治对象	用药量（制剂量/亩）	施用方法
PD20140567	阿维菌素	杀虫剂	悬浮剂	5%	2024年3月6日	山东省青岛凯源祥化工有限公司	水稻	稻纵卷叶螟	12~20毫升/亩	喷雾
PD20140559	甲氨基阿维菌素苯甲酸盐	杀虫剂	微乳剂	5%	2024年3月6日	山东省青岛凯源祥化工有限公司	水稻	稻纵卷叶螟	15~20毫升/亩	喷雾
PD20140547	甲维·毒死蜱	杀虫剂	微乳剂	21%	2024年3月6日	陕西标正作物科学有限公司	水稻	稻纵卷叶螟	80~100毫升/亩	喷雾
PD20140541	毒死蜱	杀虫剂	水乳剂	30%	2024年3月6日	陕西省西安西诺农化有限责任公司	水稻	稻纵卷叶螟	100~120毫升/亩	喷雾
PD20140534	毒死蜱	杀虫剂	水乳剂	30%	2024年3月6日	四川贝尔化工集团有限公司	水稻	稻纵卷叶螟	125~150克/亩	喷雾
PD20140533	甲氨基阿维菌素苯甲酸盐	杀虫剂	微乳剂	1%	2024年3月6日	山东兆丰年生物科技有限公司	水稻	稻纵卷叶螟	45~75毫升/亩	喷雾
PD20140499	阿维菌素	杀虫剂	水乳剂	3%	2024年3月6日	青岛海纳生物科技有限公司	水稻	稻纵卷叶螟	20~30克/亩	喷雾
PD20140463	阿维菌素	杀虫剂	微囊悬浮剂	2%	2024年2月25日	上海沪联生物药业（夏邑）股份有限公司	水稻	稻纵卷叶螟	15~30毫升/亩	喷雾
PD20140402	甲氨基阿维菌素苯甲酸盐	杀虫剂	悬浮剂	5%	2024年2月24日	青岛海纳生物科技有限公司	水稻	稻纵卷叶螟	12~15克/亩	喷雾

登记证号	农药名称	农药类别	剂型	总含量	有效期限	登记证持有人	作物/场所	防治对象	用药量（制剂量/亩）	施用方法
PD20140392	甲氨基阿维菌素苯甲酸盐	杀虫剂	乳油	2%	2024 年 2 月 20 日	江西农喜作物科学有限公司	水稻	稻纵卷叶螟	20~25 毫升/亩	喷雾
PD20140384	甲氨基阿维菌素苯甲酸盐	杀虫剂	悬浮剂	3%	2024 年 2 月 20 日	江苏剑牌农化股份有限公司	水稻	稻纵卷叶螟	15~20 克/亩	喷雾
PD20140351	阿维·毒死蜱	杀虫剂	乳油	15%	2024 年 2 月 18 日	河南力克化工有限公司	水稻	稻纵卷叶螟	60~70 毫升/亩	喷雾
PD20140335	毒死蜱	杀虫剂	水乳剂	40%	2024 年 2 月 17 日	山东省青岛东生药业有限公司	水稻	稻纵卷叶螟	75~100 毫升/亩	喷雾
PD20140322	溴氰虫酰胺	杀虫剂	可分散油悬浮剂	10%	2024 年 2 月 13 日	美国富美实公司	水稻	稻纵卷叶螟	20~26 毫升/亩	喷雾
PD20140310	多杀·甲维盐	杀虫剂	水分散粒剂	10%	2024 年 2 月 12 日	燕化永乐（乐亭）生物科技有限公司	水稻	稻纵卷叶螟	12~16 克/亩	喷雾
PD20140304	茚虫威	杀虫剂	悬浮剂	150 克/升	2024 年 2 月 12 日	京博农化科技有限公司	水稻	稻纵卷叶螟	12~16 毫升/亩	喷雾
PD20140301	甲氨基阿维菌素苯甲酸盐	杀虫剂	微乳剂	3%	2024 年 2 月 12 日	四川利尔作物科学有限公司	水稻	稻纵卷叶螟	20~30 毫升/亩	喷雾
PD20140280	茚虫威	杀虫剂	水分散粒剂	30%	2024 年 2 月 12 日	江苏富田农化有限公司	水稻	稻纵卷叶螟	6~9 克/亩	喷雾

附表 B（续）

登记证号	农药名称	农药类别	剂型	总含量	有效期限	登记证持有人	作物/场所	防治对象	用药量（制剂量/亩）	施用方法
PD20140229	甲维·毒死蜱	杀虫剂	微乳剂	20%	2024年1月29日	江西汇和化工有限公司	水稻	稻纵卷叶螟	80~120毫升/亩	喷雾
PD20140113	甲氨基阿维菌素苯甲酸盐	杀虫剂	微乳剂	3%	2024年1月20日	广东植物龙生物技术股份有限公司	水稻	稻纵卷叶螟	20~25毫升/亩	喷雾
PD20140074	阿维菌素	杀虫剂	微乳剂	3%	2024年1月20日	安徽朝农高科化工股份有限公司	水稻	稻纵卷叶螟	22.5~30毫升/亩	喷雾
PD20140042	甲维·茚虫威	杀虫剂	悬浮剂	9%	2024年1月15日	海利尔药业集团股份有限公司	水稻	稻纵卷叶螟	7~22毫升/亩	喷雾
PD20140031	甲维·毒死蜱	杀虫剂	水乳剂	25%	2024年1月2日	江苏省绿盾植保农药实验有限公司	水稻	稻纵卷叶螟	60~80毫升/亩	喷雾
PD20140015	阿维·毒死蜱	杀虫剂	乳油	41%	2024年1月2日	山东省青岛瀚生生物科技股份有限公司	水稻	稻纵卷叶螟	40~60毫升/亩	喷雾
PD20140012	阿维·毒死蜱	杀虫剂	微乳剂	21%	2024年1月2日	广西省金燕子农药有限公司	水稻	稻纵卷叶螟	60~90毫升/亩	喷雾
PD20132708	阿维菌素	杀虫剂	乳油	1.80%	2023年12月30日	江苏富田农化有限公司	水稻	稻纵卷叶螟	15~25毫升/亩	喷雾
PD20132678	杀螟丹	杀虫剂	颗粒剂	0.80%	2023年12月25日	广东中迅农科股份有限公司	水稻	稻纵卷叶螟	12 500~15 000克/亩	撒施

登记证号	农药名称	农药类别	剂型	总含量	有效期限	登记证持有人	作物/场所	防治对象	用药量（制剂量/亩）	施用方法
PD20132660	茚虫威	杀虫剂	悬浮剂	15%	2023年12月20日	山东省青岛奥迪斯生物科技有限公司	水稻	稻纵卷叶螟	15~20毫升/亩	喷雾
PD20132654	氟虫·毒死蜱	杀虫剂	悬乳剂	36%	2023年12月20日	浙江新农化工股份有限公司	水稻	稻纵卷叶螟	100~120毫升/亩	喷雾
PD20132653	丙溴磷	杀虫剂	乳油	50%	2023年12月20日	陕西恒田生物农业有限公司	水稻	稻纵卷叶螟	100~120毫升/亩	喷雾
PD20132565	毒死蜱	杀虫剂	水乳剂	40%	2023年12月17日	湖北仙隆化工股份有限公司	水稻	稻纵卷叶螟	100~120毫升/亩	喷雾
PD20132550	阿维·毒死蜱	杀虫剂	微乳剂	30.20%	2023年12月16日	一帆生物科技集团有限公司	水稻	稻纵卷叶螟	30~45毫升/亩	喷雾
PD20132525	阿维菌素	杀虫剂	水乳剂	3%	2023年12月16日	江西丰源生物高科有限公司	水稻	稻纵卷叶螟	30~40毫升/亩	喷雾
PD20132520	毒死蜱	杀虫剂	水乳剂	30%	2023年12月16日	江苏嘉隆化工有限公司	水稻	稻纵卷叶螟	100~120毫升/亩	喷雾
PD20132487	苦皮藤素	杀虫剂	水乳剂	1%	2023年12月9日	成都新朝阳作物科学股份有限公司	水稻	稻纵卷叶螟	30~40毫升/亩	喷雾
PD20132479	阿维·毒死蜱	杀虫剂	水乳剂	42%	2023年12月9日	海南力智生物工程有限责任公司	水稻	稻纵卷叶螟	28~36毫升/亩	喷雾
PD20132434	茚虫威	杀虫剂	悬浮剂	15%	2023年11月20日	江苏长青生物科技有限公司	水稻	稻纵卷叶螟	15~20克/亩	喷雾

登记证号	农药名称	农药类别	剂型	总含量	有效期限	登记证持有人	作物/场所	防治对象	用药量（制剂量/亩）	施用方法
PD20132429	阿维·毒死蜱	杀虫剂	乳油	15%	2023 年 11 月 20 日	江西正邦作物保护股份有限公司	水稻	稻纵卷叶螟	200～250 毫升/亩	喷雾
PD20132405	阿维·氯苯酰	杀虫剂	悬浮剂	6%	2023 年 11 月 20 日	瑞士先正达作物保护有限公司	水稻	稻纵卷叶螟	40～50 毫升/亩	喷雾
PD20132387	苏云金杆菌	杀虫剂	可湿性粉剂	16 000IU/毫克	2023 年 11 月 20 日	江西巴姆博生物科技有限公司	水稻	稻纵卷叶螟	250～400 克/亩	喷雾
PD20132362	甲氨基阿维菌素苯甲酸盐	杀虫剂	悬浮剂	5%	2023 年 11 月 20 日	山东亿嘉农化有限公司	水稻	稻纵卷叶螟	15～20 毫升/亩	喷雾
PD20132347	甲维·毒死蜱	杀虫剂	水乳剂	30%	2023 年 11 月 20 日	陕西美邦药业集团股份有限公司	水稻	稻纵卷叶螟	50～60 毫升/亩	喷雾
PD20132305	甲氨基阿维菌素苯甲酸盐	杀虫剂	微乳剂	1%	2023 年 11 月 8 日	安徽天成基农业科学研究院有限责任公司	水稻	稻纵卷叶螟	80～100 毫升/亩	喷雾
PD20132266	阿维菌素	杀虫剂	水乳剂	1.80%	2023 年 11 月 5 日	湖南农大海特农化有限公司	水稻	稻纵卷叶螟	20～30 毫升/亩	喷雾
PD20132243	阿维菌素	杀虫剂	微乳剂	3%	2023 年 11 月 5 日	浙江拜克生物科技有限公司	水稻	稻纵卷叶螟	15～20 毫升/亩	喷雾
PD20132167	毒死蜱	杀虫剂	微乳剂	30%	2023 年 10 月 29 日	安徽众邦生物工程有限公司	水稻	稻纵卷叶螟	100～120 毫升/亩	喷雾

登记证号	农药名称	农药类别	剂型	总含量	有效期限	登记证持有人	作物/场所	防治对象	用药量（制剂量/亩）	施用方法
PD20132150	甲氨基阿维菌素苯甲酸盐	杀虫剂	可溶粒剂	5%	2023 年 10 月 29 日	山东滨海瀚生生物科技有限公司	水稻	稻纵卷叶螟	12～15 克/亩	喷雾
PD20132033	甲氨基阿维菌素苯甲酸盐	杀虫剂	水乳剂	3%	2023 年 10 月 21 日	江西正邦作物保护股份有限公司	水稻	稻纵卷叶螟	20～40 毫升/亩	喷雾
PD20132021	毒死蜱	杀虫剂	微乳剂	25%	2023 年 10 月 21 日	江西劲农作物保护有限公司	水稻	稻纵卷叶螟	130～150 毫升/亩	喷雾
PD20131980	甲氨基阿维菌素苯甲酸盐	杀虫剂	水乳剂	3%	2023 年 10 月 10 日	江西丰源生物高科有限公司	水稻	稻纵卷叶螟	20～40 毫升/亩	喷雾
PD20131944	毒死蜱	杀虫剂	微乳剂	15%	2023 年 10 月 10 日	东莞市瑞德丰生物科技有限公司	水稻	稻纵卷叶螟	133～267 毫升/亩	喷雾
PD20131880	毒死蜱	杀虫剂	乳油	50%	2023 年 9 月 25 日	江西农喜作物科学有限公司	水稻	稻纵卷叶螟	76.8～96 克/亩	喷雾
PD20131874	阿维·毒死蜱	杀虫剂	乳油	15%	2023 年 9 月 25 日	赣州一村生物科技有限公司	水稻	稻纵卷叶螟	100～120 毫升/亩	喷雾
PD20131863	敌畏·毒死蜱	杀虫剂	乳油	35%	2023 年 9 月 24 日	广西科联生化有限公司	水稻	稻纵卷叶螟	80～120 毫升/亩	喷雾

登记证号	农药名称	农药类别	剂型	总含量	有效期限	登记证持有人	作物/场所	防治对象	用药量（制剂量/亩）	施用方法
PD20131831	甲氨基阿维菌素苯甲酸盐	杀虫剂	乳油	2%	2023年9月17日	桂林集琦生化有限公司	水稻	稻纵卷叶螟	30~37毫升/亩	喷雾
PD20131830	阿维菌素	杀虫剂	水乳剂	5%	2023年9月17日	河北瑞宝德生物化学有限公司	水稻	稻纵卷叶螟	—	喷雾
PD20131821	阿维菌素	杀虫剂	水乳剂	5%	2023年9月17日	山东省青岛瀚生物科技股份有限公司	水稻	稻纵卷叶螟	9~11克/亩	喷雾
PD20131694	甲氨基阿维菌素苯甲酸盐	杀虫剂	乳油	5%	2023年8月7日	上海沪联生物药业（夏邑）股份有限公司	水稻	稻纵卷叶螟	12~15毫升/亩	喷雾
PD20131667	乙酰甲胺磷	杀虫剂	可溶性粉剂	75%	2023年8月6日	江门市大光明农化新会有限公司	水稻	稻纵卷叶螟	85~100克/亩	喷雾
PD20131659	甲维·毒死蜱	杀虫剂	可湿性粉剂	30%	2023年8月1日	江苏省溧阳中南化工有限公司	水稻	稻纵卷叶螟	40~60克/亩	喷雾
PD20131542	甲氨基阿维菌素苯甲酸盐	杀虫剂	水分散粒剂	5%	2023年7月17日	上海惠光环境科技有限公司	水稻	稻纵卷叶螟	15~20克/亩	喷雾
PD20131533	阿维菌素	杀虫剂	水乳剂	3%	2023年7月17日	山东圣鹏科技股份有限公司	水稻	稻纵卷叶螟	18~24克/亩	喷雾
PD20131512	氯虫苯甲酰胺	杀虫剂	颗粒剂	0.40%	2023年7月17日	兴农药业（中国）有限公司	水稻	稻纵卷叶螟	600~700克/亩	撒施

登记证号	农药名称	农药类别	剂型	总含量	有效期限	登记证持有人	作物/场所	防治对象	用药量（制剂量/亩）	施用方法
PD20131490	甲维·毒死蜱	杀虫剂	乳油	30%	2023年7月5日	江苏长青生物科技有限公司	水稻	稻纵卷叶螟	60~90毫升/亩	喷雾
PD20131435	苏云金杆菌	杀虫剂	悬浮剂	8 000IU/微升	2023年7月3日	江西巴菲特化工有限公司	水稻	稻纵卷叶螟	200~400克/亩	喷雾
PD20131416	阿维菌素	杀虫剂	乳油	5%	2023年7月2日	江西巴菲特化工有限公司	水稻	稻纵卷叶螟	8~12毫升/亩	喷雾
PD20131379	毒死蜱	杀虫剂	水乳剂	30%	2023年6月24日	湖南大方农化股份有限公司	水稻	稻纵卷叶螟	80~120毫升/亩	喷雾
PD20131341	茚虫威	杀虫剂	水分散粒剂	30%	2023年6月9日	上虞颖泰精细化工有限公司	水稻	稻纵卷叶螟	4.45~8.89克/亩	喷雾
PD20131339	丙溴·毒死蜱	杀虫剂	乳油	40%	2023年6月9日	江西正邦作物保护股份有限公司	水稻	稻纵卷叶螟	100~120毫升/亩	喷雾
PD20131307	丙溴·辛硫磷	杀虫剂	乳油	25%	2023年6月8日	江苏宝灵化工股份有限公司	水稻	稻纵卷叶螟	70~90毫升/亩	喷雾
PD20131201	阿维菌素	杀虫剂	微乳剂	5%	2023年5月27日	江苏丰山集团股份有限公司	水稻	稻纵卷叶螟	10~12毫升/亩	喷雾
PD20131171	毒死蜱	杀虫剂	乳油	65%	2023年5月27日	山东玥鸣生物科技有限公司	水稻	稻纵卷叶螟	46~62毫升/亩	喷雾
PD20131153	多杀霉素	杀虫剂	水分散粒剂	10%	2023年5月20日	上海农乐生物制品股份有限公司	水稻	稻纵卷叶螟	25~30克/亩	喷雾

登记证号	农药名称	农药类别	剂型	总含量	有效期限	登记证持有人	作物/场所	防治对象	用药量（制剂量/亩）	施用方法
PD20131107	阿维菌素	杀虫剂	悬浮剂	5%	2023 年 5 月 20 日	海利尔药业集团股份有限公司	水稻	稻纵卷叶螟	12～20 毫升/亩	喷雾
PD20131073	多杀霉素	杀虫剂	水分散粒剂	20%	2023 年 5 月 20 日	燕化永乐（乐亭）生物科技有限公司	水稻	稻纵卷叶螟	18～22 克/亩	喷雾
PD20131067	多杀霉素	杀虫剂	悬浮剂	5%	2023 年 5 月 20 日	燕化永乐（乐亭）生物科技有限公司	水稻	稻纵卷叶螟	75～85 毫升/亩	喷雾
PD20130946	毒死蜱	杀虫剂	乳油	45%	2023 年 5 月 2 日	山东省青岛金尔农化研制开发有限公司	水稻	稻纵卷叶螟	88～133 毫升/亩	喷雾
PD20130943	丙溴·辛硫磷	杀虫剂	乳油	25%	2023 年 5 月 2 日	广西田园生化股份有限公司	水稻	稻纵卷叶螟	80～100 毫升/亩	喷雾
PD20130836	甲维·毒死蜱	杀虫剂	水乳剂	31%	2023 年 4 月 22 日	江西正邦作物保护股份有限公司	水稻	稻纵卷叶螟	30～50 毫升/亩	喷雾
PD20130830	甲氨基阿维菌素苯甲酸盐	杀虫剂	悬浮剂	5%	2023 年 4 月 22 日	广东植物龙生物技术股份有限公司	水稻	稻纵卷叶螟	12～15 克/亩	喷雾
PD20130789	甲氨基阿维菌素苯甲酸盐	杀虫剂	水乳剂	2%	2023 年 4 月 22 日	广西威牛农化有限公司	水稻	稻纵卷叶螟	22～39 克/亩	兑水喷雾
PD20130700	吡虫·杀虫单	杀虫剂	可湿性粉剂	58%	2023 年 4 月 11 日	山东荣邦化工有限公司	水稻	稻纵卷叶螟	52～86 克/亩	喷雾

登记证号	农药名称	农药类别	剂型	总含量	有效期限	登记证持有人	作物/场所	防治对象	用药量（制剂量/亩）	施用方法
PD20130689	毒死蜱	杀虫剂	乳油	40%	2023 年 4 月 9 日	安达市海纳贝尔化工有限公司	水稻	稻纵卷叶螟	84～108 毫升/亩	喷雾
PD20130677	丙溴磷	杀虫剂	乳油	40%	2023 年 4 月 9 日	湖北蕲春化工有限公司	水稻	稻纵卷叶螟	80～100 毫升/亩	喷雾
PD20130620	阿维菌素	杀虫剂	乳油	5%	2023 年 4 月 3 日	江西北农天风科技有限公司	水稻	稻纵卷叶螟	10～20 毫升/亩	喷雾
PD20130610	甲维·茚虫威	杀虫剂	悬浮剂	16%	2023 年 4 月 3 日	江苏东宝农化股份有限公司	水稻	稻纵卷叶螟	10～15 毫升/亩	喷雾
PD20130606	苏云金杆菌	杀虫剂	悬浮剂	8 000IU/微升	2023 年 4 月 2 日	江西田友生化有限公司	水稻	稻纵卷叶螟	200～400 毫升制剂/亩	喷雾
PD20130600	阿维菌素	杀虫剂	水乳剂	1.80%	2023 年 4 月 2 日	四川沃野农化有限公司	水稻	稻纵卷叶螟	20～30 毫升/亩	喷雾
PD20130580	阿维菌素	杀虫剂	可湿性粉剂	3%	2023 年 4 月 2 日	浙江钱江生物化学股份有限公司	水稻	稻纵卷叶螟	15～24 克/亩	喷雾
PD20130577	阿维菌素	杀虫剂	水乳剂	3%	2023 年 4 月 2 日	陕西先农生物科技有限公司	水稻	稻纵卷叶螟	25～30 毫升/亩	喷雾
PD20130542	甲维·毒死蜱	杀虫剂	微乳剂	32%	2023 年 4 月 1 日	海南博士威农用化学有限公司	水稻	稻纵卷叶螟	40～60 毫升/亩	喷雾

登记证号	农药名称	农药类别	剂型	总含量	有效期限	登记证持有人	作物/场所	防治对象	用药量（制剂量/亩）	施用方法
PD20130534	甲氨基阿维菌素苯甲酸盐	杀虫剂	微乳剂	5%	2023年4月1日	德强生物股份有限公司	水稻	稻纵卷叶螟	10~15毫升/亩	喷雾
PD20130532	阿维菌素	杀虫剂	水乳剂	5%	2023年3月29日	福建绿安生物农药有限公司	水稻	稻纵卷叶螟	15~18毫升/亩	喷雾
PD20130525	毒死蜱	杀虫剂	水乳剂	30%	2023年3月27日	山东兆丰年生物科技有限公司	水稻	稻纵卷叶螟	100~120毫升/亩	喷雾
PD20130515	甲氨基阿维菌素苯甲酸盐	杀虫剂	水分散粒剂	5%	2023年3月27日	江苏东宝农化股份有限公司	水稻	稻纵卷叶螟	10~15克/亩	喷雾
PD20130391	毒死蜱	杀虫剂	微乳剂	25%	2023年3月12日	江苏丰山集团股份有限公司	水稻	稻纵卷叶螟	130~150克/亩	喷雾
PD20130365	短稳杆菌	杀虫剂	悬浮剂	100亿孢子/毫升	2023年3月11日	镇江市润宇生物科技开发有限公司	水稻	稻纵卷叶螟	600~700倍液	喷雾
PD20130354	阿维菌素	杀虫剂	悬浮剂	5%	2023年3月11日	陕西亿田丰作物科技有限公司	水稻	稻纵卷叶螟	9~11毫升/亩	喷雾
PD20130346	阿维·毒死蜱	杀虫剂	可湿性粉剂	30%	2023年3月11日	吉林省八达农药有限公司	水稻	稻纵卷叶螟	30~50克/亩	喷雾
PD20130295	阿维菌素	杀虫剂	水乳剂	3%	2023年2月26日	成都科利隆生化有限公司	水稻	稻纵卷叶螟	12~18毫升/亩	喷雾

登记证号	农药名称	农药类别	剂型	总含量	有效期限	登记证持有人	作物/场所	防治对象	用药量（制剂量/亩）	施用方法
PD20130272	阿维菌素	杀虫剂	微乳剂	5%	2023年2月21日	安徽长城生化有限公司	水稻	稻纵卷叶螟	6~12毫升/亩	喷雾
PD20130266	阿维菌素	杀虫剂	水乳剂	3%	2023年2月21日	江西中迅农化有限公司	水稻	稻纵卷叶螟	12~18毫升/亩	喷雾
PD20130255	阿维·毒死蜱	杀虫剂	乳油	15%	2023年2月6日	山东省青岛好利特生物农药有限公司	水稻	稻纵卷叶螟	80~100克/亩	喷雾
PD20130241	甲氨基阿维菌素苯甲酸盐	杀虫剂	微乳剂	2%	2023年2月5日	江西中迅农化有限公司	水稻	稻纵卷叶螟	30~40克/亩	喷雾
PD20130213	茚虫威	杀虫剂	悬浮剂	15%	2023年1月30日	海利尔药业集团股份有限公司	水稻	稻纵卷叶螟	15~20克/亩	喷雾
PD20130131	甲维·毒死蜱	杀虫剂	水乳剂	33%	2023年1月17日	燕化永乐（乐亭）生物科技有限公司	水稻	稻纵卷叶螟	50~60毫升/亩	喷雾
PD20130124	阿维·毒死蜱	杀虫剂	乳油	15%	2023年1月17日	浙江省杭州宇龙化工有限公司	水稻	稻纵卷叶螟	60~100克/亩	喷雾
PD20130095	吡虫·杀虫单	杀虫剂	可湿性粉剂	35%	2023年1月17日	山东省圣鹏科技股份有限公司	水稻	稻纵卷叶螟	86~143克/亩	喷雾
PD20130071	茚虫威	杀虫剂	水分散粒剂	30%	2023年1月7日	江苏省南通施壮化工有限公司	水稻	稻纵卷叶螟	6~9克/亩	喷雾

登记证号	农药名称	农药类别	剂型	总含量	有效期限	登记证持有人	作物/场所	防治对象	用药量（制剂量/亩）	施用方法
PD20130067	苏云金杆菌	杀虫剂	悬浮剂	8 000IU/毫克	2023年1月7日	江西众和化工有限公司	水稻	稻纵卷叶螟	300~400毫升/亩	喷雾
PD20130066	阿维·丙溴磷	杀虫剂	乳油	20%	2023年1月7日	江苏富田农化有限公司	水稻	稻纵卷叶螟	60~100毫升/亩	喷雾
PD20130034	阿维·丙溴磷	杀虫剂	乳油	25.50%	2023年1月7日	湖南长青润愫宝农化有限公司	水稻	稻纵卷叶螟	80~100克/亩	喷雾
PD20130029	甲氨基阿维菌素苯甲酸盐	杀虫剂	悬浮剂	5%	2023年1月7日	山东省青岛奥迪斯生物科技有限公司	水稻	稻纵卷叶螟	10~20毫升/亩	喷雾
PD20122054	甲维·毒死蜱	杀虫剂	乳油	14.10%	2022年12月24日	湖南长青润愫宝农化有限公司	水稻	稻纵卷叶螟	60~70毫升/亩	喷雾
PD20122048	唑磷·毒死蜱	杀虫剂	乳油	20%	2022年12月24日	山东曹达化工有限公司	水稻	稻纵卷叶螟	80~96毫升/亩	喷雾
PD20121875	阿维·丙溴磷	杀虫剂	水乳剂	40%	2022年11月28日	江西正邦作物保护股份有限公司	水稻	稻纵卷叶螟	45~60毫升/亩	喷雾
PD20121849	丙溴磷	杀虫剂	乳油	40%	2022年11月28日	上海沪联生物药业（夏邑）股份有限公司	水稻	稻纵卷叶螟	90~100克/亩	喷雾
PD20121830	甲氨基阿维菌素苯甲酸盐	杀虫剂	微乳剂	5%	2022年11月22日	海利尔药业集团股份有限公司	水稻	稻纵卷叶螟	10~20毫升/亩	喷雾

登记证号	农药名称	农药类别	剂型	总含量	有效期限	登记证持有人	作物/场所	防治对象	用药量（制剂量/亩）	施用方法
PD20121803	阿维菌素	杀虫剂	水乳剂	3%	2022 年 11 月 22 日	江西汇和化工有限公司	水稻	稻纵卷叶螟	30～40 克/亩	喷雾
PD20121686	苏云金杆菌	杀虫剂	可湿性粉剂	16 000IU/毫克	2022 年 11 月 5 日	江西威力特生物科技有限公司	水稻	稻纵卷叶螟	100～150 克/亩	喷雾
PD20121657	敌百·毒死蜱	杀虫剂	乳油	40%	2022 年 10 月 30 日	江苏省高邮市丰田农药有限公司	水稻	稻纵卷叶螟	100～120 毫升/亩	喷雾
PD20121546	阿维菌素	杀虫剂	乳油	5%	2022 年 10 月 25 日	上海沪联生物药业（夏邑）股份有限公司	水稻	稻纵卷叶螟	13.3～22.3 克/亩	喷雾
PD20121539	阿维·杀螟松	杀虫剂	乳油	16%	2022 年 11 月 8 日	江西卫农科技发展有限公司	水稻	稻纵卷叶螟	50～60 毫升/亩	喷雾
PD20121536	阿维菌素	杀虫剂	乳油	5%	2022 年 10 月 17 日	广西农喜作物科学有限公司	水稻	稻纵卷叶螟	6～8 毫升/亩	喷雾
PD20121473	丙溴磷	杀虫剂	乳油	50%	2022 年 10 月 8 日	广西威牛农化有限公司	水稻	稻纵卷叶螟	80～100 克/亩	喷雾
PD20121468	阿维菌素	杀虫剂	乳油	5%	2022 年 10 月 8 日	河北伊诺生化有限公司	水稻	稻纵卷叶螟	10～20 克/亩	喷雾
PD20121463	阿维菌素	杀虫剂	可湿性粉剂	5%	2022 年 10 月 8 日	江苏省绿盾植保农药实验有限公司	水稻	稻纵卷叶螟	16～32 克/亩	喷雾
PD20121402	毒死蜱	杀虫剂	水乳剂	30%	2022 年 9 月 19 日	陕西标正作物科学有限公司	水稻	稻纵卷叶螟	100～120 毫升/亩	喷雾

登记证号	农药名称	农药类别	剂型	总含量	有效期限	登记证持有人	作物/场所	防治对象	用药量（制剂量/亩）	施用方法
PD20121382	甲氨基阿维菌素苯甲酸盐	杀虫剂	乳油	5%	2022年9月13日	广西威牛农化有限公司	水稻	稻纵卷叶螟	16~20毫升/亩	喷雾
PD20121379	阿维菌素	杀虫剂	乳油	1.80%	2022年9月13日	安徽美兰农业发展股份有限公司	水稻	稻纵卷叶螟	35~40毫升/亩	喷雾
PD20121341	毒死蜱	杀虫剂	微囊悬浮剂	20%	2022年9月12日	河南省安阳市安林生物化工有限责任公司	水稻	稻纵卷叶螟	150~175克/亩	喷雾
PD20121317	甲维·毒死蜱	杀虫剂	乳油	30.20%	2022年9月11日	江苏克胜集团股份有限公司	水稻	稻纵卷叶螟	50~70毫升/亩	喷雾
PD20121315	阿维菌素	杀虫剂	乳油	5%	2022年9月11日	贵州贵大科技产业有限责任公司	水稻	稻纵卷叶螟	8~12毫升/亩	喷雾
PD20121299	阿维菌素	杀虫剂	乳油	1.80%	2022年9月6日	湖南大方农化股份有限公司	水稻	稻纵卷叶螟	14~17克/亩	喷雾
PD20121287	毒死蜱	杀虫剂	水乳剂	20%	2022年9月6日	山东兆丰年生物科技有限公司	水稻	稻纵卷叶螟	150~180毫升/亩	喷雾
PD20121215	毒死蜱	杀虫剂	乳油	480克/升	2022年8月10日	安徽永丰农药化工有限公司	水稻	稻纵卷叶螟	70~90毫升/亩	喷雾
PD20121178	唑磷·毒死蜱	杀虫剂	乳油	25%	2022年7月30日	广西安泰化工有限责任公司	水稻	稻纵卷叶螟	80~100毫升/亩	喷雾

登记证号	农药名称	农药类别	剂型	总含量	有效期限	登记证持有人	作物/场所	防治对象	用药量（制剂量/亩）	施用方法
PD20121142	毒死蜱	杀虫剂	水乳剂	20%	2022年7月20日	上海农乐生物制品股份有限公司	水稻	稻纵卷叶螟	150~180毫升/亩	喷雾
PD20121129	甲氨基阿维菌素苯甲酸盐	杀虫剂	水分散粒剂	5%	2022年7月20日	宁夏泰益欣生物科技有限公司	水稻	稻纵卷叶螟	12~15克/亩	喷雾
PD20121053	敌畏·毒死蜱	杀虫剂	乳油	40%	2022年7月12日	江西正邦作物保护股份有限公司	水稻	稻纵卷叶螟	80~90毫升/亩	喷雾
PD20121001	甲维·丙溴磷	杀虫剂	乳油	40.20%	2022年6月21日	江苏宝灵化工股份有限公司	水稻	稻纵卷叶螟	40~80毫升/亩	喷雾
PD20120989	毒死蜱	杀虫剂	水乳剂	40%	2022年6月21日	陕西汤普森生物科技有限公司	水稻	稻纵卷叶螟	90~120毫升/亩	喷雾
PD20120987	喹硫磷	杀虫剂	乳油	10%	2022年6月21日	江西巴菲特化工有限公司	水稻	稻纵卷叶螟	100~150毫升/亩	喷雾
PD20120983	阿维菌素	杀虫剂	乳油	5%	2022年6月21日	安徽天成基农业科学研究院有限责任公司	水稻	稻纵卷叶螟	12~15毫升/亩	喷雾
PD20120977	丙溴磷	杀虫剂	乳油	50%	2022年6月21日	江苏富田农化有限公司	水稻	稻纵卷叶螟	80~100毫升/亩	喷雾
PD20120896	甲维·仲丁威	杀虫剂	乳油	25%	2022年5月24日	江苏苏滨生物农化有限公司	水稻	稻纵卷叶螟	60~70毫升/亩	喷雾

登记证号	农药名称	农药类别	剂型	总含量	有效期限	登记证持有人	作物/场所	防治对象	用药量（制剂量/亩）	施用方法
PD20120888	阿维·毒死蜱	杀虫剂	乳油	10%	2022年5月24日	江苏明德立达作物科技有限公司	水稻	稻纵卷叶螟	80~100毫升/亩	喷雾
PD20120879	阿维菌素	杀虫剂	乳油	5%	2022年5月24日	河北省石家庄宝丰化工有限公司	水稻	稻纵卷叶螟	15~18毫升/亩	喷雾
PD20120844	阿维菌素	杀虫剂	乳油	5%	2022年5月22日	青岛佰丰作物科学有限公司	水稻	稻纵卷叶螟	18~24克/亩	喷雾
PD20120827	毒死蜱	杀虫剂	微乳剂	30%	2022年5月22日	河北润农化工有限公司	水稻	稻纵卷叶螟	100~120毫升/亩	喷雾
PD20120821	毒死蜱	杀虫剂	水乳剂	30%	2022年5月22日	陕西佰田生物农业有限公司	水稻	稻纵卷叶螟	80~120毫升/亩	喷雾
PD20120788	毒死蜱	杀虫剂	乳油	40%	2022年5月11日	英德西部爱地作物科学有限公司	水稻	稻纵卷叶螟	87~100毫升/亩	喷雾
PD20120741	阿维菌素	杀虫剂	水乳剂	3%	2022年5月3日	石家庄市深泰化工有限公司	水稻	稻纵卷叶螟	20~30毫升/亩	喷雾
PD20120721	丙溴·辛硫磷	杀虫剂	乳油	25%	2022年4月28日	蚌埠格润生物科技有限公司	水稻	稻纵卷叶螟	70~100克/亩	喷雾
PD20120707	毒死蜱	杀虫剂	乳油	50%	2022年4月18日	山东新势立生物科技有限公司	水稻	稻纵卷叶螟	70~80毫升/亩	喷雾
PD20120693	毒死蜱	杀虫剂	水乳剂	40%	2022年4月18日	山东绿霸化工股份有限公司	水稻	稻纵卷叶螟	75~90毫升/亩	喷雾

登记证号	农药名称	农药类别	剂型	总含量	有效期限	登记证持有人	作物/场所	防治对象	用药量（制剂量/亩）	施用方法
PD20120691	甲氨基阿维菌素苯甲酸盐	杀虫剂	水分散粒剂	5%	2022 年 4 月 18 日	顺毅股份有限公司	水稻	稻纵卷叶螟	15～20 克/亩	喷雾
PD20120688	毒死蜱	杀虫剂	乳油	45%	2022 年 4 月 18 日	浙江威尔达化工有限公司	水稻	稻纵卷叶螟	85～106 毫升/亩	喷雾
PD20120666	甲氨基阿维菌素苯甲酸盐	杀虫剂	乳油	5%	2022 年 4 月 18 日	广西农喜作物科学有限公司	水稻	稻纵卷叶螟	13～18 毫升/亩	喷雾
PD20120606	阿维·毒死蜱	杀虫剂	乳油	15%	2022 年 4 月 11 日	江苏富田农化有限公司	水稻	稻纵卷叶螟	50～60 毫升/亩	喷雾
PD20120588	甲氨基阿维菌素苯甲酸盐	杀虫剂	乳油	5%	2022 年 4 月 10 日	广西田园生化股份有限公司	水稻	稻纵卷叶螟	15～20 毫升/亩	喷雾
PD20120571	甲维·丙溴磷	杀虫剂	乳油	31%	2022 年 3 月 28 日	山东省济南海科有限公司	水稻	稻纵卷叶螟	35～40 毫升/亩	喷雾
PD20120566	毒死蜱	杀虫剂	水乳剂	30%	2022 年 3 月 28 日	福建新农大正生物工程有限公司	水稻	稻纵卷叶螟	100～120 毫升/亩	喷雾
PD20120545	毒死蜱	杀虫剂	水乳剂	30%	2022 年 3 月 28 日	江苏宝灵化工股份有限公司	水稻	稻纵卷叶螟	120～150 毫升/亩	喷雾
PD20120538	阿维菌素	杀虫剂	微乳剂	3%	2022 年 3 月 28 日	陕西上格之路生物科学有限公司	水稻	稻纵卷叶螟	13～20 毫升/亩	喷雾

附表 B（续）

登记证号	农药名称	农药类别	剂型	总含量	有效期限	登记证持有人	作物/场所	防治对象	用药量（制剂量/亩）	施用方法
PD20120478	丙溴磷	杀虫剂	乳油	40%	2022年3月19日	江苏丰山集团股份有限公司	水稻	稻纵卷叶螟	90~100毫升/亩	喷雾
PD20120459	甲氨基阿维菌素苯甲酸盐	杀虫剂	乳油	5%	2022年3月14日	河北威远生物化工有限公司	水稻	稻纵卷叶螟	14~21毫升/亩	喷雾
PD20120436	甲氨基阿维菌素苯甲酸盐	杀虫剂	水分散粒剂	5%	2022年3月14日	青岛恒丰作物科学有限公司	水稻	稻纵卷叶螟	10~15克/亩	喷雾
PD20120399	苏云金杆菌	杀虫剂	可湿性粉剂	16 000IU/毫克	2022年3月7日	江西田友生化有限公司	水稻	稻纵卷叶螟	200~300克/亩	喷雾
PD20120376	阿维菌素	杀虫剂	乳油	5%	2022年2月24日	河北兴柏农业科技有限公司	水稻	稻纵卷叶螟	10~15毫升/亩	喷雾
PD20120293	敌百·毒死蜱	杀虫剂	乳油	40%	2022年2月17日	安徽丰乐农化有限责任公司	水稻	稻纵卷叶螟	75~100毫升/亩	喷雾
PD20120286	乙酰甲胺磷	杀虫剂	可溶粉剂	75%	2022年2月16日	河北威远生物化工有限公司	水稻	稻纵卷叶螟	67~133克/亩	喷雾
PD20120240	乙基多杀菌素	杀虫剂	悬浮剂	60克/升	2022年2月13日	美国陶氏益农公司	水稻	稻纵卷叶螟	20~30毫升/亩	喷雾
PD20120229	甲氨基阿维菌素苯甲酸盐	杀虫剂	水分散粒剂	5%	2022年2月10日	河北省农药化工有限公司	水稻	稻纵卷叶螟	10~15克/亩	喷雾

登记证号	农药名称	农药类别	剂型	总含量	有效期限	登记证持有人	作物/场所	防治对象	用药量（制剂量/亩）	施用方法
PD20120201	毒死蜱	杀虫剂	乳油	45%	2022年2月6日	中农立华（天津）农用化学品有限公司	水稻	稻纵卷叶螟	85～107毫升/亩	喷雾
PD20120172	阿维菌素	杀虫剂	乳油	3.20%	2022年1月30日	山东胜邦绿野化学有限公司	水稻	稻纵卷叶螟	9～11毫升/亩	喷雾
PD20120162	吡虫·杀虫单	杀虫剂	可湿性粉剂	35%	2022年1月30日	江西劲农作物保护有限公司	水稻	稻纵卷叶螟	85～140克/亩	喷雾
PD20120147	球孢白僵菌	杀虫剂	可分散油悬浮剂	300亿孢子/克	2022年1月30日	江西天人生态股份有限公司	水稻	稻纵卷叶螟	33～47毫升/亩	喷雾
PD20120093	阿维菌素	杀虫剂	乳油	5%	2022年1月29日	江苏剑牌农化股份有限公司	水稻	稻纵卷叶螟	8～12毫升/亩	喷雾
PD20120077	毒死蜱	杀虫剂	微乳剂	40%	2022年1月19日	东莞市瑞德丰生物科技有限公司	水稻	稻纵卷叶螟	75～100毫升/亩	喷雾
PD20120070	阿维·毒死蜱	杀虫剂	乳油	32%	2022年1月18日	河南远见农业科技有限公司	水稻	稻纵卷叶螟	50～70毫升/亩	喷雾
PD20120001	毒死蜱	杀虫剂	微乳剂	30%	2022年1月5日	江西正邦作物保护股份有限公司	水稻	稻纵卷叶螟	100～120毫升/亩	喷雾
PD20111397	阿维菌素	杀虫剂	水乳剂	3%	2021年12月21日	上海农乐生物制品股份有限公司	水稻	稻纵卷叶螟	11～14.7克/亩	喷雾
PD20111274	阿维菌素	杀虫剂	水乳剂	3%	2021年11月23日	江西正邦作物保护股份有限公司	水稻	稻纵卷叶螟	20～30毫升/亩	喷雾

登记证号	农药名称	农药类别	剂型	总含量	有效期限	登记证持有人	作物/场所	防治对象	用药量（制剂量/亩）	施用方法
PD20111267	阿维菌素	杀虫剂	水乳剂	3%	2021 年 11 月 23 日	江苏剑牌农化股份有限公司	水稻	稻纵卷叶螟	12~18 毫升/亩	喷雾
PD20111231	甲氨基阿维菌素苯甲酸盐	杀虫剂	乳油	1%	2021 年 11 月 18 日	广西田园生化股份有限公司	水稻	稻纵卷叶螟	67.5~90 毫升/亩	喷雾
PD20111204	毒死蜱	杀虫剂	水乳剂	30%	2021 年 11 月 16 日	山东省联合农药工业有限公司	水稻	稻纵卷叶螟	90~120 毫升/亩	喷雾
PD20111193	阿维·毒死蜱	杀虫剂	乳油	15%	2021 年 11 月 16 日	沧州润德农药有限公司	水稻	稻纵卷叶螟	60~70 毫升/亩	喷雾
PD20111143	阿维菌素	杀虫剂	乳油	5%	2021 年 11 月 3 日	河北安格诺农化有限公司	水稻	稻纵卷叶螟	8~13.5 毫升/亩	喷雾
PD20111132	甲氨基阿维菌素苯甲酸盐	杀虫剂	微乳剂	5%	2021 年 11 月 15 日	江苏辉丰生物农业股份有限公司	水稻	稻纵卷叶螟	20~30 毫升/亩	喷雾
PD20111122	毒死蜱	杀虫剂	乳油	45%	2021 年 10 月 27 日	内蒙古拜克生物有限公司	水稻	稻纵卷叶螟	60~80 毫升/亩	喷雾
PD20111095	丙溴磷	杀虫剂	水乳剂	50%	2021 年 10 月 13 日	江西正邦作物保护股份有限公司	水稻	稻纵卷叶螟	60~100 克/亩	喷雾
PD20111092	毒死蜱	杀虫剂	水乳剂	30%	2021 年 10 月 13 日	江苏剑牌农化股份有限公司	水稻	稻纵卷叶螟	80~120 毫升/亩	喷雾

登记证号	农药名称	农药类别	剂型	总含量	有效期限	登记证持有人	作物/场所	防治对象	用药量（制剂量/亩）	施用方法
PD20111055	阿维菌素	杀虫剂	水分散粒剂	10%	2021 年 10 月 10 日	陕西华戎凯威生物有限公司	水稻	稻纵卷叶螟	5~6 克/亩	喷雾
PD20111054	阿维·毒死蜱	杀虫剂	乳油	5.50%	2021 年 10 月 10 日	广西田园生化股份有限公司	水稻	稻纵卷叶螟	300~360 毫升/亩	喷雾
PD20111016	甲氨基阿维菌素苯甲酸盐	杀虫剂	水分散粒剂	5%	2021 年 9 月 28 日	江苏宝灵化工股份有限公司	水稻	稻纵卷叶螟	10~15 克/亩	喷雾
PD20111006	阿维·丙溴磷	杀虫剂	乳油	37%	2021 年 9 月 22 日	江西威敌生物科技有限公司	水稻	稻纵卷叶螟	50~75 毫升/亩	喷雾
PD20110989	甲氨基阿维菌素苯甲酸盐	杀虫剂	水乳剂	3%	2021 年 9 月 21 日	江西劲农作物保护有限公司	水稻	稻纵卷叶螟	20~30 克/亩	喷雾
PD20110965	球孢白僵菌	杀虫剂	水分散粒剂	400 亿个孢子/克	2021 年 9 月 8 日	江西天人生态股份有限公司	水稻	稻纵卷叶螟	26~35 克/亩	喷雾
PD20110906	苏云金杆菌	杀虫剂	可湿性粉剂	16 000IU/毫升	2021 年 8 月 17 日	山东恒利达生物科技有限公司	水稻	稻纵卷叶螟	100~150 克/亩	喷雾
PD20110902	毒死蜱	杀虫剂	水乳剂	30%	2021 年 8 月 17 日	广西农喜作物科学有限公司	水稻	稻纵卷叶螟	80~120 毫升/亩	喷雾
PD20110868	甲维·毒死蜱	杀虫剂	乳油	10%	2021 年 8 月 10 日	广西田园生化股份有限公司	水稻	稻纵卷叶螟	250~400 毫升/亩	喷雾

登记证号	农药名称	农药类别	剂型	总含量	有效期限	登记证持有人	作物/场所	防治对象	用药量（制剂量/亩）	施用方法
PD20110788	毒死蜱	杀虫剂	乳油	45%	2021年7月25日	济南绿霸农药有限公司	水稻	稻纵卷叶螟	90~105克/亩	喷雾
PD20110778	丙溴磷	杀虫剂	乳油	40%	2021年7月25日	广西田园生化股份有限公司	水稻	稻纵卷叶螟	80~100克/亩	喷雾
PD20110764	丙溴磷	杀虫剂	乳油	40%	2021年8月4日	青岛中达农业科技有限公司	水稻	稻纵卷叶螟	80~100毫升/亩	喷雾
PD20110757	甲氨基阿维菌素苯甲酸盐	杀虫剂	乳油	2%	2021年7月25日	广西田园生化股份有限公司	水稻	稻纵卷叶螟	34~45毫升/亩	喷雾
PD20110755	丙溴磷	杀虫剂	乳油	720克/升	2021年7月25日	江苏宝灵化工股份有限公司	水稻	稻纵卷叶螟	40~50毫升/亩	喷雾
PD20110746	唑磷·毒死蜱	杀虫剂	乳油	30%	2021年7月25日	浙江东风化工有限公司	水稻	稻纵卷叶螟	60~70毫升/亩	喷雾
PD20110723	阿维·毒死蜱	杀虫剂	乳油	32%	2021年7月11日	江西威敌生物科技有限公司	水稻	稻纵卷叶螟	50~75克/亩	喷雾
PD20110702	阿维·仲丁威	杀虫剂	乳油	12%	2021年7月5日	浙江钱江生物化学股份有限公司	水稻	稻纵卷叶螟	50~60毫升/亩	喷雾
PD20110679	毒死蜱	杀虫剂	水乳剂	30%	2021年6月20日	山东省济南一农化工有限公司	水稻	稻纵卷叶螟	107~120克	喷雾

登记证号	农药名称	农药类别	剂型	总含量	有效期限	登记证持有人	作物/场所	防治对象	用药量（制剂量/亩）	施用方法
PD20110657	毒死蜱	杀虫剂	水乳剂	40%	2021 年 6 月 20 日	陕西上格之路生物科学有限公司	水稻	稻纵卷叶螟	75~90 毫升/亩	喷雾
PD20110648	毒死蜱	杀虫剂	乳油	40%	2021 年 6 月 13 日	重庆井口农药有限公司	水稻	稻纵卷叶螟	70~90 毫升/亩	喷雾
PD20110644	乙酰甲胺磷	杀虫剂	可溶粉剂	75%	2021 年 6 月 20 日	兴农药业（中国）有限公司	水稻	稻纵卷叶螟	80~100 克/亩	喷雾
PD20110607	毒死蜱	杀虫剂	可湿性粉剂	30%	2021 年 6 月 7 日	济南绿霸农药有限公司	水稻	稻纵卷叶螟	100~140 克/亩	喷雾
PD20110596	氯虫·噻虫嗪	杀虫剂	水分散粒剂	40%	2021 年 6 月 3 日	瑞士先正达作物保护有限公司	水稻	稻纵卷叶螟	6~8 克/亩	喷雾
PD20110580	毒死蜱	杀虫剂	水乳剂	25%	2021 年 5 月 27 日	陕西亿田丰作物科技有限公司	水稻	稻纵卷叶螟	120~150 毫升/亩	喷雾
PD20110569	阿维菌素	杀虫剂	乳油	5%	2021 年 5 月 27 日	河北博嘉农业有限公司	水稻	稻纵卷叶螟	7~8 毫升/亩	喷雾
PD20110566	阿维菌素	杀虫剂	乳油	1.80%	2021 年 5 月 27 日	安徽朝农高科化工股份有限公司	水稻	稻纵卷叶螟	17~22 毫升/亩	喷雾
PD20110526	阿维菌素	杀虫剂	乳油	5%	2021 年 5 月 12 日	华北制药集团爱诺有限公司	水稻	稻纵卷叶螟	9~12 毫升/亩	喷雾

登记证号	农药名称	农药类别	剂型	总含量	有效期限	登记证持有人	作物/场所	防治对象	用药量（制剂量/亩）	施用方法
PD20110495	甲氨基阿维菌素苯甲酸盐	杀虫剂	微乳剂	2%	2021 年 5 月 3 日	顺毅股份有限公司	水稻	稻纵卷叶螟	30～40 毫升/亩	喷雾
PD20110486	毒死蜱	杀虫剂	水乳剂	40%	2021 年 5 月 3 日	陕西美邦药业集团股份有限公司	水稻	稻纵卷叶螟	95～115 毫升/亩	喷雾
PD20110463	氯虫苯甲酰胺	杀虫剂	水分散粒剂	35%	2021 年 4 月 21 日	美国富美实公司	水稻	稻纵卷叶螟	4～6 克/亩	喷雾
PD20110453	毒死蜱	杀虫剂	乳油	45%	2021 年 4 月 21 日	湖南长青润嫌宝农化有限公司	水稻	稻纵卷叶螟	65～85 毫升/亩	喷雾
PD20110448	阿维菌素	杀虫剂	乳油	3.20%	2021 年 5 月 5 日	青岛中达农业科技有限公司	水稻	稻纵卷叶螟	12.5～18.75 毫升/亩	喷雾
PD20110395	毒死蜱	杀虫剂	水乳剂	30%	2026 年 4 月 12 日	深圳诺普农化股份有限公司	水稻	稻纵卷叶螟	100～120 毫升/亩	喷雾
PD20110367	阿维菌素	杀虫剂	乳油	5%	2021 年 3 月 31 日	河北志诚生物化工有限公司	水稻	稻纵卷叶螟	8～12 毫升/亩	喷雾
PD20110361	甲氨基阿维菌素苯甲酸盐	杀虫剂	乳油	5%	2021 年 3 月 31 日	河北省农药化工有限公司	水稻	稻纵卷叶螟	10～20 毫升/亩	喷雾
PD20110306	阿维菌素	杀虫剂	乳油	5%	2021 年 3 月 22 日	河北冠龙农化有限公司	水稻	稻纵卷叶螟	8～12 毫升/亩	喷雾

登记证号	农药名称	农药类别	剂型	总含量	有效期限	登记证持有人	作物/场所	防治对象	用药量（制剂量/亩）	施用方法
PD20110300	甲维·丙溴磷	杀虫剂	乳油	31%	2026 年 3 月 21 日	江苏华农生物化学有限公司	水稻	稻纵卷叶螟	60～70 克/亩	喷雾
PD20110284	阿维菌素	杀虫剂	乳油	5%	2021 年 3 月 11 日	河北威远生物化工有限公司	水稻	稻纵卷叶螟	12～24 毫升/亩	喷雾
PD20110266	阿维菌素	杀虫剂	乳油	3.20%	2026 年 3 月 7 日	浙江钱江生物化学股份有限公司	水稻	稻纵卷叶螟	15～20 毫升/亩	喷雾
PD20110261	阿维菌素	杀虫剂	水乳剂	1.80%	2026 年 3 月 4 日	浙江钱江生物化学股份有限公司	水稻	稻纵卷叶螟	20～40 毫升/亩	喷雾
PD20110259	丙溴·敌百虫	杀虫剂	乳油	40%	2026 年 3 月 4 日	安徽华星化工有限公司	水稻	稻纵卷叶螟	120～140 毫升/亩	喷雾
PD20110233	阿维菌素	杀虫剂	乳油	5%	2026 年 3 月 2 日	广西威牛农化有限公司	水稻	稻纵卷叶螟	6.4～8 克/亩	喷雾
PD20110210	毒死蜱	杀虫剂	乳油	40%	2026 年 2 月 24 日	湖南大方农化股份有限公司	水稻	稻纵卷叶螟	50～100 毫升/亩	喷雾
PD20110090	阿维菌素	杀虫剂	乳油	5%	2026 年 1 月 25 日	江苏丰源生物工程有限公司	水稻	稻纵卷叶螟	—	喷雾
PD20110070	丙溴磷	杀虫剂	乳油	50%	2026 年 1 月 18 日	江西威敌生物科技有限公司	水稻	稻纵卷叶螟	80～120 毫升/亩	喷雾

登记证号	农药名称	农药类别	剂型	总含量	有效期限	登记证持有人	作物/场所	防治对象	用药量（制剂量/亩）	施用方法
PD20110038	甲氨基阿维菌素苯甲酸盐	杀虫剂	乳油	1%	2026年1月11日	南宁市德丰富化工有限责任公司	水稻	稻纵卷叶螟	75~100毫升/亩	喷雾
PD20110025	甲氨基阿维菌素苯甲酸盐	杀虫剂	微乳剂	1%	2026年1月4日	江苏辉丰生物农业股份有限公司	水稻	稻纵卷叶螟	75~100毫升/亩	喷雾
PD20110002	毒死蜱	杀虫剂	乳油	45%	2026年1月4日	天津市施普乐农药技术发展有限公司	水稻	稻纵卷叶螟	62.5~83.3毫升/亩	喷雾
PD20102186	阿维菌素	杀虫剂	乳油	5%	2025年12月15日	江西威敌生物科技有限公司	水稻	稻纵卷叶螟	10~15毫升/亩	喷雾
PD20102021	苏云金杆菌	杀虫剂	悬浮剂	8 000IU/毫克	2025年9月25日	康欣生物科技有限公司	水稻	稻纵卷叶螟	200~250毫升/亩	喷雾
PD20101933	毒死蜱	杀虫剂	乳油	45%	2025年8月27日	江苏丰山集团股份有限公司	水稻	稻纵卷叶螟	60~80毫升/亩	喷雾
PD20101924	阿维菌素	杀虫剂	乳油	5%	2025年8月27日	山东省联合农药工业有限公司	水稻	稻纵卷叶螟	6.4~8毫升/亩	喷雾
PD20101870	茚虫威	杀虫剂	乳油	150克/升	2025年8月4日	美国富美实公司	水稻	稻纵卷叶螟	12~16毫升/亩	喷雾
PD20101836	辛硫·三唑磷	杀虫剂	乳油	20%	2025年7月28日	江西省赣州宇田化工有限公司	水稻	稻纵卷叶螟	100~150克/亩	喷雾

登记证号	农药名称	农药类别	剂型	总含量	有效期限	登记证持有人	作物/场所	防治对象	用药量（制剂量/亩）	施用方法
PD20101796	吡虫·杀虫单	杀虫剂	可湿性粉剂	58%	2025 年 7 月 13 日	济南中基作物科学有限公司	水稻	稻纵卷叶螟	52～86 克/亩	喷雾
PD20101772	乙酰甲胺磷	杀虫剂	可溶粉剂	75%	2025 年 7 月 7 日	浙江嘉化集团股份有限公司	水稻	稻纵卷叶螟	—	喷雾
PD20101710	马拉·辛硫磷	杀虫剂	乳油	20%	2025 年 6 月 28 日	山东汤普莱作物科学有限公司	水稻	稻纵卷叶螟	100～125 克/亩	喷雾
PD20101690	唑磷·毒死蜱	杀虫剂	乳油	25%	2025 年 6 月 8 日	江西丰源生物科高有限公司	水稻	稻纵卷叶螟	—	喷雾
PD20101679	苏云金杆菌	杀虫剂	可湿性粉剂	16 000IU/毫克	2025 年 6 月 8 日	重庆树荣作物科学有限公司	水稻	稻纵卷叶螟	200～300 克/亩	喷雾
PD20101667	阿维菌素	杀虫剂	乳油	3.20%	2025 年 6 月 8 日	山东玉成生化农药有限公司	水稻	稻纵卷叶螟	15～18 毫升/亩	喷雾
PD20101611	唑磷·毒死蜱	杀虫剂	乳油	30%	2025 年 6 月 3 日	浙江新安化工集团股份有限公司	水稻	稻纵卷叶螟	80～100 毫升/亩	喷雾
PD20101557	毒死蜱	杀虫剂	水乳剂	30%	2025 年 5 月 19 日	南京华洲药业有限公司	水稻	稻纵卷叶螟	80～120 克/亩	喷雾
PD20101518	马拉·辛硫磷	杀虫剂	乳油	25%	2025 年 5 月 13 日	江西抚州新兴化工有限公司	水稻	稻纵卷叶螟	80～100 毫升/亩	喷雾
PD20101516	乙酰甲胺磷	杀虫剂	可溶粉剂	75%	2025 年 5 月 12 日	安道麦股份有限公司	水稻	稻纵卷叶螟	70～100 克/亩	喷雾

登记证号	农药名称	农药类别	剂型	总含量	有效期限	登记证持有人	作物/场所	防治对象	用药量（制剂量/亩）	施用方法
PD20101495	阿维菌素	杀虫剂	微囊悬浮剂	2%	2025 年 5 月 10 日	河北威远生物化工有限公司	水稻	稻纵卷叶螟	15～30 毫升/亩	喷雾
PD20101457	毒死蜱	杀虫剂	乳油	45%	2025 年 5 月 4 日	浙江省杭州宇龙化工有限公司	水稻	稻纵卷叶螟	86～106 毫升/亩	喷雾
PD20101417	甲维·毒死蜱	杀虫剂	水乳剂	40%	2025 年 4 月 26 日	浙江新安化工集团股份有限公司	水稻	稻纵卷叶螟	20～30 毫升/亩	喷雾
PD20101409	辛硫·三唑磷	杀虫剂	乳油	20%	2025 年 4 月 14 日	上海宜邦生物工程（信阳）有限公司	水稻	稻纵卷叶螟	—	喷雾
PD20101339	毒死蜱	杀虫剂	乳油	40%	2025 年 3 月 23 日	安徽生力农化有限公司	水稻	稻纵卷叶螟	100～120 毫升/亩	喷雾
PD20101278	吡虫·杀虫单	杀虫剂	可湿性粉剂	35%	2025 年 3 月 10 日	陕西大成作物保护有限公司	水稻	稻纵卷叶螟	86～143 克/亩	喷雾
PD20101213	甲氨基阿维菌素苯甲酸盐	杀虫剂	水分散粒剂	5%	2025 年 2 月 21 日	惠州市银农科技股份有限公司	水稻	稻纵卷叶螟	10～20 克/亩	喷雾
PD20101191	氯氟虫腙	杀虫剂	悬浮剂	22%	2025 年 2 月 8 日	巴斯夫欧洲公司	水稻	稻纵卷叶螟	30～50 毫升/亩	喷雾
PD20101164	毒死蜱	杀虫剂	乳油	40%	2025 年 1 月 26 日	科特威生物科技有限公司	水稻	稻纵卷叶螟	60～100 克/亩	喷雾

登记证号	农药名称	农药类别	剂型	总含量	有效期限	登记证持有人	作物/场所	防治对象	用药量/亩（制剂量/亩）	施用方法
PD20101037	毒死蜱	杀虫剂	水乳剂	30%	2025 年 1 月 21 日	浙江新安化工集团股份有限公司	水稻	稻纵卷叶螟	100~150 毫升/亩	喷雾
PD20100906	乐果·敌百虫	杀虫剂	乳油	40%	2025 年 1 月 19 日	河南省商丘天神农药厂	水稻	稻纵卷叶螟	100~120 毫升/亩	喷雾
PD20100833	甲氨基阿维菌素苯甲酸盐	杀虫剂	乳油	5%	2025 年 1 月 19 日	济南仕邦农化有限公司	水稻	稻纵卷叶螟	10~15 克/亩	喷雾
PD20100783	毒死蜱	杀虫剂	乳油	45%	2025 年 1 月 18 日	开封一田生物科技有限公司	水稻	稻纵卷叶螟	65~83 毫升/亩	喷雾
PD20100700	吡虫·杀虫单	杀虫剂	可湿性粉剂	40%	2025 年 1 月 16 日	江西巴姆博生物科技有限公司	水稻	稻纵卷叶螟	75~125 克/亩	喷雾
PD20100677	氯虫苯甲酰胺	杀虫剂	悬浮剂	200 克/升	2025 年 1 月 15 日	美国富美实公司	水稻	稻纵卷叶螟	5~10 毫升/亩	喷雾
PD20100671	毒死蜱	杀虫剂	乳油	45%	2025 年 1 月 15 日	河北省沧州正兴生物农药有限公司	水稻	稻纵卷叶螟	60~80 毫升/亩	喷雾
PD20100620	毒·辛	杀虫剂	乳油	25%	2025 年 1 月 14 日	江西万德化工科技有限公司	水稻	稻纵卷叶螟	120~150 克/亩	喷雾
PD20100590	阿维菌素	杀虫剂	乳油	1.80%	2025 年 1 月 14 日	山东科大创业生物有限公司	水稻	稻纵卷叶螟	15~20 毫升/亩	喷雾

登记证号	农药名称	农药类别	剂型	总含量	有效期期限	登记证持有人	作物/场所	防治对象	用药量（制剂量/亩）	施用方法
PD20100577	毒死蜱	杀虫剂	乳油	45%	2025 年 1 月 14 日	石家庄宏科生物化工有限公司	水稻	稻纵卷叶螟	60～80 毫升/亩	喷雾
PD20100575	敌畏·毒死蜱	杀虫剂	乳油	40%	2025 年 1 月 14 日	江苏景宏生物科技有限公司	水稻	稻纵卷叶螟	80～100 克/亩	喷雾
PD20100560	毒死蜱	杀虫剂	乳油	4C%	2025 年 1 月 14 日	安徽天成基农科学研究院有限责任公司	水稻	稻纵卷叶螟	70～90 毫升/亩	喷雾
PD20100524	毒死蜱	杀虫剂	乳油	45%	2025 年 1 月 14 日	四川金珠生农业科技有限公司	水稻	稻纵卷叶螟	80～90 毫升/亩	喷雾
PD20100505	毒死蜱	杀虫剂	乳油	45%	2025 年 1 月 14 日	天津京津农药有限公司	水稻	稻纵卷叶螟	60～80 毫升/亩	喷雾
PD20100440	毒死蜱	杀虫剂	水乳剂	30%	2025 年 1 月 14 日	陕西汤普森生物科技有限公司	水稻	稻纵卷叶螟	125～150 毫升/亩	喷雾
PD20100382	吡虫·杀虫单	杀虫剂	可湿性粉剂	80%	2025 年 1 月 13 日	河南比赛尔农业科技有限公司	水稻	稻纵卷叶螟	37.5～62.5 克/亩	喷雾
PD20100360	吡虫·杀虫单	杀虫剂	可湿性粉剂	30%	2025 年 1 月 11 日	上海沪联生物药业（夏邑）股份有限公司	水稻	稻纵卷叶螟	100～165 克/亩	喷雾
PD20100344	敌畏·毒死蜱	杀虫剂	乳油	35%	2025 年 1 月 11 日	山东省青岛好利特生物农药有限公司	水稻	稻纵卷叶螟	80～100 毫升/亩	喷雾
PD20100343	毒·辛	杀虫剂	乳油	40%	2025 年 1 月 11 日	湖南惠民生物科技有限公司	水稻	稻纵卷叶螟	75～125 克/亩	喷雾

登记证号	农药名称	农药类别	剂型	总含量	有效期限	登记证持有人	作物/场所	防治对象	用药量（制剂量/亩）	施用方法
PD20100332	毒死蜱	杀虫剂	乳油	45%	2025 年 1 月 11 日	山东戴盟得生物科技有限公司	水稻	稻纵卷叶螟	78～104 毫升/亩	喷雾
PD20100291	毒死蜱	杀虫剂	乳油	40%	2025 年 1 月 11 日	河南远见农业科技有限公司	水稻	稻纵卷叶螟	75～100 毫升/亩	喷雾
PD20100279	敌畏·毒死蜱	杀虫剂	乳油	35%	2025 年 1 月 11 日	济南仕邦农化有限公司	水稻	稻纵卷叶螟	80～100 毫升/亩	喷雾
PD20100223	毒死蜱	杀虫剂	乳油	45%	2025 年 1 月 11 日	湖南新长山农业发展股份有限公司	水稻	稻纵卷叶螟	70～90 毫升/亩	喷雾
PD20100174	唑磷·毒死蜱	杀虫剂	乳油	30%	2025 年 1 月 5 日	河北省农药化工有限公司	水稻	稻纵卷叶螟	70～100 毫升/亩	喷雾
PD20100142	吡虫·杀虫单	杀虫剂	可湿性粉剂	40%	2025 年 1 月 5 日	重庆中邦药业（集团）有限公司	水稻	稻纵卷叶螟	75～125 克/亩	喷雾
PD20100113	马拉·辛硫磷	杀虫剂	乳油	25%	2025 年 1 月 5 日	山东绿丰农药有限公司	水稻	稻纵卷叶螟	80～100 克/亩	喷雾
PD20100021	辛硫磷	杀虫剂	乳油	40%	2025 年 1 月 4 日	江西众和化工有限公司	水稻	稻纵卷叶螟	100～150 毫升/亩	喷雾
PD20100002	毒死蜱	杀虫剂	乳油	40%	2025 年 1 月 4 日	联磷磷品（江苏）有限公司	水稻	稻纵卷叶螟	80～100 毫升/亩	喷雾
PD20098542	毒死蜱	杀虫剂	乳油	45%	2024 年 12 月 31 日	江西文达实业有限公司	水稻	稻纵卷叶螟	70～90 克/亩	喷雾

附表B（续）

登记证号	农药名称	农药类别	剂型	总含量	有效期限	登记证持有人	作物/场所	防治对象	用药量（制剂量/亩）	施用方法
PD20098520	唑磷·毒死蜱	杀虫剂	乳油	25%	2024年12月24日	广西金土地盛大生物科技有限公司	水稻	稻纵卷叶螟	80~100毫升/亩	喷雾
PD20098475	吡虫·杀虫单	杀虫剂	可湿性粉剂	70%	2024年12月24日	青岛润商生物科技有限公司	水稻	稻纵卷叶螟	60~70克/亩	喷雾
PD20098447	毒死蜱	杀虫剂	乳油	45%	2024年12月24日	江西山野化工有限责任公司	水稻	稻纵卷叶螟	60~80毫升/亩	喷雾
PD20098387	毒死蜱	杀虫剂	乳油	45%	2024年12月18日	陕西上格之路生物科学有限公司	水稻	稻纵卷叶螟	63~83毫升/亩	喷雾
PD20098291	苏云金杆菌	杀虫剂	可湿性粉剂	16 000IU/毫克	2024年12月18日	山东玉成生化农药有限公司	水稻	稻纵卷叶螟	100~150克/亩	喷雾
PD20098273	唑磷·毒死蜱	杀虫剂	乳油	25%	2024年12月18日	江西巴菲特化工有限公司	水稻	稻纵卷叶螟	—	喷雾
PD20098271	杀单·苏云菌	杀虫剂	可湿性粉剂	46%	2024年12月18日	湖北天泽农生物工程有限公司	水稻	稻纵卷叶螟	50~65克/亩	喷雾
PD20098266	敌畏·毒死蜱	杀虫剂	乳油	35%	2024年12月18日	宁波石原金牛农业科技有限公司	水稻	稻纵卷叶螟	80~100毫升/亩	喷雾
PD20098265	吡虫·杀虫单	杀虫剂	可湿性粉剂	35%	2024年12月16日	陕西省西安西诺农化有限责任公司	水稻	稻纵卷叶螟	85~140克/亩	喷雾
PD20098262	毒·辛	杀虫剂	乳油	23%	2024年12月16日	广西科联化有限公司	水稻	稻纵卷叶螟	140~160毫升/亩	喷雾

登记证号	农药名称	农药类别	剂型	总含量	有效期限	登记证持有人	作物/场所	防治对象	用药量（制剂量/亩）	施用方法
PD20098219	毒死蜱	杀虫剂	乳油	40%	2024年12月16日	江苏长青生物科技有限公司	水稻	稻纵卷叶螟	80~100毫升/亩	喷雾
PD20098150	苏云金杆菌	杀虫剂	悬浮剂	8 000IU/微升	2024年12月14日	山东省青岛奥迪斯生物科技有限公司	水稻	稻纵卷叶螟	400~500毫升/亩	喷雾
PD20098106	毒死蜱	杀虫剂	乳油	40%	2024年12月8日	山东钜丰源生物科技有限公司	水稻	稻纵卷叶螟	62.5~83.3毫升/亩	喷雾
PD20098101	毒·辛	杀虫剂	乳油	25%	2024年12月8日	江苏万农生物科技有限公司	水稻	稻纵卷叶螟	100~150毫升/亩	喷雾
PD20098064	毒死蜱	杀虫剂	乳油	45%	2024年12月7日	山东玥鸣生物科技有限公司	水稻	稻纵卷叶螟	70~85毫升/亩	喷雾
PD20098051	毒死蜱	杀虫剂	微乳剂	15%	2024年12月7日	湖南丰阳化工有限责任公司	水稻	稻纵卷叶螟	125~150毫升/亩	喷雾
PD20097983	吡虫·杀虫单	杀虫剂	可湿性粉剂	40%	2024年12月1日	河北金德伦生化科技有限公司	水稻	稻纵卷叶螟	75~125克/亩	喷雾
PD20097945	毒死蜱	杀虫剂	乳油	40%	2024年11月30日	昆明农药有限公司	水稻	稻纵卷叶螟	63~83毫升	喷雾
PD20097914	毒·辛	杀虫剂	乳油	25%	2024年11月30日	安徽春辉植物农药厂	水稻	稻纵卷叶螟	—	喷雾
PD20097885	毒死蜱	杀虫剂	乳油	40%	2024年11月20日	江苏省宜兴市宜州化学制品有限公司	水稻	稻纵卷叶螟	90~100毫升/亩	喷雾

登记证号	农药名称	农药类别	剂型	总含量	有效期限	登记证持有人	作物/场所	防治对象	用药量（制剂量/亩）	施用方法
PD20097876	毒死蜱	杀虫剂	乳油	40%	2024年11月20日	济南中科绿色生物工程有限公司	水稻	稻纵卷叶螟	72~96毫升/亩	喷雾
PD20097875	敌畏·毒死蜱	杀虫剂	乳油	35%	2024年11月20日	江西劲农作物保护有限公司	水稻	稻纵卷叶螟	80~100毫升/亩	喷雾
PD20097864	唑磷·毒死蜱	杀虫剂	乳油	25%	2024年11月20日	江苏明德立作物科技有限公司	水稻	稻纵卷叶螟	80~100毫升/亩	喷雾
PD20097862	苏云金杆菌	杀虫剂	可湿性粉剂	16 000IU/毫克	2024年11月20日	武汉楚强生物科技有限公司	水稻	稻纵卷叶螟	100~150克/亩	喷雾
PD20097857	毒死蜱	杀虫剂	乳油	45%	2024年11月20日	上海升联化工有限公司	水稻	稻纵卷叶螟	80~120毫升/亩	喷雾
PD20097843	唑磷·毒死蜱	杀虫剂	乳油	25%	2024年11月20日	江西省高安金龙生物科技有限公司	水稻	稻纵卷叶螟	70~100毫升/亩	喷雾
PD20097838	辛硫·三唑磷	杀虫剂	乳油	20%	2024年11月20日	安徽瑞辰植保工程有限公司	水稻	稻纵卷叶螟	—	喷雾
PD20097798	阿维菌素	杀虫剂	乳油	5%	2024年11月20日	河北省农药化工有限公司	水稻	稻纵卷叶螟	8~12毫升/亩	喷雾
PD20097748	毒死蜱	杀虫剂	乳油	40%	2024年11月12日	山东省德州祥龙生化有限公司	水稻	稻纵卷叶螟	70~90毫升/亩	喷雾
PD20097706	毒死蜱	杀虫剂	乳油	40%	2024年11月4日	广西田园生化股份有限公司	水稻	稻纵卷叶螟	48~60克/亩	喷雾

登记证号	农药名称	农药类别	剂型	总含量	有效期限	登记证持有人	作物/场所	防治对象	用药量（制剂量/亩）	施用方法
PD20097650	阿维菌素	杀虫剂	乳油	3.20%	2024年11月4日	广西田园生化股份有限公司	水稻	稻纵卷叶螟	9.4~12.5毫升/亩	喷雾
PD20097649	阿维菌素	杀虫剂	乳油	1.80%	2024年11月4日	广西田园生化股份有限公司	水稻	稻纵卷叶螟	17~22毫升/亩	喷雾
PD20097624	毒死蜱	杀虫剂	乳油	480克/升	2024年12月2日	蚌埠格润生物科技有限公司	水稻	稻纵卷叶螟	60~80毫升/亩	喷雾
PD20097599	吡虫·杀虫单	杀虫剂	可湿性粉剂	40%	2024年11月3日	河北中天邦正生物科技股份公司	水稻	稻纵卷叶螟	75~125克/亩	喷雾
PD20097575	唑磷·毒死蜱	杀虫剂	乳油	25%	2024年11月3日	江西龙源农药有限公司	水稻	稻纵卷叶螟	70~90毫升/亩	喷雾
PD20097551	吡虫·杀虫单	杀虫剂	可湿性粉剂	70%	2024年11月3日	绩溪农华生物科技有限公司	水稻	稻纵卷叶螟	50~70克/亩	喷雾
PD20097486	杀虫双	杀虫剂	水剂	20%	2024年11月3日	广西易多收生物科技有限公司	水稻	稻纵卷叶螟	180~225克/亩	喷雾
PD20097461	甲氨基阿维菌素苯甲酸盐	杀虫剂	微乳剂	3%	2024年11月3日	山东省青岛瀚生生物科技股份有限公司	水稻	稻纵卷叶螟	20~30毫升/亩	喷雾
PD20097454	吡虫·杀虫单	杀虫剂	可湿性粉剂	35%	2024年10月28日	山西运城绿康实业有限公司	水稻	稻纵卷叶螟	85~145克/亩	喷雾

登记证号	农药名称	农药类别	剂型	总含量	有效期限	登记证持有人	作物/场所	防治对象	用药量（制剂量/亩）	施用方法
PD20097310	毒死蜱	杀虫剂	乳油	45%	2024 年 10 月 27 日	湖北省武汉武隆农药有限公司	水稻	稻纵卷叶螟	65~85 毫升/亩	喷雾
PD20097272	杀螟硫磷	杀虫剂	乳油	50%	2024 年 10 月 26 日	山东省联合农药工业有限公司	水稻	稻纵卷叶螟	50~75 毫升/亩	喷雾
PD20097115	毒死蜱	杀虫剂	乳油	40%	2024 年 10 月 12 日	广西金穗通实业有限公司	水稻	稻纵卷叶螟	100~120 毫升/亩	喷雾
PD20097095	杀螟硫磷	杀虫剂	乳油	45%	2024 年 10 月 10 日	陕西上格之路生物科学有限公司	水稻	稻纵卷叶螟	70~83 毫升/亩	喷雾
PD20097044	吡虫·杀虫单	杀虫剂	可湿性粉剂	58%	2024 年 10 月 10 日	济南天邦化工有限公司	水稻	稻纵卷叶螟	70~100 毫升/亩	喷雾
PD20096984	唑磷·毒死蜱	杀虫剂	乳油	30%	2024 年 9 月 29 日	河北冠龙农化有限公司	水稻	稻纵卷叶螟	70~100 毫升/亩	喷雾
PD20096975	吡虫·杀虫单	杀虫剂	可湿性粉剂	58%	2024 年 9 月 29 日	广东省佛山市大兴生物化工有限公司	水稻	稻纵卷叶螟	50~85 克/亩	喷雾
PD20096923	辛硫磷	杀虫剂	乳油	40%	2024 年 9 月 23 日	江西农大植保化工有限公司	水稻	稻纵卷叶螟	125~150 毫升/亩	喷雾
PD20096912	喹硫磷	杀虫剂	乳油	25%	2024 年 9 月 23 日	安徽美兰农业发展股份有限公司	水稻	稻纵卷叶螟	100~132 毫升/亩	喷雾
PD20096873	毒·辛	杀虫剂	乳油	25%	2024 年 9 月 23 日	江西卫农科技发展有限公司	水稻	稻纵卷叶螟	135~150 毫升/亩	喷雾

登记证号	农药名称	农药类别	剂型	总含量	有效期限	登记证持有人	作物/场所	防治对象	用药量（制剂量/亩）	施用方法
PD20096856	毒死蜱	杀虫剂	乳油	45%	2024 年 9 月 22 日	广西康德农化有限公司	水稻	稻纵卷叶螟	70~85 毫升/亩	喷雾
PD20096785	毒死蜱	杀虫剂	乳油	45%	2024 年 11 月 4 日	江西珀尔农作物工程有限公司	水稻	稻纵卷叶螟	—	喷雾
PD20096749	毒死蜱	杀虫剂	乳油	45%	2024 年 9 月 7 日	安徽嘉联生物科技有限公司	水稻	稻纵卷叶螟	56~83 毫升/亩	喷雾
PD20096748	毒死蜱	杀虫剂	乳油	45%	2024 年 9 月 7 日	山东碧奥生物科技有限公司	水稻	稻纵卷叶螟	60~80 毫升/亩	喷雾
PD20096718	毒·辛	杀虫剂	乳油	25%	2024 年 9 月 7 日	江西华隆高科生物技术有限公司	水稻	稻纵卷叶螟	120~150 毫升/亩	喷雾
PD20096705	吡虫·杀虫单	杀虫剂	可湿性粉剂	35%	2024 年 9 月 7 日	广东省广州市中达生物工程有限公司	水稻	稻纵卷叶螟	86~143 克/亩	喷雾
PD20096700	唑磷·毒死蜱	杀虫剂	乳油	30%	2024 年 9 月 7 日	江西万德化工科技有限公司	水稻	稻纵卷叶螟	80~100 克/亩	喷雾
PD20096666	毒死蜱	杀虫剂	乳油	40%	2024 年 9 月 7 日	四川省川东农药化工有限公司	水稻	稻纵卷叶螟	200~250 克/亩	喷雾
PD20096623	唑硫磷	杀虫剂	乳油	25%	2024 年 9 月 2 日	江西卫农科技发展有限公司	水稻	稻纵卷叶螟	100~132 毫升/亩	喷雾
PD20096605	杀螟硫磷	杀虫剂	乳油	50%	2024 年 9 月 2 日	陕西美邦药业集团股份有限公司	水稻	稻纵卷叶螟	50~75 毫升/亩	喷雾

登记证号	农药名称	农药类别	剂型	总含量	有效期限	登记证持有人	作物/场所	防治对象	用药量（制剂量/亩）	施用方法
PD20096429	辛硫·三唑磷	杀虫剂	乳油	20%	2024年8月5日	湖北仙隆化工股份有限公司	水稻	稻纵卷叶螟	90~160毫升/亩	喷雾
PD20096408	毒死蜱	杀虫剂	乳油	40%	2024年8月4日	湖北移栽灵农业科技股份有限公司	水稻	稻纵卷叶螟	62~83毫升/亩	喷雾
PD20096397	唑磷·毒死蜱	杀虫剂	乳油	25%	2024年8月4日	江苏丰山集团股份有限公司	水稻	稻纵卷叶螟	60~80毫升/亩	喷雾
PD20096365	毒死蜱	杀虫剂	乳油	45%	2024年8月4日	江西绿川生物科技实业有限公司	水稻	稻纵卷叶螟	—	喷雾
PD20096353	毒死蜱	杀虫剂	乳油	40%	2024年7月28日	江西抚州新兴化工有限公司	水稻	稻纵卷叶螟	75~100毫升/亩	喷雾
PD20096351	杀单·苏云菌	杀虫剂	可湿性粉剂	55%	2024年7月28日	武汉科诺生物科技股份有限公司	水稻	稻纵卷叶螟	50~60克/亩	喷雾
PD20096347	辛硫磷	杀虫剂	乳油	40%	2024年7月28日	湖南大方农化股份有限公司	水稻	稻纵卷叶螟	75~100毫升/亩	喷雾
PD20096287	吡·井·杀虫单	杀虫剂/杀菌剂	可湿性粉剂	54%	2024年7月22日	江苏省南京惠宇农化有限公司	水稻	稻纵卷叶螟	100~120克/亩	喷雾
PD20096246	唑硫磷	杀虫剂	乳油	10%	2024年7月15日	江门市大光明农化新会有限公司	水稻	稻纵卷叶螟	1 500~1 800克/公顷	喷雾
PD20096241	毒死蜱	杀虫剂	乳油	43%	2024年7月15日	祥霖美丰生物科技（淮安）有限公司	水稻	稻纵卷叶螟	75~100毫升/亩	喷雾

登记证号	农药名称	农药类别	剂型	总含量	有效期限	登记证持有人	作物/场所	防治对象	用药量（制剂量/亩）	施用方法
PD20096234	唑磷·毒死蜱	杀虫剂	乳油	25%	2024年7月15日	康欣生物科技有限公司	水稻	稻纵卷叶螟	80~100毫升/亩	喷雾
PD20096222	苏云金杆菌	杀虫剂	可湿性粉剂	16 000IU/毫克	2024年7月15日	山东省乳山韩威生物科技有限公司	水稻	稻纵卷叶螟	100~150克/亩	喷雾
PD20096168	敌畏·毒死蜱	杀虫剂	乳油	35%	2024年6月24日	南宁泰达丰生物科技有限公司	水稻	稻纵卷叶螟	80~100毫升/亩	喷雾
PD20096143	苏云金杆菌	杀虫剂	可湿性粉剂	8 000IU/毫克	2024年6月24日	山东省乳山韩威生物科技有限公司	水稻	稻纵卷叶螟	200~300克/亩	喷雾
PD20096102	唑磷·毒死蜱	杀虫剂	乳油	25%	2024年6月18日	江苏省扬州市苏灵农药化工有限公司	水稻	稻纵卷叶螟	80~100毫升/亩	喷雾
PD20096005	毒·辛	杀虫剂	乳油	480克/升	2024年6月11日	江苏快达农化股份有限公司	水稻	稻纵卷叶螟	42~58毫升/亩	喷雾
PD20095920	毒死蜱	杀虫剂	乳油	40%	2024年6月2日	江苏健谷化工有限公司	水稻	稻纵卷叶螟	90~100毫升/亩	喷雾
PD20095911	毒死蜱	杀虫剂	乳油	45%	2024年6月2日	江苏邦盛生物科技有限责任公司	水稻	稻纵卷叶螟	52~62.5毫升/亩	喷雾
PD20095908	毒死蜱	杀虫剂	乳油	40%	2024年6月2日	广西桂宝盛农药有限公司	水稻	稻纵卷叶螟	—	喷雾
PD20095674	杀单·毒死蜱	杀虫剂	可湿性粉剂	50%	2024年5月14日	宁波石原金牛农业科技有限公司	水稻	稻纵卷叶螟	50~75克/亩	喷雾

登记证号	农药名称	农药类别	剂型	总含量	有效期限	登记证持有人	作物/场所	防治对象	用药量（制剂量/亩）	施用方法
PD20095669	毒死蜱	杀虫剂	乳油	40%	2024年5月14日	永农生物科学有限公司	水稻	稻纵卷叶螟	75~150毫升/亩	喷雾
PD20095659	毒死蜱	杀虫剂	乳油	40%	2024年5月13日	江西众和化工有限公司	水稻	稻纵卷叶螟	48~60毫升/亩	喷雾
PD20095657	阿维·毒死蜱	杀虫剂	乳油	17%	2024年5月13日	江苏省南通正达农化有限公司	水稻	稻纵卷叶螟	—	喷雾
PD20095635	杀螟丹	杀虫剂	可溶粉剂	50%	2024年5月12日	江西欧氏化工有限公司	水稻	稻纵卷叶螟	80~100克/亩	喷雾
PD20095604	吡虫·杀虫单	杀虫剂	可湿性粉剂	35%	2024年5月12日	山东省长清农药厂有限公司	水稻	稻纵卷叶螟	86~143克/亩	喷雾
PD20095456	吡虫·杀虫单	杀虫剂	可湿性粉剂	35%	2024年5月11日	陕西亿农高科药业有限公司	水稻	稻纵卷叶螟	86~143克/亩	喷雾
PD20095385	吡虫·杀虫单	杀虫剂	可湿性粉剂	70%	2024年4月27日	山东曹达化工有限公司	水稻	稻飞虱	43~71克/亩	喷雾
PD20095316	吡虫·杀虫单	杀虫剂	可湿性粉剂	30%	2024年4月27日	郑州中港万象作物科学有限公司	水稻	稻纵卷叶螟	100~165克/亩	喷雾
PD20095261	毒死蜱	杀虫剂	乳油	40%	2024年4月27日	湖南生华农化有限公司	水稻	稻纵卷叶螟	65~85毫升/亩	喷雾
PD20095097	毒死蜱	杀虫剂	乳油	480克/升	2024年4月24日	江苏省兴化市青松农药化工有限公司	水稻	稻纵卷叶螟	—	喷雾

登记证号	农药名称	农药类别	剂型	总含量	有效期限	登记证持有人	作物/场所	防治对象	用药量（制剂量/亩）	施用方法
PD20095095	吡虫·杀虫单	杀虫剂	可湿性粉剂	35%	2024 年 4 月 24 日	河南常见生物科技有限公司	水稻	稻纵卷叶螟	85～140 克/亩	喷雾
PD20095077	乐果·敌百虫	杀虫剂	乳油	40%	2024 年 4 月 22 日	安徽省池州新赛德化工有限公司	水稻	稻纵卷叶螟	80～120 毫升/亩	喷雾
PD20095072	苏云金杆菌	杀虫剂	可湿性粉剂	16 000IU/毫克	2024 年 4 月 22 日	山东荣邦化工有限公司	水稻	稻纵卷叶螟	100～150 克/亩	喷雾
PD20095000	乐果·敌百虫	杀虫剂	乳油	40%	2024 年 4 月 21 日	广西易多收生物科技有限公司	水稻	稻纵卷叶螟	100～120 克/亩	喷雾
PD20094993	喹硫磷	杀虫剂	乳油	10%	2024 年 4 月 21 日	浙江嘉化集团股份有限公司	水稻	稻纵卷叶螟	120～150 毫升/亩	喷雾
PD20094976	苏云金杆菌	杀虫剂	可湿性粉剂	16 000IU/毫克	2024 年 4 月 21 日	山东慧邦生物科技有限公司	水稻	稻纵卷叶螟	100～150 克/亩	喷雾
PD20094848	苏云金杆菌	杀虫剂	可湿性粉剂	16 000IU/毫克	2024 年 4 月 13 日	山东鲁抗生物农药有限责任公司	水稻	稻纵卷叶螟	100～150 克/亩	喷雾
PD20094807	苏云金杆菌	杀虫剂	可湿性粉剂	16 000IU/毫克	2024 年 4 月 13 日	济南天邦化工有限公司	水稻	稻纵卷叶螟	200～300 克/亩	喷雾
PD20094771	毒死蜱	杀虫剂	乳油	45%	2024 年 4 月 13 日	天津市绿享化工有限公司	水稻	稻纵卷叶螟	80～90 毫升/亩	喷雾
PD20094754	吡虫·杀虫单	杀虫剂	可湿性粉剂	50%	2024 年 4 月 13 日	江西丰源生物高科有限公司	水稻	稻纵卷叶螟	60～100 克/亩	喷雾

附表B（续）

登记证证号	农药名称	农药类别	剂型	总含量	有效期限	登记证持有人	作物/场所	防治对象	用药量（制剂量/亩）	施用方法
PD20094748	毒死蜱	杀虫剂	乳油	45%	2024年4月10日	江西大山科技有限公司	水稻	稻纵卷叶螟	70~80毫升/亩	喷雾
PD20094682	杀双·毒死蜱	杀虫剂	水乳剂	24%	2024年4月10日	上海农乐生物制品股份有限公司	水稻	稻纵卷叶螟	75~100毫升/亩	喷雾
PD20094679	杀螟丹	杀虫剂	颗粒剂	4%	2024年4月10日	江苏天容集团股份有限公司	水稻	稻纵卷叶螟	1 800~2 250克/亩	撒施
PD20094610	苏云金杆菌	杀虫剂	粉剂	16 000IU/毫克	2024年4月10日	上虞颖泰精细化工有限公司	水稻	稻纵卷叶螟	200~300克/亩	喷雾
PD20094582	吡虫·杀虫单	杀虫剂	可湿性粉剂	35%	2024年4月10日	山东瑞星生物有限公司	水稻	稻纵卷叶螟	85~140克/亩	喷雾
PD20094415	敌畏·毒死蜱	杀虫剂	乳油	35%	2024年4月1日	深圳诺普信农化股份有限公司	水稻	稻纵卷叶螟	80~100毫升/亩	喷雾
PD20094389	苏云金杆菌	杀虫剂	悬浮剂	8 000IU/微升	2024年4月1日	山东惠邦生物科技有限公司	水稻	稻纵卷叶螟	100~125毫升/亩	喷雾
PD20094380	吡虫·杀虫单	杀虫剂	可湿性粉剂	70%	2024年4月1日	广西威牛农化有限公司	水稻	稻纵卷叶螟	43~71克/亩	喷雾
PD20094291	苏云金杆菌	杀虫剂	可湿性粉剂	16 000IU/毫克	2024年3月31日	江西中迅农化有限公司	水稻	稻纵卷叶螟	100~150克/亩	喷雾
PD20094270	吡虫·杀虫单	杀虫剂	可湿性粉剂	35%	2024年3月31日	山东苗星农药有限公司	水稻	稻纵卷叶螟	86~143克/亩	喷雾

登记证号	农药名称	农药类别	剂型	总含量	有效期限	登记证持有人	作物/场所	防治对象	用药量（制剂量/亩）	施用方法
PD20094127	唑磷·毒死蜱	杀虫剂	乳油	30%	2024 年 3 月 27 日	江西山野化工有限责任公司	水稻	稻纵卷叶螟	50～70 毫升/亩	喷雾
PD20093976	毒死蜱	杀虫剂	乳油	480 克/升	2024 年 3 月 27 日	岳阳市宇恒化工有限公司	水稻	稻纵卷叶螟	70～80 毫升/亩	喷雾
PD20093918	阿维菌素	杀虫剂	乳油	1.80%	2024 年 3 月 26 日	上海悦联化工有限公司	水稻	稻纵卷叶螟	22～33 毫升/亩	喷雾
PD20093875	吡虫·杀虫单	杀虫剂	可湿性粉剂	30%	2024 年 3 月 25 日	山东泰诺药业有限公司	水稻	稻纵卷叶螟	100～167 克/亩	喷雾
PD20093820	毒死蜱	杀虫剂	乳油	45%	2024 年 3 月 25 日	广西金燕子农药有限公司	水稻	稻纵卷叶螟	80～90 毫升/亩	喷雾
PD20093778	甲氨基阿维菌素苯甲酸盐	杀虫剂	水分散粒剂	5%	2024 年 3 月 25 日	京博农化科技有限公司	水稻	稻纵卷叶螟	10～15 克/亩	喷雾
PD20093717	苏云金杆菌	杀虫剂	可湿性粉剂	16 000IU/毫克	2024 年 3 月 25 日	山东科谷生物农药有限公司	水稻	稻纵卷叶螟	100～150 克/亩	喷雾
PD20093702	毒死蜱	杀虫剂	乳油	40%	2024 年 3 月 25 日	山东科赛基农生物科技有限公司	水稻	稻纵卷叶螟	70～90 毫升/亩	喷雾
PD20093627	敌畏·毒死蜱	杀虫剂	乳油	35%	2024 年 3 月 25 日	江西巴姆博生物科技有限公司	水稻	稻纵卷叶螟	80～100 毫升/亩	喷雾

登记证号	农药名称	农药类别	剂型	总含量	有效期限	登记证持有人	作物/场所	防治对象	用药量（制剂量/亩）	施用方法
PD20093621	敌畏·毒死蜱	杀虫剂	乳油	35%	2024 年 3 月 25 日	湖南惠民生物科技有限公司	水稻	稻纵卷叶螟	80~100 克/亩	喷雾
PD20093572	井冈·杀虫单	杀菌剂	可湿性粉剂	32%	2024 年 3 月 23 日	江苏嘉隆化工有限公司	水稻	稻纵卷叶螟	150~200 克/亩	喷雾
PD20093505	苏云金杆菌	杀虫剂	可湿性粉剂	16 000IU/毫克	2024 年 3 月 23 日	山东泰农化有限公司	水稻	稻纵卷叶螟	200~300 克/亩	喷雾
PD20093446	毒·辛	杀虫剂	乳油	25%	2024 年 3 月 23 日	江苏苏滨生物农化有限公司	水稻	稻纵卷叶螟	120~150 毫升/亩	喷雾
PD20093419	毒死蜱	杀虫剂	乳油	40%	2024 年 3 月 23 日	江苏粮满仓农化有限公司	水稻	稻纵卷叶螟	70~90 毫升/亩	喷雾
PD20093372	吡虫·杀虫单	杀虫剂	可湿性粉剂	35%	2024 年 3 月 18 日	广西威牛农化有限公司	水稻	稻纵卷叶螟	85~140 克/亩	喷雾
PD20093367	敌畏·毒死蜱	杀虫剂	乳油	40%	2024 年 3 月 18 日	成都华西农药有限公司	水稻	稻纵卷叶螟	60~80 毫升/亩	喷雾
PD20093338	苏云金杆菌	杀虫剂	悬浮剂	4 000IU/微升	2024 年 3 月 18 日	安徽省锦江农化有限公司	水稻	稻纵卷叶螟	200~250 毫升/亩	喷雾
PD20093298	阿维·毒死蜱	杀虫剂	乳油	15%	2024 年 3 月 13 日	江西省赣州宇田化工有限公司	水稻	稻纵卷叶螟	60~70 克/亩	喷雾
PD20093228	敌畏·毒死蜱	杀虫剂	乳油	35%	2024 年 3 月 11 日	山东绿丰农药有限公司	水稻	稻纵卷叶螟	80~100 毫升/亩	喷雾

附表 B（续）

登记证号	农药名称	农药类别	剂型	总含量	有效期限	登记证持有人	作物/场所	防治对象	用药剂量（制剂量/亩）	施用方法
PD20093225	毒死蜱	杀虫剂	乳油	40%	2024年3月11日	安徽华星化工有限公司	水稻	稻纵卷叶螟	50~100毫升/亩	喷雾
PD20093212	毒死蜱	杀虫剂	乳油	45%	2024年3月11日	四川省川东农药化工有限公司	水稻	稻纵卷叶螟	70~90毫升/亩	喷雾
PD20093166	敌畏·毒死蜱	杀虫剂	乳油	35%	2024年3月11日	广西易多收生物科技有限公司	水稻	稻纵卷叶螟	90~100克/亩	喷雾
PD20093152	毒死蜱	杀虫剂	乳油	40%	2024年3月11日	山东麒麟农化有限公司	水稻	稻纵卷叶螟	60~80毫升/亩	喷雾
PD20093096	毒死蜱	杀虫剂	乳油	45%	2024年3月9日	安徽中隆胜达农业科技有限公司	水稻	稻纵卷叶螟	60~80毫升/亩	喷雾
PD20093083	苏云金杆菌	杀虫剂	可湿性粉剂	16 000IU/毫克	2024年3月9日	江西大山科技有限公司	水稻	稻纵卷叶螟	200~300克/亩	喷雾
PD20093065	马拉·灭多威	杀虫剂	乳油	30%	2024年4月29日	广西安泰化工有限责任公司	水稻	稻纵卷叶螟	120~150克/亩	喷雾
PD20092966	唑磷·毒死蜱	杀虫剂	乳油	30%	2024年3月9日	永农生物科学有限公司	水稻	稻纵卷叶螟	50~70毫升/亩	喷雾
PD20092838	杀单·毒死蜱	杀虫剂	可湿性粉剂	40%	2024年3月5日	安徽韬朝农高科化工股份有限公司	水稻	稻纵卷叶螟	75~120克/亩	喷雾
PD20092813	毒死蜱	杀虫剂	乳油	40%	2024年3月4日	四川利尔作物科学有限公司	水稻	稻纵卷叶螟	80~100克/亩	喷雾

登记证号	农药名称	农药类别	剂型	总含量	有效期限	登记证持有人	作物/场所	防治对象	用药量（制剂量/亩）	施用方法
PD20092812	毒死蜱	杀虫剂	乳油	45%	2024年3月4日	江苏剑牌农化股份有限公司	水稻	稻纵卷叶螟	70~90毫升/亩	喷雾
PD20092804	唑硫磷	杀虫剂	乳油	25%	2024年3月4日	广西威牛农化有限公司	水稻	稻纵卷叶螟	100~120毫升/亩	喷雾
PD20092797	杀单·毒死蜱	杀虫剂	可湿性粉剂	25%	2024年3月4日	江苏富田农化有限公司	水稻	稻纵卷叶螟	130~250克/亩	喷雾
PD20092787	唑磷·毒死蜱	杀虫剂	乳油	25%	2024年3月4日	广西威牛农化有限公司	水稻	稻纵卷叶螟	60~70克/亩	喷雾
PD20092627	毒死蜱	杀虫剂	乳油	40%	2024年3月2日	济南中基作物科学有限公司	水稻	稻纵卷叶螟	60~80毫升/亩	喷雾
PD20092599	毒死蜱	杀虫剂	微囊悬浮剂	30%	2024年2月27日	江苏宝灵化工股份有限公司	水稻	稻纵卷叶螟	100~140克/亩	喷雾
PD20092556	马拉·辛硫磷	杀虫剂	乳油	25%	2024年2月26日	河南力克化工有限公司	水稻	稻纵卷叶螟	80~100克/亩	喷雾
PD20092537	毒死蜱	杀虫剂	乳油	480克/升	2024年2月26日	浙江世佳科技股份有限公司	水稻	稻纵卷叶螟	63~83毫升/亩	喷雾
PD20092529	辛硫·三唑磷	杀虫剂	乳油	20%	2024年2月26日	广西田园生化股份有限公司	水稻	稻纵卷叶螟	90~120毫升/亩	喷雾
PD20092506	毒死蜱	杀虫剂	乳油	45%	2024年2月26日	江苏辉丰生物农业股份有限公司	水稻	稻纵卷叶螟	70~90毫升/亩	喷雾

登记证号	农药名称	农药类别	剂型	总含量	有效期限	登记证持有人	作物/场所	防治对象	用药量（制剂量/亩）	施用方法
PD20092502	稻丰·三唑磷	杀虫剂	乳油	40%	2024 年 2 月 26 日	江苏省苏科农化有限责任公司	水稻	稻纵卷叶螟	—	喷雾
PD20092458	毒死蜱	杀虫剂	乳油	45%	2024 年 2 月 25 日	河北昊澜化工科技有限公司	水稻	稻纵卷叶螟	60~80 毫升/亩	喷雾
PD20092437	毒死蜱	杀虫剂	乳油	45%	2024 年 2 月 25 日	江西省高安金龙生物科技有限公司	水稻	稻纵卷叶螟	70~80 毫升/亩	喷雾
PD20092293	毒死蜱	杀虫剂	乳油	40%	2024 年 2 月 24 日	深圳诺普信农化股份有限公司	水稻	稻纵卷叶螟	75~100 毫升/亩	喷雾
PD20092246	吡虫·杀虫双	杀虫剂	微乳剂	14.50%	2024 年 2 月 24 日	广东大丰植保科技有限公司	水稻	稻纵卷叶螟	150~200 克/亩	喷雾
PD20092245	辛硫·灭多威	杀虫剂	乳油	18%	2024 年 2 月 24 日	河南蕴农植保科技有限公司	水稻	稻纵卷叶螟	100~125 克/亩	喷雾
PD20092211	毒死蜱	杀虫剂	乳油	480 克/升	2024 年 2 月 24 日	住友化学印度公司	水稻	稻纵卷叶螟	70~90 毫升/亩	喷雾
PD20092184	苏云金杆菌	杀虫剂	可湿性粉剂	8 000IU/毫克	2024 年 2 月 23 日	江西正邦作物保护股份有限公司	水稻	稻纵卷叶螟	200~300 克/亩	喷雾
PD20092115	苏云金杆菌	杀虫剂	悬浮剂	8 000IU/毫克	2024 年 2 月 23 日	江西大山科技有限公司	水稻	稻纵卷叶螟	400~500 毫升/亩	喷雾
PD20092033	毒死蜱	杀虫剂	乳油	40%	2024 年 2 月 12 日	江西龙源农药有限公司	水稻	稻纵卷叶螟	70~90 毫升/亩	喷雾

登记证号	农药名称	农药类别	剂型	总含量	有效期限	登记证持有人	作物/场所	防治对象	用药量（制剂量/亩）	施用方法
PD20092017	阿维菌素	杀虫剂	乳油	3.20%	2024 年 2 月 12 日	浙江拜克生物科技有限公司	水稻	稻纵卷叶螟	12.5~15.63 毫升/亩	喷雾
PD20091893	噻嗪·杀虫单	杀虫剂	可湿性粉剂	70%	2024 年 2 月 9 日	湖南长青润嶂宝农化有限公司	水稻	稻纵卷叶螟	54~60 克/亩	喷雾
PD20091885	苏云金杆菌	杀虫剂	悬浮剂	8 000IU/毫克	2024 年 2 月 9 日	广西威牛农化有限公司	水稻	稻纵卷叶螟	400~500 毫升/亩	喷雾
PD20091867	毒·辛	杀虫剂	乳油	25%	2024 年 2 月 9 日	江西田友生化有限公司	水稻	稻纵卷叶螟	100~150 克/亩	喷雾
PD20091857	毒死蜱	杀虫剂	乳油	40%	2024 年 2 月 9 日	南通金陵农化有限公司	水稻	稻纵卷叶螟	100~125 毫升/亩	喷雾
PD20091836	毒死蜱	杀虫剂	乳油	45%	2024 年 2 月 6 日	山东玉成生化农药有限公司	水稻	稻纵卷叶螟	50~85 毫升/亩	喷雾
PD20091833	毒·辛	杀虫剂	乳油	20%	2024 年 2 月 6 日	江西抚州新兴化工有限公司	水稻	稻纵卷叶螟	120~160 克/亩	喷雾
PD20091787	毒·辛	杀虫剂	乳油	25%	2024 年 2 月 4 日	四川省川东农药化工有限公司	水稻	稻纵卷叶螟	120~150 克/亩	喷雾
PD20091704	毒死蜱	杀虫剂	乳油	45%	2024 年 2 月 3 日	江西海阔利斯生物科技有限公司	水稻	稻纵卷叶螟	65~85 毫升/亩	喷雾
PD20091697	杀单·苏云菌	杀虫剂	可湿性粉剂	46%	2024 年 2 月 3 日	康欣生物科技有限公司	水稻	稻纵卷叶螟	35~50 克/亩	喷雾

登记证号	农药名称	农药类别	剂型	总含量	有效期限	登记证持有人	作物/场所	防治对象	用药量（制剂量/亩）	施用方法
PD20091652	马拉·辛硫磷	杀虫剂	乳油	25%	2024年2月3日	开封一田生物科技有限公司	水稻	稻纵卷叶螟	80~100毫升/亩	喷雾
PD20091515	井冈·杀虫单	杀虫剂/杀菌剂	可溶粉剂	55%	2024年2月2日	江苏三迪化学有限公司	水稻	稻纵卷叶螟	70~90克/亩	喷雾
PD20091514	吡虫·杀虫单	杀虫剂	可湿性粉剂	58%	2024年2月2日	山东省德州祥龙生化有限公司	水稻	稻纵卷叶螟	50~85克/亩	喷雾
PD20091510	毒死蜱	杀虫剂	乳油	45%	2024年2月2日	湖南大方农化股份有限公司	水稻	稻纵卷叶螟	70~90毫升/亩	喷雾
PD20091488	井·噻·杀虫单	杀虫剂	可湿性粉剂	21%	2024年2月2日	南京保丰农药有限公司	水稻	稻纵卷叶螟	3 750~5 625克/公顷	喷雾
PD20091483	毒死蜱	杀虫剂	乳油	40%	2024年2月2日	山西科锋农业科技有限公司	水稻	稻纵卷叶螟	80~100毫升/亩	喷雾
PD20091472	苏云金杆菌	杀虫剂	可湿性粉剂	16 000IU/毫克	2024年2月2日	湖北天惠生物科技有限公司	水稻	稻纵卷叶螟	100~150克/亩	喷雾
PD20091315	毒·辛	杀虫剂	乳油	25%	2024年2月1日	广西利民药业股份有限公司	水稻	稻纵卷叶螟	120~150毫升/亩	喷雾
PD20091313	吡·井·杀虫单	杀虫剂/杀菌剂	可湿性粉剂	42.50%	2024年2月1日	江苏省宜兴农兴化工制品有限公司	水稻	稻纵卷叶螟	100~120克/亩	喷雾
PD20091252	毒死蜱	杀虫剂	乳油	480克/升	2024年2月1日	河南省开封市浪潮化工有限公司	水稻	稻纵卷叶螟	80~100毫升/亩	喷雾

登记证号	农药名称	农药类别	剂型	总含量	有效期限	登记证持有人	作物/场所	防治对象	用药量（制剂量/亩）	施用方法
PD20091232	苏云金杆菌	杀虫剂	可湿性粉剂	16 000IU/毫克	2024年2月1日	青岛正道药业有限公司	水稻	稻纵卷叶螟	100～150 克/亩	喷雾
PD20091220	甲氨基阿维菌素苯甲酸盐	杀虫剂	乳油	0.50%	2024年2月1日	京博农化科技有限公司	水稻	稻纵卷叶螟	100～200 毫升/亩	喷雾
PD20091212	唑磷·毒死蜱	杀虫剂	乳油	25%	2024年2月1日	江西农喜作物科学有限公司	水稻	稻纵卷叶螟	70～100 毫升/亩	喷雾
PD20091167	噻嗪·杀虫单	杀虫剂	可湿性粉剂	60%	2024年1月22日	湖北省钟祥市第二化工农药厂	水稻	稻纵卷叶螟	30～36 克/亩	喷雾
PD20091157	毒死蜱	杀虫剂	乳油	40%	2024年1月22日	上海惠光环境科技有限公司	水稻	稻纵卷叶螟	80～100 克/亩	喷雾
PD20091094	毒死蜱	杀虫剂	乳油	45%	2024年1月21日	山东省青岛现代农化有限公司	水稻	稻纵卷叶螟	70～90 毫升/亩	喷雾
PD20091005	敌畏·毒死蜱	杀虫剂	乳油	35%	2024年1月21日	广西安泰化工有限责任公司	水稻	稻纵卷叶螟	100～120 毫升/亩	喷雾
PD20090868	噻嗪·杀虫单	杀虫剂	可湿性粉剂	60%	2024年1月19日	浙江省杭州宇龙化工有限公司	水稻	稻纵卷叶螟	60～75 克/亩	喷雾
PD20090844	苏云金杆菌	杀虫剂	可湿性粉剂	8 000IU/毫克	2024年1月19日	湖南衡阳莱德生物药业有限公司	水稻	稻纵卷叶螟	200～300 克/亩	喷雾

登记证号	农药名称	农药类别	剂型	总含量	有效期限	登记证持有人	作物/场所	防治对象	用药量（制剂量/亩）	施用方法
PD20090842	毒死蜱	杀虫剂	乳油	40%	2024 年 1 月 19 日	山东奥坤作物科学股份有限公司	水稻	稻纵卷叶螟	50~100 克/亩	喷雾
PD20090796	阿维·毒死蜱	杀虫剂	乳油	15%	2024 年 1 月 19 日	河北中保绿农作物科技有限公司	水稻	稻纵卷叶螟	60~70 毫升/亩	喷雾
PD20090758	阿维·马拉松	杀虫剂	乳油	15%	2024 年 1 月 19 日	安徽朝科高科化工股份有限公司	水稻	稻纵卷叶螟	100~120 毫升/亩	喷雾
PD20090740	敌畏·毒死蜱	杀虫剂	乳油	35%	2024 年 1 月 19 日	浙江省杭州宇龙化工有限公司	水稻	稻纵卷叶螟	80~100 毫升/亩	喷雾
PD20090661	吡虫·杀虫单	杀虫剂	可湿性粉剂	70%	2024 年 1 月 15 日	上海沪联生物药业（夏邑）股份有限公司	水稻	稻纵卷叶螟	42.9~71.4 克/亩	喷雾
PD20090626	毒死蜱	杀虫剂	乳油	45%	2024 年 1 月 14 日	上海悦联化工有限公司	水稻	稻纵卷叶螟	63~75 毫升/亩	喷雾
PD20090614	毒死蜱	杀虫剂	乳油	45%	2024 年 1 月 14 日	辽宁省沈阳市和田化工有限公司	水稻	稻纵卷叶螟	62~83 毫升/亩	喷雾
PD20090608	毒死蜱	杀虫剂	乳油	40%	2024 年 1 月 14 日	上海生农生化制品股份有限公司	水稻	稻纵卷叶螟	75~100 毫升/亩	喷雾
PD20090595	阿维·杀虫单	杀螨剂/杀虫剂	微乳剂	20%	2024 年 1 月 14 日	浙江省杭州宇龙化工有限公司	水稻	稻纵卷叶螟	50~90 克/亩	喷雾
PD20090554	毒死蜱	杀虫剂	乳油	40%	2024 年 1 月 13 日	天津市华宇农药有限公司	水稻	稻纵卷叶螟	80~100 毫升/亩	喷雾

登记证号	农药名称	农药类别	剂型	总含量	有效期限	登记证持有人	作物/场所	防治对象	用药量（制剂量/亩）	施用方法
PD20090518	噻嗪·三唑磷	杀虫剂	乳油	30%	2024年1月12日	江苏华裕农化有限公司	水稻	稻纵卷叶螟	80~120毫升/亩	喷雾
PD20090499	毒死蜱	杀虫剂	乳油	40%	2024年1月12日	山东华阳农药化工集团有限公司	水稻	稻纵卷叶螟	90~105克/亩	喷雾
PD20090475	毒死蜱	杀虫剂	乳油	480克/升	2024年1月12日	通州正大农药化工有限公司	水稻	稻纵卷叶螟	—	喷雾
PD20090419	敌畏·毒死蜱	杀虫剂	乳油	35%	2024年1月12日	浙江天一生物科技有限公司	水稻	稻纵卷叶螟	90~100毫升/亩	喷雾
PD20090364	苏云金杆菌	杀虫剂	可湿性粉剂	16 000IU/毫克	2024年1月12日	江苏云帆化工有限公司	水稻	稻纵卷叶螟	200~300毫升/亩	喷雾
PD20090363	杀单·三唑磷	杀虫剂	微乳剂	15%	2024年1月12日	安徽华星化工有限公司	水稻	稻纵卷叶螟	150~200毫升/亩	喷雾
PD20090347	稻丰散	杀虫剂	乳油	50%	2024年1月12日	陕西上格之路生物科学有限公司	水稻	稻纵卷叶螟	100~120毫升/亩	喷雾
PD20090324	敌畏·毒死蜱	杀虫剂	乳油	35%	2024年1月12日	海利尔药业集团股份有限公司	水稻	稻纵卷叶螟	80~100毫升/亩	喷雾
PD20090289	毒死蜱	杀虫剂	乳油	40%	2024年1月9日	孟州云大高科生物科技有限公司	水稻	稻纵卷叶螟	80~100毫升/亩	喷雾
PD20090278	阿维·苏云菌	杀虫剂	可湿性粉剂	—	2024年1月9日	江苏东宝农化股份有限公司	水稻	稻纵卷叶螟	100~120克/亩	喷雾

登记证号	农药名称	农药类别	剂型	总含量	有效期限	登记证持有人	作物/场所	防治对象	用药量（制剂量/亩）	施用方法
PD20090198	苏云金杆菌	杀虫剂	可湿性粉剂	32 000IU/毫克	2024年1月8日	江苏省宜兴化工制品有限公司	水稻	稻纵卷叶螟	50~77克/亩	喷雾
PD20090176	井·噻·杀虫单	杀虫剂	可湿性粉剂	50%	2024年1月8日	定远县嘉禾植物保护剂有限责任公司	水稻	稻纵卷叶螟	100~127克/亩	喷雾
PD20090163	敌畏·毒死蜱	杀虫剂	乳油	35%	2024年1月8日	广西威牛农化有限公司	水稻	稻纵卷叶螟	80~100克/亩	喷雾
PD20090084	吡·井·杀虫单	杀虫剂/杀菌剂	可湿性粉剂	42%	2024年1月8日	江苏省扬州市苏灵农药化工有限公司	水稻	稻纵卷叶螟	100~120克/亩	喷雾
PD20090026	毒死蜱	杀虫剂	乳油	45%	2024年1月6日	江西博邦生物药业有限公司	水稻	稻纵卷叶螟	70~85毫升/亩	喷雾
PD20086334	马拉·杀螟松	杀虫剂	乳油	12%	2023年12月31日	江苏省扬州市苏灵农药化工有限公司	水稻	稻纵卷叶螟	120~150毫升/亩	喷雾
PD20086315	杀虫双	杀虫剂	颗粒剂	3%	2023年12月31日	山西绿海农药科技有限公司	水稻	稻纵卷叶螟	1 800~2 000克/亩	撒施
PD20086294	毒死蜱	杀虫剂	乳油	40%	2023年12月31日	浙江新安化工集团股份有限公司	水稻	稻纵卷叶螟	80~120克/亩	喷雾
PD20086248	苏云金杆菌	杀虫剂	可湿性粉剂	16 000IU/毫克	2023年12月31日	山东海讯生物科技有限公司	水稻	稻纵卷叶螟	200~300克/亩	喷雾
PD20086237	毒死蜱	杀虫剂	乳油	40%	2023年12月31日	吉林省吉享农业科技有限公司	水稻	稻纵卷叶螟	100~125克/亩	喷雾

登记证号	农药名称	农药类别	剂型	总含量	有效期限	登记证持有人	作物/场所	防治对象	用药量（制剂量/亩）	施用方法
PD20086227	毒死蜱	杀虫剂	乳油	45%	2023年12月31日	广西田园生化股份有限公司	水稻	稻纵卷叶螟	64~85毫升/亩	喷雾
PD20086164	敌百·毒死蜱	杀虫剂	乳油	40%	2023年12月30日	江西卫农科技发展有限公司	水稻	稻纵卷叶螟	80~100毫升/亩	喷雾
PD20086134	阿维·三唑磷	杀虫剂	乳油	20.20%	2023年12月30日	江苏省苏科农化有限责任公司	水稻	稻纵卷叶螟	—	喷雾
PD20086077	马拉·辛硫磷	杀虫剂	乳油	25%	2023年12月30日	江西红土地化工有限公司	水稻	稻纵卷叶螟	80~100毫升/亩	喷雾
PD20085846	阿维·毒死蜱	杀虫剂	乳油	15%	2023年12月29日	江苏东宝农化股份有限公司	水稻	稻纵卷叶螟	50~60克/亩	喷雾
PD20085843	丙溴磷	杀虫剂	乳油	40%	2023年12月29日	永农生物科学有限公司	水稻	稻纵卷叶螟	100~125毫升/亩	喷雾
PD20085783	阿维菌素	杀虫剂	乳油	1.80%	2023年12月29日	桂林集琦生化有限公司	水稻	稻纵卷叶螟	30~40毫升/亩	喷雾
PD20085758	毒死蜱	杀虫剂	乳油	480克/升	2023年12月29日	浙江省桐庐汇丰生物科技有限公司	水稻	稻纵卷叶螟	80~100毫升/亩	喷雾
PD20085710	噻嗪·杀虫单	杀虫剂	可湿性粉剂	58%	2023年12月26日	广东大丰植保科技有限公司	水稻	稻纵卷叶螟	100~120克/亩	喷雾
PD20085700	丙溴·辛硫磷	杀虫剂	乳油	40%	2023年12月26日	江苏长青生物科技有限公司	水稻	稻纵卷叶螟	90~110克/亩	喷雾

登记证号	农药名称	农药类别	剂型	总含量	有效期限	登记证持有人	作物/场所	防治对象	用药量（制剂量/亩）	施用方法
PD20085695	苏云金杆菌	杀虫剂	悬浮剂	4 000IU/微升	2023 年 12 月 26 日	山东鲁抗生物农药有限责任公司	水稻	稻纵卷叶螟	200~250 毫升/亩	喷雾
PD20085683	苏云金杆菌	杀虫剂	可湿性粉剂	16 000IU/毫克	2023 年 12 月 26 日	武汉科诺生物科技股份有限公司	水稻	稻纵卷叶螟	100~150 克/亩	喷雾
PD20085671	毒死蜱	杀虫剂	水乳剂	30%	2023 年 12 月 26 日	浙江新农化工股份有限公司	水稻	稻纵卷叶螟	100~140 毫升/亩	喷雾
PD20085631	毒死蜱	杀虫剂	乳油	45%	2023 年 12 月 26 日	江苏省扬州市苏灵农药化工有限公司	水稻	稻纵卷叶螟	70~90 毫升/亩	喷雾
PD20085616	毒死蜱	杀虫剂	乳油	45%	2023 年 12 月 25 日	江苏龙灯化学有限公司	水稻	稻纵卷叶螟	70~90 毫升/亩	喷雾
PD20085578	毒死蜱	杀虫剂	乳油	45%	2023 年 12 月 25 日	江西华兴化工有限公司	水稻	稻纵卷叶螟	80~100 毫升/亩	喷雾
PD20085535	毒死蜱	杀虫剂	乳油	40%	2023 年 12 月 25 日	安徽尚禾沃达生物科技有限公司	水稻	稻纵卷叶螟	85~100 毫升/亩	喷雾
PD20085517	辛硫·三唑磷	杀虫剂	乳油	30%	2023 年 12 月 25 日	广西金燕子农药有限公司	水稻	稻纵卷叶螟	90~120 克/亩	喷雾
PD20085477	阿维菌素	杀虫剂	乳油	1.80%	2023 年 12 月 25 日	济南中科绿色生物工程有限公司	水稻	稻纵卷叶螟	20~40 克/亩	喷雾
PD20085433	毒·辛	杀虫剂	乳油	20%	2023 年 12 月 24 日	江苏东宝农化股份有限公司	水稻	稻纵卷叶螟	150~160 克/亩	喷雾

登记证号	农药名称	农药类别	剂型	总含量	有效期限	登记证持有人	作物/场所	防治对象	用药量（制剂量/亩）	施用方法
PD20085423	毒死蜱	杀虫剂	乳油	45%	2023 年 12 月 24 日	湖南泽丰农化有限公司	水稻	稻纵卷叶螟	60~80 毫升/亩	喷雾
PD20085406	阿维·毒死蜱	杀虫剂	乳油	15%	2023 年 12 月 24 日	广西金燕子农药有限公司	水稻	稻纵卷叶螟	50~70 毫升/亩	喷雾
PD20085399	噻嗪·杀虫单	杀虫剂	可湿性粉剂	50%	2023 年 12 月 24 日	河南力克化工有限公司	水稻	稻纵卷叶螟	50~60 克/亩	喷雾
PD20085371	唑磷·仲丁威	杀虫剂	乳油	35%	2023 年 12 月 24 日	江苏省南京惠宇农化有限公司	水稻	稻纵卷叶螟	75~125 毫升/亩	喷雾
PD20085347	苏云金杆菌	杀虫剂	悬浮剂	8 000IU/微升	2023 年 12 月 24 日	武汉科诺生物科技股份有限公司	水稻	稻纵卷叶螟	200~400 毫升/亩	喷雾
PD20085337	毒死蜱	杀虫剂	乳油	40%	2023 年 12 月 24 日	江苏省苏州富美实植物保护剂有限公司	水稻	稻纵卷叶螟	90~110 毫升/亩	喷雾
PD20085302	苏云金杆菌	杀虫剂	可湿性粉剂	16 000IU/毫克	2023 年 12 月 23 日	福建省厦门市绿地康生物工程有限公司	水稻	稻纵卷叶螟	100~150 克/亩	喷雾
PD20085278	毒死蜱	杀虫剂	乳油	480 克/升	2023 年 12 月 23 日	山东泰秦农化有限公司	水稻	稻纵卷叶螟	60~80 毫升/亩	喷雾
PD20085213	杀虫双	杀虫剂	水剂	18%	2023 年 12 月 23 日	上海宜邦生物工程（信阳）有限公司	水稻	稻纵卷叶螟	225~250 毫升/亩	喷雾
PD20085200	毒死蜱	杀虫剂	乳油	45%	2023 年 12 月 23 日	江苏景宏生物科技有限公司	水稻	稻纵卷叶螟	69~91 毫升/亩	喷雾

登记证号	农药名称	农药类别	剂型	总含量	有效期限	登记证持有人	作物/场所	防治对象	用药量（制剂量/亩）	施用方法
PD20085175	杀单·灭多威	杀虫剂	水剂	16%	2023 年 12 月 23 日	浙江省杭州泰丰化工有限公司	水稻	稻纵卷叶螟	120~160 毫升/亩	喷雾
PD20085117	毒死蜱	杀虫剂	乳油	480 克/升	2023 年 12 月 23 日	浙江威原天盛作物科技有限公司	水稻	稻纵卷叶螟	70~90 毫升/亩	喷雾
PD20085052	毒死蜱	杀虫剂	乳油	45%	2023 年 12 月 23 日	山东省泰安市现代农业科技有限公司	水稻	稻纵卷叶螟	70~90 毫升/亩	喷雾
PD20085043	唑硫磷	杀虫剂	乳油	10%	2023 年 12 月 23 日	江西省众和化工有限公司	水稻	稻纵卷叶螟	120~150 毫升/亩	喷雾
PD20085040	毒死蜱	杀虫剂	乳油	45%	2023 年 12 月 23 日	江西卫农科技发展有限公司	水稻	稻纵卷叶螟	80~90 毫升/亩	喷雾
PD20085023	苏云金杆菌	杀虫剂	可湿性粉剂	32 000IU/毫克	2023 年 12 月 22 日	山东省青岛好利特生物农药有限公司	水稻	稻纵卷叶螟	50~75 克/亩	喷雾
PD20085012	毒死蜱	杀虫剂	乳油	40%	2023 年 12 月 22 日	江西丰源生物科技有限公司	水稻	稻纵卷叶螟	70~90 毫升/亩	喷雾
PD20084969	苏云金杆菌	杀虫剂	可湿性粉剂	32 000IU/毫克	2023 年 12 月 22 日	武汉科诺生物科技股份有限公司	水稻	稻纵卷叶螟	75~100 克/亩	喷雾
PD20084961	毒死蜱	杀虫剂	乳油	45%	2023 年 12 月 22 日	深圳诺普信农化股份有限公司	水稻	稻纵卷叶螟	70~90 克/亩	喷雾
PD20084952	毒死蜱	杀虫剂	乳油	40%	2023 年 12 月 22 日	济南天邦化工有限公司	水稻	稻纵卷叶螟	75~100 毫升/亩	喷雾

登记证号	农药名称	农药类别	剂型	总含量	有效期限	登记证持有人	作物/场所	防治对象	用药量（制剂量/亩）	施用方法
PD20084908	井冈·杀虫单	杀虫剂/杀菌剂	可湿性粉剂	50%	2023 年 12 月 22 日	江苏省南京惠宇农化有限公司	水稻	稻纵卷叶螟	100～120 克/亩	喷雾
PD20084895	毒死蜱	杀虫剂	乳油	40%	2023 年 12 月 22 日	博白县天地和农药厂	水稻	稻纵卷叶螟	75～100 毫升/亩	喷雾
PD20084843	辛硫磷	杀虫剂	乳油	600 克/升	2023 年 12 月 22 日	东莞市瑞德丰生物科技有限公司	水稻	稻纵卷叶螟	80～100 毫升/亩	喷雾
PD20084841	苏云金杆菌	杀虫剂	可湿性粉剂	16 000IU/毫克	2023 年 12 月 22 日	山东省青岛好利特生物农药有限公司	水稻	稻纵卷叶螟	100～150 克/亩	喷雾
PD20084835	井·噻·杀虫单	杀菌剂	可湿性粉剂	50%	2023 年 12 月 22 日	江苏粮满仓农化有限公司	水稻	稻纵卷叶螟	—	喷雾
PD20084762	毒·辛	杀虫剂	乳油	25%	2023 年 12 月 22 日	广西威牛农化有限公司	水稻	稻纵卷叶螟	120～150 毫升/亩	喷雾
PD20084756	毒死蜱	杀虫剂	乳油	480 克/升	2023 年 12 月 22 日	山东潍坊双星农药有限公司	水稻	稻纵卷叶螟	42～85 毫升/亩	喷雾
PD20084753	阿维菌素	杀虫剂	乳油	1.80%	2023 年 12 月 22 日	河北省农药化工有限公司	水稻	稻纵卷叶螟	30～35 毫升/亩	喷雾
PD20084731	毒死蜱	杀虫剂	乳油	430 克/升	2023 年 12 月 22 日	美国黔蓁技术公司	水稻	稻纵卷叶螟	42～83 毫升/亩	喷雾
PD20084730	抑食肼	杀虫剂	可湿性粉剂	20%	2023 年 12 月 22 日	浙江大鹏药业股份有限公司	水稻	稻纵卷叶螟	50～100 克/亩	喷雾

登记证号	农药名称	农药类别	剂型	总含量	有效期限	登记证持有人	作物/场所	防治对象	用药量（制剂量/亩）	施用方法
PD20084710	毒死蜱	杀虫剂	乳油	40%	2023 年 12 月 22 日	一帆生物科技集团有限公司	水稻	稻纵卷叶螟	70~90 毫升/亩	喷雾
PD20084656	唑磷·毒死蜱	杀虫剂	乳油	25%	2023 年 12 月 22 日	广西金燕子农药有限公司	水稻	稻纵卷叶螟	50~70 克/亩	喷雾
PD20084644	毒死蜱	杀虫剂	乳油	45%	2023 年 12 月 18 日	江苏苏州佳辉化工有限公司	水稻	稻纵卷叶螟	60~80 毫升/亩	喷雾
PD20084465	苏云金杆菌	杀虫剂	可湿性粉剂	16 000IU/毫克	2023 年 12 月 17 日	山东省青岛泰源科技发展有限公司	水稻	稻纵卷叶螟	100~150 克/亩	喷雾
PD20084428	毒死蜱	杀虫剂	乳油	40%	2023 年 12 月 17 日	江西正邦作物保护股份有限公司	水稻	稻纵卷叶螟	60~90 毫升/亩	喷雾
PD20084389	毒死蜱	杀虫剂	乳油	40%	2024 年 5 月 1 日	广西安泰化工有限责任公司	水稻	稻纵卷叶螟	80~100 毫升/亩	喷雾
PD20084345	毒死蜱	杀虫剂	乳油	45%	2023 年 12 月 17 日	江苏莱科化学有限公司	水稻	稻纵卷叶螟	80~90 毫升/亩	喷雾
PD20084343	马拉·辛硫磷	杀虫剂	乳油	25%	2023 年 12 月 17 日	广西禾泰农药有限责任公司	水稻	稻纵卷叶螟	80~100 克/亩	喷雾
PD20084280	唑硫磷	杀虫剂	乳油	10%	2023 年 12 月 17 日	江西大山科技有限公司	水稻	稻纵卷叶螟	100~120 毫升/亩	喷雾
PD20084217	辛硫·三唑磷	杀虫剂	乳油	40%	2023 年 12 月 17 日	江苏省南京惠宇农化有限公司	水稻	稻纵卷叶螟	75~125 毫升/亩	喷雾

登记证号	农药名称	农药类别	剂型	总含量	有效期限	登记证持有人	作物/场所	防治对象	用药量（制剂量/亩）	施用方法
PD20084196	毒死蜱	杀虫剂	乳油	45%	2023 年 12 月 16 日	江苏快达农化股份有限公司	水稻	稻纵卷叶螟	60~80 毫升/亩	喷雾
PD20084144	毒死蜱	杀虫剂	乳油	40%	2023 年 12 月 16 日	江西汇和化工有限公司	水稻	稻纵卷叶螟	80~100 毫升/亩	喷雾
PD20084067	稻丰散	杀虫剂	乳油	50%	2023 年 12 月 16 日	江苏腾龙生物药业有限公司	水稻	稻纵卷叶螟	100~120 毫升/亩	喷雾
PD20084023	毒死蜱	杀虫剂	微乳剂	25%	2023 年 12 月 16 日	江苏省南通南沈植保科技开发有限公司	水稻	稻纵卷叶螟	100~150 克/亩	喷雾
PD20084007	毒死蜱	杀虫剂	乳油	40%	2023 年 12 月 16 日	山东省济南一农化工有限公司	水稻	稻纵卷叶螟	65~85 毫升/亩	喷雾
PD20083940	杀单·毒死蜱	杀虫剂	可湿性粉剂	25%	2023 年 12 月 15 日	江苏丰山集团股份有限公司	水稻	稻纵卷叶螟	150~200 克/亩	喷雾
PD20083900	毒死蜱	杀虫剂	乳油	480 克/升	2023 年 12 月 15 日	山东乐邦化学品有限公司	水稻	稻纵卷叶螟	62.5~83 毫升/亩	喷雾
PD20083883	毒死蜱	杀虫剂	乳油	40%	2023 年 12 月 15 日	山东乐邦化学品有限公司	水稻	稻纵卷叶螟	60~80 毫升/亩	喷雾
PD20083759	毒死蜱	杀虫剂	乳油	45%	2023 年 12 月 15 日	东莞市瑞德丰生物科技有限公司	水稻	稻纵卷叶螟	80~100 毫升/亩	喷雾
PD20083734	杀螟丹	杀虫剂	颗粒剂	4%	2023 年 12 月 15 日	上海惠光环境科技有限公司	水稻	稻纵卷叶螟	1 500~2 250 克/亩	喇叭口撒施

登记证号	农药名称	农药类别	剂型	总含量	有效期限	登记证持有人	作物/场所	防治对象	用药量（制剂量/亩）	施用方法
PD20083716	敌畏·毒死蜱	杀虫剂	乳油	35%	2023年12月15日	江苏省宜兴农兴化工制品有限公司	水稻	稻纵卷叶螟	100~120克/亩	喷雾
PD20083681	毒死蜱	杀虫剂	乳油	480克/升	2023年12月15日	江苏宝灵化工股份有限公司	水稻	稻纵卷叶螟	50~100毫升/亩	喷雾
PD20083659	毒死蜱	杀虫剂	乳油	40%	2023年12月12日	安道麦股份有限公司	水稻	稻纵卷叶螟	80~100克/亩	喷雾
PD20083580	毒死蜱	杀虫剂	乳油	40%	2023年12月12日	江西田友生化有限公司	水稻	稻纵卷叶螟	60~90克/亩	喷雾
PD20083525	苏云金杆菌	杀虫剂	悬浮剂	6 000IU/微升	2023年12月12日	福建绿安生物农药股份有限公司	水稻	稻纵卷叶螟	200~250毫升/亩	喷雾
PD20083517	克百威	杀虫剂	颗粒剂	3%	2023年12月12日	安徽华微农化股份有限公司	水稻	稻纵卷叶螟	2 000~3 000克/亩	撒施
PD20083516	毒死蜱	杀虫剂	乳油	45%	2023年12月12日	四川利尔作物科学有限公司	水稻	稻纵卷叶螟	70~90毫升/亩	喷雾
PD20083496	毒死蜱	杀虫剂	乳油	480克/升	2023年12月12日	郑州中港万象作物科学有限公司	水稻	稻纵卷叶螟	70~90毫升/亩	喷雾
PD20083417	毒死蜱	杀虫剂	乳油	480克/升	2023年12月11日	江苏明德立达作物科技有限公司	水稻	稻纵卷叶螟	60~80毫升/亩	喷雾
PD20083416	苏云金杆菌	杀虫剂	可湿性粉剂	16 000IU/毫克	2023年12月11日	山东澳得利化工有限公司	水稻	稻纵卷叶螟	100~150克/亩	喷雾

登记证号	农药名称	农药类别	剂型	总含量	有效期限	登记证持有人	作物/场所	防治对象	用药量（制剂量/亩）	施用方法
PD20083392	毒死蜱	杀虫剂	乳油	45%	2023年12月11日	燕化永乐（乐亭）生物科技有限公司	水稻	稻纵卷叶螟	64~107毫升/亩	喷雾
PD20083366	苏云金杆菌	杀虫剂	可湿性粉剂	16 000IU/毫克	2023年12月11日	青岛金正农药有限公司	水稻	稻纵卷叶螟	100~150克/亩	喷雾
PD20083358	苏云金杆菌	杀菌剂	可湿性粉剂	16 000IU/毫克	2023年12月11日	湖南农大海特农化有限公司	水稻	稻纵卷叶螟	100~150克/亩	喷雾
PD20083324	苏云金杆菌	杀虫剂	可湿性粉剂	16 000IU/毫克	2023年12月11日	福建绿安生物农药有限公司	水稻	稻纵卷叶螟	100~150克/亩	喷雾
PD20083320	毒·辛	杀虫剂	乳油	25%	2023年12月11日	江西农大植保化工有限公司	水稻	稻纵卷叶螟	—	喷雾
PD20083308	毒死蜱	杀虫剂	乳油	45%	2023年12月11日	江苏省盐城利民农化有限公司	水稻	稻纵卷叶螟	70~90毫升/亩	喷雾
PD20083213	毒·辛	杀虫剂	乳油	25%	2023年12月11日	江苏华裕农化有限公司	水稻	稻纵卷叶螟	100~120毫升/亩	喷雾
PD20083210	毒死蜱	杀虫剂	乳油	45%	2023年12月11日	山东百农思达生物科技有限公司	水稻	稻纵卷叶螟	80~90毫升/亩	喷雾
PD20083190	毒死蜱	杀虫剂	乳油	45%	2023年12月11日	江门市大光明农化新会有限公司	水稻	稻纵卷叶螟	65~85毫升/亩	喷雾
PD20083158	毒死蜱	杀虫剂	乳油	40%	2023年12月11日	江苏省绿盾植保农药实验有限公司	水稻	稻纵卷叶螟	80~100毫升/亩	喷雾

登记证号	农药名称	农药类别	剂型	总含量	有效期限	登记证持有人	作物/场所	防治对象	用药量（制剂量/亩）	施用方法
PD20083140	毒死蜱	杀虫剂	乳油	480克/升	2023年12月10日	江苏东宝农化股份有限公司	水稻	稻纵卷叶螟	70~80克/亩	喷雾
PD20083129	阿维菌素	杀螨剂/杀虫剂	乳油	1.80%	2023年12月10日	河北威远生物化工有限公司	水稻	稻纵卷叶螟	14~18毫升/亩	喷雾
PD20083090	乙酰甲胺磷	杀虫剂	乳油	40%	2023年12月16日	江苏江南农化有限公司	水稻	稻纵卷叶螟	90~150毫升/亩	喷雾
PD20083082	毒死蜱	杀虫剂	乳油	40%	2023年12月10日	江苏江南农化有限公司	水稻	稻纵卷叶螟	80~100毫升/亩	喷雾
PD20083055	阿维菌素	杀虫剂	乳油	1.80%	2023年12月10日	济南绿霸农药有限公司	水稻	稻纵卷叶螟	17.5~20克/亩	喷雾
PD20083052	敌百·乙酰甲	杀虫剂	乳油	25%	2023年12月10日	江西众和化工有限公司	水稻	稻纵卷叶螟	80~120毫升/亩	喷雾
PD20083028	苏云金杆菌	杀虫剂	可湿性粉剂	8 000IU/毫克	2023年12月10日	海利尔药业集团股份有限公司	水稻	稻纵卷叶螟	200~300克/亩	喷雾
PD20082868	马拉·辛硫磷	杀虫剂	乳油	25%	2023年12月9日	江西众和化工有限公司	水稻	稻纵卷叶螟	80~100克/亩	喷雾
PD20082860	苏云金杆菌	杀虫剂	可湿性粉剂	16 000IU/毫克	2023年12月9日	江西威敌生物科技有限公司	水稻	稻纵卷叶螟	100~150克/亩	喷雾
PD20082795	苏云金杆菌	杀虫剂	可湿性粉剂	8 000IU/毫克	2023年12月9日	山东省青岛奥迪斯生物科技有限公司	水稻	稻纵卷叶螟	200~300克/亩	喷雾

登记证号	农药名称	农药类别	剂型	总含量	有效期限	登记证持有人	作物/场所	防治对象	用药量（制剂量/亩）	施用方法
PD20082707	毒死蜱	杀虫剂	乳油	45%	2023年12月5日	江苏省溧阳中南化工有限公司	水稻	稻纵卷叶螟	69~91毫升/亩	喷雾
PD20082677	毒死蜱	杀虫剂	乳油	480克/升	2023年12月5日	湖北省阳新县秦鑫化工有限公司	水稻	稻纵卷叶螟	65~85毫升/亩	喷雾
PD20082627	毒死蜱	杀虫剂	乳油	40%	2023年12月4日	浙江东风化工有限公司	水稻	稻纵卷叶螟	75~100毫升/亩	喷雾
PD20082558	丙溴·辛硫磷	杀虫剂	乳油	25%	2023年12月5日	乐平思瑞德生物药肥有限公司	水稻	稻纵卷叶螟	50~70克/亩	喷雾
PD20082509	毒·辛	杀虫剂	乳油	25%	2023年12月3日	湖北华昕生物科技有限公司	水稻	稻纵卷叶螟	120~150克/亩	喷雾
PD20082447	阿维菌素	杀螨剂/杀虫剂	乳油	5%	2023年12月2日	深圳诺普信农化股份有限公司	水稻	稻纵卷叶螟	—	喷雾
PD20082426	阿维菌素	杀虫剂	乳油	3.20%	2023年12月2日	上海农乐生物制品股份有限公司	水稻	稻纵卷叶螟	12.5~18.8毫升/亩	喷雾
PD20082409	毒死蜱	杀虫剂	乳油	40%	2023年12月2日	安徽省铜陵福成农药有限公司	水稻	稻纵卷叶螟	60~80毫升/亩	喷雾
PD20082398	乙酰甲胺磷	杀虫剂	乳油	30%	2023年12月1日	湖南衡阳莱德生物药业有限公司	水稻	稻纵卷叶螟	—	喷雾
PD20082355	阿维菌素	杀虫剂	乳油	1.30%	2023年12月1日	顺毅股份有限公司	水稻	稻纵卷叶螟	60~80毫升/亩	喷雾

附表 B（续）

登记证号	农药名称	农药类别	剂型	总含量	有效期限	登记证持有人	作物/场所	防治对象	用药量（制剂量/亩）	施用方法
PD20082346	苏云金杆菌	杀虫剂	可湿性粉剂	32 000IU/毫克	2023年12月1日	湖北天泽农生物工程有限公司	水稻	稻纵卷叶螟	200～300克/亩	喷雾
PD20082300	噻嗪·杀虫单	杀虫剂	可湿性粉剂	20%	2023年12月1日	重庆树荣作物科学有限公司	水稻	稻纵卷叶螟	200～300克/亩	喷雾
PD20082220	毒死蜱	杀虫剂	乳油	40%	2023年11月26日	允发化工（上海）有限公司	水稻	稻纵卷叶螟	80～120克/亩	喷雾
PD20082175	敌百·乙酰甲	杀虫剂	乳油	25%	2023年11月26日	广西威牛农化有限公司	水稻	稻纵卷叶螟	60～100克/亩	喷雾
PD20082132	丙溴磷	杀虫剂	乳油	40%	2023年11月25日	江苏宝灵化工股份有限公司	水稻	稻纵卷叶螟	80～100克/亩	喷雾
PD20082001	阿维菌素	杀虫剂	乳油	1.80%	2023年11月25日	浙江钱江生物化学股份有限公司	水稻	稻纵卷叶螟	17～28毫升/亩	喷雾
PD20081972	苏云金杆菌	杀虫剂	可湿性粉剂	16 000IU/毫克	2023年11月25日	湖北天泽农生物工程有限公司	水稻	稻纵卷叶螟	100～150克/亩	喷雾
PD20081797	毒死蜱	杀虫剂	乳油	40%	2023年11月19日	江苏禾裕化工有限公司	水稻	稻纵卷叶螟	—	喷雾
PD20081622	马拉·辛硫磷	杀虫剂	乳油	25%	2023年11月12日	广西田园生化股份有限公司	水稻	稻纵卷叶螟	80～100毫升/亩	喷雾
PD20081555	毒死蜱	杀虫剂	乳油	40%	2023年11月11日	广西易多收生物科技有限公司	水稻	稻纵卷叶螟	80～100克/亩	喷雾

附表 B（续）

登记证号	农药名称	农药类别	剂型	总含量	有效期限	登记证持有人	作物/场所	防治对象	用药量（制剂量/亩）	施用方法
PD20081362	唑磷·毒死蜱	杀虫剂	乳油	30%	2023 年 10 月 22 日	浙江新农化工股份有限公司	水稻	稻纵卷叶螟	70～100 毫升/亩	喷雾
PD20081311	马拉·辛硫磷	杀虫剂	乳油	20%	2023 年 10 月 17 日	广西金土地盛大生物科技有限公司	水稻	稻纵卷叶螟	80～100 克/亩	喷雾
PD20081251	毒·辛	杀虫剂	乳油	25%	2023 年 9 月 18 日	江苏省扬州市苏灵农药化工有限公司	水稻	稻纵卷叶螟	100～150 克/亩	喷雾
PD20081175	毒·辛	杀虫剂	乳油	25%	2023 年 9 月 11 日	江西明兴农药实业有限公司	水稻	稻纵卷叶螟	—	喷雾
PD20081033	马拉·辛硫磷	杀虫剂	乳油	25%	2023 年 8 月 6 日	山东邹平农药有限公司	水稻	稻纵卷叶螟	80～100 克/亩	喷雾
PD20080905	毒死蜱	杀虫剂	乳油	40%	2023 年 7 月 9 日	江苏省南通南沈植保科技开发有限公司	水稻	稻纵卷叶螟	50～100 克/亩	喷雾
PD20080877	噻嗪·杀虫单	杀虫剂	可湿性粉剂	45%	2023 年 7 月 9 日	通州正大农药化工有限公司	水稻	稻纵卷叶螟	—	喷雾
PD20080818	毒·辛	杀虫剂	乳油	40%	2023 年 6 月 20 日	江苏省南京惠宇农化有限公司	水稻	稻纵卷叶螟	75～125 毫升/亩	喷雾
PD20080668	抑食肼	昆虫生长调节剂	可湿性粉剂	20%	2023 年 5 月 27 日	江苏好收成韦恩农化股份有限公司	水稻	稻纵卷叶螟	50～100 毫升/亩（东北地区）	喷雾
PD20080542	吡虫·杀虫单	杀虫剂	可湿性粉剂	58%	2023 年 5 月 4 日	广西易多收生物科技有限公司	水稻	稻纵卷叶螟	52～86 克/亩	喷雾

登记证号	农药名称	农药类别	剂型	总含量	有效期限	登记证持有人	作物/场所	防治对象	用药量（制剂量/亩）	施用方法
PD20080405	敌畏·辛硫磷	杀虫剂	乳油	25%	2023 年 2 月 28 日	江西众和化工有限公司	水稻	稻纵卷叶螟	80～120 克/亩	喷雾
PD20080379	敌畏·辛硫磷	杀虫剂	乳油	25%	2023 年 2 月 28 日	广西田园生化股份有限公司	水稻	稻纵卷叶螟	80～120 克/亩	喷雾
PD20080304	毒死蜱	杀虫剂	乳油	40%	2023 年 2 月 25 日	江苏蓝丰生物化工股份有限公司	水稻	稻纵卷叶螟	100～120 毫升/亩	喷雾
PD20080291	毒死蜱	杀虫剂	乳油	40%	2023 年 2 月 25 日	浙江新农化工股份有限公司	水稻	稻纵卷叶螟	50～100 毫升/亩	喷雾
PD20080276	噻嗪·杀虫单	杀虫剂	可湿性粉剂	70%	2023 年 2 月 22 日	江苏东宝农化股份有限公司	水稻	稻纵卷叶螟	50～60 克/亩	喷雾
PD20080228	毒·辛	杀虫剂	乳油	35%	2023 年 1 月 11 日	江苏富田农化有限公司	水稻	稻纵卷叶螟	90～100 毫升/亩	喷雾
PD20080226	毒死蜱	杀虫剂	乳油	40%	2023 年 1 月 11 日	济南天雨百禾植物营养技术有限公司	水稻	稻纵卷叶螟	100～120 毫升/亩	喷雾
PD20080207	毒死蜱	杀虫剂	乳油	40%	2023 年 1 月 11 日	安徽朝农高科化工股份有限公司	水稻	稻纵卷叶螟	75～100 毫升/亩	喷雾
PD20080204	敌畏·毒	杀虫剂	乳油	35%	2023 年 1 月 11 日	安徽朝农高科化工股份有限公司	水稻	稻纵卷叶螟	80～100 毫升/亩	喷雾
PD20080085	毒·辛	杀虫剂	乳油	25%	2023 年 1 月 3 日	广西金穗通实业有限公司	水稻	稻纵卷叶螟	120～150 毫升/亩	喷雾

附表B（续）

登记证号	农药名称	农药类别	剂型	总含量	有效期限	登记证持有人	作物/场所	防治对象	用药量（制剂量/亩）	施用方法
PD20070641	毒死蜱	杀虫剂	乳油	480克/升	2022年12月14日	浙江新农化工股份有限公司	水稻	稻纵卷叶螟	70~90毫升/亩	喷雾
PD20070612	唑磷·仲丁威	杀螨剂/杀虫剂	乳油	25%	2022年12月14日	江西省赣州宇田化工有限公司	水稻	稻纵卷叶螟	180~200克/亩	喷雾
PD20070581	敌百·毒死蜱	杀虫剂	乳油	40%	2022年12月3日	广西威牛农化有限公司	水稻	稻纵卷叶螟	75~110毫升/亩	喷雾
PD20070467	噻·酮·杀虫单	杀虫剂/杀菌剂	可湿性粉剂	45%	2022年11月20日	安道麦安邦（江苏）有限公司	杂交水稻	稻纵卷叶螟	90~120克/亩	喷雾
PD20070362	甲氨基阿维菌素苯甲酸盐	杀虫剂	乳油	1%	2022年10月24日	河北威远生物化工有限公司	水稻	稻纵卷叶螟	45~91毫升/亩	喷雾
PD20070207	毒死蜱	杀虫剂	乳油	480克/升	2022年8月7日	江苏富田农化有限公司	水稻	稻纵卷叶螟	70~80毫升/亩	喷雾
PD20070152	噻嗪·杀虫单	杀虫剂	可湿性粉剂	50%	2022年6月7日	江苏壮星农化有限公司	水稻	稻纵卷叶螟	50~60克/亩	喷雾
PD20070005	马拉·三唑磷	杀虫剂	乳油	25%	2022年1月16日	安徽朝农高科化工股份有限公司	水稻	稻纵卷叶螟	75~100毫升/亩	喷雾
PD20060185	马拉·辛硫磷	杀虫剂	乳油	25%	2021年11月22日	广西威牛农化有限公司	水稻	稻纵卷叶螟	80~100克/亩	喷雾

登记证号	农药名称	农药类别	剂型	总含量	有效期限	登记证持有人	作物/场所	防治对象	用药量（制剂量/亩）	施用方法
PD20060120	苏云金杆菌	杀虫剂	可湿性粉剂	16000IU/毫克	2021 年 6 月 15 日	广西威牛农化有限公司	水稻	稻纵卷叶螟	200～300 克/亩	喷雾
PD20060083	吡虫·杀虫单	杀虫剂	可湿性粉剂	70%	2021 年 4 月 13 日	安徽嘉联生物科技有限公司	水稻	稻纵卷叶螟	50～70 克/亩	喷雾
PD20050116	吡虫·杀虫单	杀虫剂	可湿性粉剂	72%	2025 年 8 月 15 日	安道麦安邦（江苏）有限公司	水稻	稻纵卷叶螟	41.7～69.4 克/亩	喷雾
PD20050114	吡虫·杀虫单	杀虫剂	可湿性粉剂	40%	2025 年 8 月 15 日	江苏省溧阳中南化工有限公司	水稻	稻纵卷叶螟	75～125 克/亩	喷雾
PD20050113	吡虫·杀虫单	杀虫剂	可湿性粉剂	50%	2025 年 8 月 15 日	江苏省溧阳中南化工有限公司	水稻	稻纵卷叶螟	60～100 克/亩	喷雾
PD20050079	吡虫·杀虫单	杀虫剂	可湿性粉剂	40%	2025 年 6 月 24 日	通州正大农药化工有限公司	水稻	稻纵卷叶螟	100～125 克/亩	喷雾
PD20050071	辛硫·三唑磷	杀虫剂	乳油	20%	2025 年 6 月 24 日	江西众和化工有限公司	水稻	稻纵卷叶螟	67～150 克升/亩	喷雾
PD20050051	杀虫单	杀虫剂	可溶粉剂	80%	2025 年 4 月 29 日	南京保丰农药有限公司	水稻	稻纵卷叶螟	40～50 克/亩	喷雾
PD20050050	吡虫·杀虫单	杀虫剂	可湿性粉剂	62%	2025 年 4 月 29 日	江苏省南京惠宇农药有限公司	水稻	稻纵卷叶螟	50～80 克/亩	喷雾
PD20050032	吡虫·杀虫单	杀虫剂	可湿性粉剂	72%	2025 年 4 月 15 日	镇江建苏农药化工有限公司	水稻	稻纵卷叶螟	50～70 克/亩	喷雾

登记证号	农药名称	农药类别	剂型	总含量	有效期限	登记证持有人	作物/场所	防治对象	用药量（制剂量/亩）	施用方法
PD20050023	吡虫·杀虫单	杀虫剂	可湿性粉剂	46.50%	2025 年 4 月 15 日	江苏七洲绿色化工股份有限公司	水稻	稻纵卷叶螟	65～110 克/亩	喷雾
PD20040779	吡·井·杀虫单	杀虫剂/杀菌剂	可湿性粉剂	50%	2024 年 12 月 19 日	上海农乐生物制品股份有限公司	水稻	稻纵卷叶螟	100～120 克/亩	喷雾
PD20040773	吡虫·杀虫单	杀虫剂	可湿性粉剂	44%	2024 年 12 月 19 日	江苏省扬州市苏灵农药化工有限公司	水稻	稻纵卷叶螟	70～115 克/亩	喷雾
PD20040772	吡虫·杀虫单	杀虫剂	可湿性粉剂	60%	2024 年 12 月 19 日	安徽省化工研究院	水稻	稻纵卷叶螟	50～85 克/亩	喷雾
PD20040745	吡虫·杀虫单	杀虫剂	可湿性粉剂	70%	2024 年 12 月 19 日	江苏建农植物保护有限公司	水稻	稻纵卷叶螟	50～70 克/亩	喷雾
PD20040714	吡虫·杀虫单	杀虫剂	可湿性粉剂	40%	2024 年 12 月 19 日	江苏省昆山市鼎烽农药化工有限公司	水稻	稻纵卷叶螟	100～125 克/亩	喷雾
PD20040710	杀虫单	杀虫剂	可溶粉剂	50%	2024 年 12 月 19 日	广西威牛农化有限公司	水稻	稻纵卷叶螟	72～86.4 克/亩	喷雾
PD20040689	吡虫·杀虫单	杀菌剂	可湿性粉剂	70%	2024 年 12 月 19 日	陕西麦可罗生物科技有限公司	水稻	稻纵卷叶螟	43～71 克/亩	喷雾
PD20040685	吡虫·杀虫单	杀虫剂	可湿性粉剂	50%	2024 年 12 月 19 日	登封市金博农药化工有限公司	水稻	稻纵卷叶螟	100～120 克/亩	喷雾
PD20040674	吡虫·杀虫单	杀虫剂	可湿性粉剂	66.20%	2024 年 12 月 19 日	广西桂林宝盛农药有限公司	水稻	稻纵卷叶螟	45～75 克/亩	喷雾

登记证号	农药名称	农药类别	剂型	总含量	有效期限	登记证持有人	作物/场所	防治对象	用药量（制剂量/亩）	施用方法
PD20040670	吡虫·杀虫单	杀虫剂	可湿性粉剂	62%	2024 年 12 月 19 日	江苏省苏科农化有限责任公司	水稻	稻纵卷叶螟	50~80 克/亩	喷雾
PD20040664	吡虫·杀虫单	杀虫剂	可湿性粉剂	42%	2024 年 12 月 19 日	江苏省绿盾植保农药实验有限公司	水稻	稻纵卷叶螟	70~120 克/亩	喷雾
PD20040655	吡虫·杀虫单	杀虫剂	可湿性粉剂	50%	2024 年 12 月 19 日	江苏天容集团股份有限公司	水稻	稻纵卷叶螟	80~100 克/亩	喷雾
PD20040644	吡虫·杀虫单	杀虫剂	可湿性粉剂	70%	2024 年 12 月 19 日	江西巴姆博生物科技有限公司	水稻	稻纵卷叶螟	40~70 克/亩	喷雾
PD20040643	吡虫·杀虫单	杀虫剂	可湿性粉剂	60%	2024 年 12 月 19 日	湖南惠民生物科技有限公司	水稻	稻纵卷叶螟	50~85 克/亩	喷雾
PD20040640	吡虫·杀虫单	杀虫剂	可湿性粉剂	50%	2024 年 12 月 19 日	江苏莱科化学有限公司	水稻	稻纵卷叶螟	60~100 克/亩	喷雾
PD20040622	吡虫·杀虫单	杀虫剂	可湿性粉剂	75%	2024 年 12 月 19 日	江苏省高邮市丰田农药有限公司	水稻	稻纵卷叶螟	40~65 克/亩	喷雾
PD20040621	吡虫·杀虫单	杀虫剂	可湿性粉剂	30%	2024 年 12 月 19 日	湖南迅超农化有限公司	水稻	稻纵卷叶螟	100~165 克/亩	喷雾
PD20040619	吡虫·杀虫单	杀虫剂	可湿性粉剂	35%	2024 年 12 月 19 日	河南豫珠恒力生物科技有限责任公司	水稻	稻纵卷叶螟	85~140 克/亩	喷雾
PD20040618	辛硫·三唑磷	杀虫剂	乳油	20%	2024 年 12 月 19 日	江西盾牌化工有限责任公司	水稻	稻纵卷叶螟	80~120 克/亩	喷雾

附表B（续）

登记证号	农药名称	农药类别	剂型	总含量	有效期限	登记证持有人	作物/场所	防治对象	用药量（制剂量/亩）	施用方法
PD20040602	吡虫·杀虫单	杀虫剂	可湿性粉剂	50%	2024年12月19日	南京保丰农药有限公司	水稻	稻纵卷叶螟	60~100克/亩	喷雾
PD20040601	吡虫·杀虫单	杀虫剂	可湿性粉剂	35%	2024年12月19日	江苏蓝丰生化工股份有限公司	水稻	稻纵卷叶螟	86~143克/亩	喷雾
PD20040581	吡虫·杀虫单	杀虫剂	可湿性粉剂	58%	2024年12月19日	江西正邦作物保护股份有限公司	水稻	稻纵卷叶螟	30~50克/亩	喷雾
PD20040571	吡虫·杀虫单	杀虫剂	可湿性粉剂	75%	2025年1月9日	河南红马作物保护有限公司	水稻	稻纵卷叶螟	48~65克/亩	喷雾
PD20040569	吡虫·杀虫单	杀虫剂	可湿性粉剂	60%	2024年12月19日	中盐安徽红四方股份有限公司	水稻	稻纵卷叶螟	50~85克/亩	喷雾
PD20040554	杀虫单	杀虫剂	可溶粉剂	80%	2024年12月19日	浙江省杭州宇龙化工有限公司	水稻	稻纵卷叶螟	38~63克/亩	喷雾
PD20040543	吡虫·杀虫单	杀虫剂	可湿性粉剂	62%	2024年12月19日	江苏省扬州绿源生物化工有限公司	水稻	稻纵卷叶螟	50~80克/亩	喷雾
PD20040540	杀虫单	杀虫剂	可溶粉剂	80%	2024年12月19日	江苏莱科化学有限公司	水稻	稻纵卷叶螟	40~50克/亩	喷雾
PD20040499	井冈·杀虫单	杀虫剂/杀菌剂	可湿性粉剂	65%	2024年12月19日	江苏富田农化有限公司	水稻	稻纵卷叶螟	70~90克/亩	喷雾
PD20040481	井冈·杀虫单	杀虫剂/杀菌剂	可溶性粉剂	50%	2024年12月19日	上海农乐生物制品股份有限公司	水稻	稻纵卷叶螟	80~100克/亩	喷雾

登记证号	农药名称	农药类别	剂型	总含量	有效期限	登记证持有人	作物/场所	防治对象	用药量（制剂量/亩）	施用方法
PD20040468	杀单·三唑磷	杀虫剂	乳油	15%	2024年12月19日	江苏省苏科农化有限责任公司	水稻	稻纵卷叶螟	200~250毫升/亩	喷雾
PD90106-29	苏云金杆菌	杀虫剂	悬浮剂	8 000IU/微升	2025年7月1日	河北卓诚化工有限责任公司	水稻	稻纵卷叶螟	400~500毫升/亩	喷雾
PD90106-26	苏云金杆菌	杀虫剂	悬浮剂	8 000IU/微升	2025年7月6日	黑龙江省卫星生物科技有限公司	水稻	稻纵卷叶螟	400~500毫升/亩	喷雾
PD90106-21	苏云金杆菌	杀虫剂	悬浮剂	8 000IU/微升	2021年10月15日	山东泰诺药业有限公司	水稻	稻纵卷叶螟	100~125毫升/亩	喷雾
PD90106-20	苏云金杆菌	杀虫剂	悬浮剂	6 000IU/微升	2025年7月4日	武汉科诺生物科技股份有限公司	水稻	稻纵卷叶螟	400~500毫升/亩	喷雾
PD90106-18	苏云金杆菌	杀虫剂	悬浮剂	8 000IU/微升	2025年7月29日	顶秀作物科技有限公司	水稻	稻纵卷叶螟	400~500毫升/亩	喷雾
PD90106-15	苏云金杆菌	杀虫剂	悬浮剂	8 000IU/微升	2021年5月23日	英德西部爱地作物科学有限公司	水稻	稻纵卷叶螟	400~500毫升/亩	喷雾
PD90106	苏云金杆菌	杀虫剂	悬浮剂	6 000IU/微升	2025年6月30日	康欣生物科技有限公司	水稻	稻纵卷叶螟	400~500毫升/亩	喷雾
PD86109-5	苏云金杆菌	杀虫剂	可湿性粉剂	16 000IU/毫克	2021年10月15日	陕西麦可罗生物科技有限公司	水稻	稻纵卷叶螟	100~400克/亩	喷雾
PD86109-33	苏云金杆菌	杀虫剂	可湿性粉剂	16 000IU/毫克	2025年6月30日	康欣生物科技有限公司	水稻	稻纵卷叶螟	100~150克/亩	喷雾

登记证号	农药名称	农药类别	剂型	总含量	有效期限	登记证持有人	作物/场所	防治对象	用药量（制剂量/亩）	施用方法
PD86109-32	苏云金杆菌	杀虫剂	可湿性粉剂	16 000IU/毫克	2021 年 11 月 29 日	登封市金博农药化工有限公司	水稻	稻纵卷叶螟	200~300 克/亩	喷雾
PD86109-31	苏云金杆菌	杀虫剂	可湿性粉剂	16 000IU/毫克	2021 年 10 月 15 日	河北省嘉和生物科技有限公司	水稻	稻纵卷叶螟	100~400 克/亩	喷雾
PD86109-28	苏云金杆菌	杀虫剂	可湿性粉剂	16 000IU/毫克	2021 年 10 月 19 日	青岛海纳生物科技有限公司	水稻	稻纵卷叶螟	100~400 克/亩	喷雾
PD86109-27	苏云金杆菌	杀虫剂	可湿性粉剂	16 000IU/毫克	2023 年 3 月 28 日	安徽众邦生物工程有限公司	水稻	稻纵卷叶螟	100~150 克/亩	喷雾
PD86109-26	苏云金杆菌	杀虫剂	可湿性粉剂	16 000IU/毫克	2022 年 10 月 18 日	黑龙江绿丰源生物科技有限公司	水稻	稻纵卷叶螟	100~400 克/亩	喷雾
PD86109-23	苏云金杆菌	杀虫剂	可湿性粉剂	16 000IU/毫克	2021 年 11 月 22 日	浙江省桐庐汇丰生物科技有限公司	水稻	稻纵卷叶螟	100~400 克/亩	喷雾
PD86109-22	苏云金杆菌	杀虫剂	可湿性粉剂	8 000IU/毫克	2021 年 12 月 13 日	山东省泰安市泰山现代农业科技有限公司	水稻	稻纵卷叶螟	100~400 克/亩	喷雾
PD86109-20	苏云金杆菌	杀虫剂	可湿性粉剂	100 亿活芽孢/克	2022 年 9 月 2 日	陕西省泾阳微生物厂	水稻	稻纵卷叶螟	100~400 克/亩	喷雾
PD86109-17	苏云金杆菌	杀虫剂	可湿性粉剂	16 000IU/毫克	2021 年 11 月 26 日	山西运城绿康实业有限公司	水稻	稻纵卷叶螟	100~400 克/亩	喷雾
PD86109-16	苏云金杆菌	杀虫剂	可湿性粉剂	16 000IU/毫克	2021 年 10 月 30 日	江苏省扬州绿源生物化工有限公司	水稻	稻纵卷叶螟	100~400 克/亩	喷雾

登记证号	农药名称	农药类别	剂型	总含量	有效期限	登记证持有人	作物/场所	防治对象	用药量（制剂量/亩）	施用方法
PD85157-2	辛硫磷	杀虫剂	乳油	40%	2025 年 8 月 15 日	连云港立本作物科技有限公司	水稻	稻纵卷叶螟	100~150 毫升/亩	喷雾
PD84111-9	氧乐果	杀虫剂	乳油	40%	2024 年 10 月 28 日	天津京津农药有限公司	水稻	稻纵卷叶螟	62.5~100 克/亩	喷雾
PD84111-7	氧乐果	杀虫剂	乳油	40%	2024 年 10 月 26 日	河北新兴化工有限责任公司	水稻	稻纵卷叶螟	62.5~100 克/亩	喷雾
PD84111-6	氧乐果	杀虫剂/杀螨剂	乳油	40%	2024 年 11 月 9 日	河北志诚生物化工有限公司	水稻	稻纵卷叶螟	63~100 克/亩	喷雾
PD84111-54	氧乐果	杀虫剂/杀螨剂	乳油	40%	2021 年 4 月 5 日	河南省开封克灵丰药业有限公司	水稻	稻纵卷叶螟	63~100 克/亩	喷雾
PD84111-53	氧乐果	杀虫剂/杀螨剂	乳油	40%	2024 年 12 月 20 日	昆明农药有限公司	水稻	稻纵卷叶螟	62.5~100 克/亩	喷雾
PD84111-52	氧乐果	杀虫剂	乳油	40%	2025 年 2 月 1 日	甘肃华实农业科技有限公司	水稻	稻纵卷叶螟	62.5~100 毫升/亩	喷雾
PD84111-51	氧乐果	杀虫剂/杀螨剂	乳油	40%	2025 年 3 月 10 日	河北润农化工有限公司	水稻	稻纵卷叶螟	63~100 克/亩	喷雾
PD84111-50	氧乐果	杀虫剂/杀螨剂	乳油	40%	2024 年 12 月 16 日	宁夏泰益欣生物科技有限公司	水稻	稻纵卷叶螟	63~100 克/亩	喷雾
PD84111-5	氧乐果	杀虫剂/杀螨剂	乳油	40%	2024 年 12 月 1 日	兰博尔开封科技有限公司	水稻	稻纵卷叶螟	63~100 克/亩	喷雾

附表 B（续）

登记证号	农药名称	农药类别	剂型	总含量	有效期限	登记证持有人	作物/场所	防治对象	用药量（制剂量/亩）	施用方法
PD84111-10	氧乐果	杀虫剂/杀螨剂	乳油	40%	2024 年 12 月 9 日	山东大成生物化工有限公司	水稻	稻纵卷叶螟	63～100 克/亩	喷雾
PD47-87	毒死蜱	杀虫剂	乳油	480 克/升	2022 年 4 月 22 日	美国陶氏益农公司	水稻	稻纵卷叶螟	42～85 毫升/亩	喷雾
PD44-87	杀虫环	杀虫剂	可溶粉剂	50%	2022 年 5 月 28 日	日本化药株式会社	水稻	稻纵卷叶螟	50～100 克/亩	喷雾

注：数据更新到截止 2021 年 3 月